吉林科学技术出版社

图书在版编目（CIP）数据

0～3岁喂养百科 / 李明辉主编. -- 长春 :
吉林科学技术出版社, 2014.5
ISBN 978-7-5384-5584-7

Ⅰ. ①0… Ⅱ. ①李… Ⅲ. ①婴幼儿－哺育－基本知识 Ⅳ. ①TS976.31

中国版本图书馆CIP数据核字（2014）第089562号

0～3岁喂养百科
0～3sui Weiyang Baike

主　　编　李明辉
副 主 编　黄　革
出 版 人　李　梁
责任编辑　孟　波　冯　越
封面设计　长春市一行平面设计有限公司
制　　版　长春市一行平面设计有限公司
开　　本　710mm×1000mm　1/16
字　　数　350千字
印　　张　22
印　　数　1—10000册
版　　次　2014年8月第1版
印　　次　2014年8月第1次印刷

出　　版　吉林科学技术出版社
发　　行　吉林科学技术出版社
地　　址　长春市人民大街4646号
邮　　编　130021
发行部电话/传真　0431-85635177　85651759　85651628
85677817　85600611　85670016
储运部电话　0431-86059116
编辑部电话　0431-85659498
网　　址　www.jlstp.net
印　　刷　长春第二新华印刷有限责任公司

书　　号　ISBN 978-7-5384-5584-7
定　　价　29.90元

前言

在没有孩子的时候，一个人的世界还是未曾发现美洲的时候，孩子是哥伦布，把人带到了新大陆去。

——老舍

20岁出头的时候，也许你喜欢孩子，却不知为人父母的责任；25岁的时候，你可能固执地想要一辈子过着甜蜜的二人世界；26岁的时候，见到别人家的孩子，突然觉得没有孩子的家庭有一丝冷清；27岁的时候，开始认真思考孩子的问题，却因为繁忙的工作无暇分身；28岁的时候，成功怀孕，开始肩负起漫长10个月的神圣使命；29岁的时候，宝宝的降生让二人世界升级为最幸福的三口之家，在喂养、照顾、教育上逐渐摸索、成长……

每一个生命的来临都是那样轰轰烈烈，看着他，我们充满的自豪感无法言语，他开怀地笑着，我们如获至宝，他哭了，我们心碎一般的难过，他说出第一句“妈妈”，我们的泪水是幸福的宣告，他迈开第一步，我们知道，他正走向人生的辉煌，我们为他加油……

也正是因为如此，他的一举一动、一颦一笑，每一个细微的变化都深深牵动我们的心，他吃得好不好，穿得暖不暖，有没有摔伤，有没有磕碰，是不是和同龄小朋友一样高……这一切的一切我们只盼着他能健康，无论是身体，还是心灵……

当我们无论身在其中，还是作为旁人，都深切体会到当今一代年轻父母对于新时代育儿知识的渴望与需求，因此《0～3岁婴幼儿喂养百科》特别献给正在备孕阶段的准父母以及已经成功升级的新手父母。

我们考虑到您的宝贵时间，特别设计了系统性很强的碎片化浅阅读模式，让你在育儿的过程中更省时、省力、省心！

第一章

新生儿时期

第二章

宝宝1~3个月

身体发育标准……68

科学喂养方法……75

第三章

宝宝4～6个月

第四章

宝宝7～9个月

0-3
3-6月

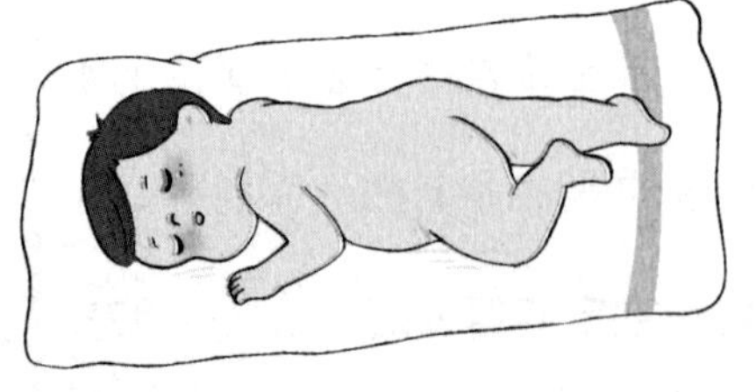

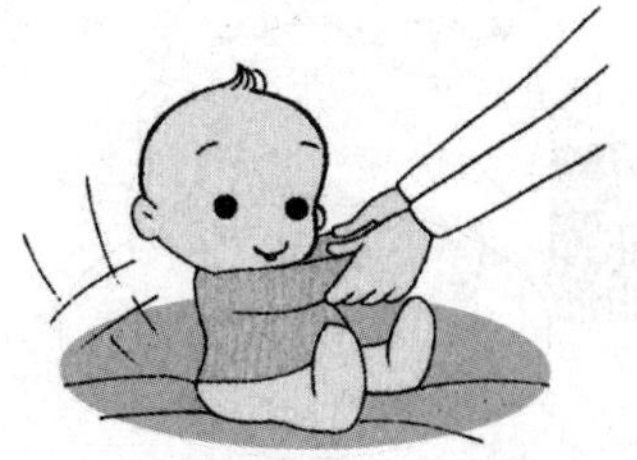

第五章

宝宝10～12个月

第六章

宝宝1～1.5岁

生活上的贴心照料..............230

第七章

宝宝1.5～2岁

生活上的贴心照料......252

第八章

宝宝2～3岁

第九章

让宝宝健康不生病

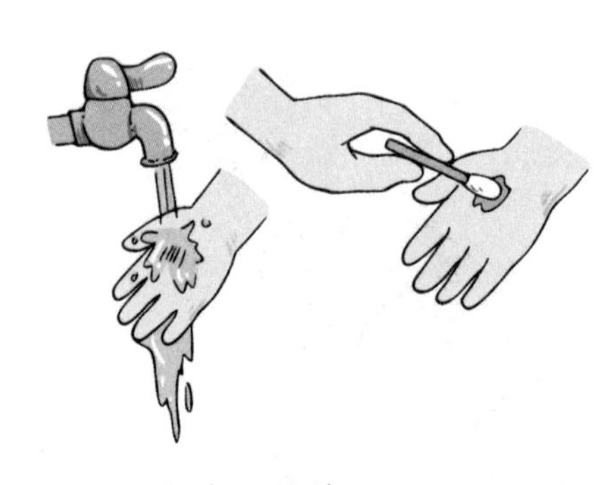

第一章
新生儿时期

身体发育标准

身体发育状况

类别	正常标准	宝宝情况	医生建议
体重	正常足月儿出生时体重为3.10～3.21千克，男宝宝比女宝宝略重些	____千克	新生儿出生后一周有体重减轻的现象，称为生理性体重下降，这是暂时的，7～10天会恢复
身长	平均49.9厘米	____厘米	男宝宝比女宝宝略长。有些宝宝身高与遗传有关，当然过高或过低还要请医生进行明确诊断
头围	平均33.8厘米	____厘米	宝宝的头围只要不小于33.5厘米就视为正常
胸围	平均32.3厘米	____厘米	宝宝的胸围只要不小于32.2厘米就视为正常

能力发育标准

语言能力

新生儿除了啼哭，还能发出几种不同的声音，这是他学习语言的前奏。3周以后，他开始发出“新生儿词汇”，4周以后，新生儿能够了解谈话这种交流方式，并且知道如何回应你的对话。

交流

宝宝天生健谈，比如当第一次听到你的声音他就会平静下来——变得安静和警惕，身体停止活动，全神贯注地倾听。第三天他对你的交谈有了回应，他凝视的目光更加认真。第五天他可以饶有兴致地注视你的嘴唇或手指的活动。如果你能和宝宝的脸保持在20～25厘米的距离，并很生动地和他说话，宝宝就能够用嘴巴和舌头的活动来“回答”你。

如果看到你朝他微笑，他也会报以微笑。第十四天他能够从一群人里分辨出你的声音；第十八天他会把头转向发出声音的方向；第二十八天他开始学习如何表达和控制情绪，并且能够根据你的声音调整自己的行为。例如：如果你的语气重或者声音高，宝宝就会觉得不安；如果你的语气是舒缓的，宝宝就会很平静。宝宝天生是友好的，同时渴望有人陪伴，因此他从一出生就愿意回应你，所以你也要迎合宝宝，多与他交流。

触觉

对妈妈的触摸、抚抱感受灵敏，并表现出喜爱。

小贴士

1.身高测量方法：测量新生儿身高，必须由两个人进行。一人用手固定好宝宝的膝关节、髋关节和头部，另一人用皮尺测量，从新生儿头顶部的最高点，至足跟部的最高点。测量数值即为新生儿身高。

2.腹围测量方法：用软皮尺经过新生儿肚脐上方边缘，平行绕一周，数值即腹围。

3.胸围测量方法：用软皮尺经过新生儿两乳头，平行绕一周，数值即胸围。

听觉

由于刚出生的新生儿耳鼓内充满液状物质，妨碍声音的传导。慢慢地，耳内液体逐渐被吸收，听觉也会逐渐增强。醒着时，近旁10～15厘米处发出响声，可使其四肢躯体活动突然停止，似在注意聆听声音。

视觉

新生儿的视觉发育较弱，视物不清楚，但对光是有反应的，眼球的转动无目的。半个月以后，宝宝可以看到距离50厘米的光亮，眼球会随着转动。

生理发育特点

呼吸特点

新生儿以腹式呼吸为主，每分钟40～45次。新生儿的呼吸不规律，这是正常现象，不用担心。

睡眠特点

在新生儿期，除哺乳时间外，几乎全处于睡眠状态，每天需睡眠20小时以上。睡眠的时间和质量在某种程度上决定了这一时期他的发育良好与否。因此，做好新生儿睡眠护理工作也很重要。

整个新生儿期睡眠时间不一样。早期新生儿睡眠时间相对要长一些，每天可以达到20小时以上；随着日龄增加，睡眠时间会逐渐减少。

晚期新生儿睡眠时间有所减少，每天在16～18小时。

刚出生的新生儿自己无能力控制和调整睡眠的姿势，他们的睡眠姿势是由别人来决定的。新生儿初生的时候仍然保持着宫内的姿势，四肢屈曲，为使在产道咽进的羊水和黏液流出，在出生后24小时内，可采取右侧卧位，在颈下垫块小手巾，并定时改换另一侧卧位，否则由于新生儿的头颅骨骨缝没有完全闭合，长期睡向一边，头颅可能变形。如果新生儿吮吸乳汁后经常吐奶，哺乳后，要取右侧卧位，以减少吐奶。

刚出生不久的新生儿颈部肌肉长得不结实，自己还不能抬头，所以此期最好不要采用俯卧的睡姿，以免床铺捂堵或漾奶而导致新生儿窒息。

小贴士

新生儿出生后随着胎盘循环的停止，改变了胎儿右心压力高于左心的特点和血液循环。卵圆孔和动脉导管从功能上的关闭逐渐发展到解剖学上的完全闭合，需要2～3个月的时间。新生儿出生后的最初几天，偶尔可以听到心脏杂音。新生儿心率较快，每分钟可达120～140次，且易受进食、啼哭等因素的影响。新生儿的血流分布多集中于躯干和内脏，故肝、脾常可触及，四肢容易发冷和出现青紫。

排便与泌尿特点

新生儿一般在出生后12小时开始排胎便，胎便呈深、黑绿色或黑色黏稠糊状，这是胎儿在母体子宫内吞入羊水中胎毛、胎脂、肠道分泌物而形成的胎便。3～4天胎便可排尽，哺乳之后，排便逐渐呈黄色。吃配方奶的宝宝每天排1～2次，母乳喂养的宝宝排便次数稍多些，每天4～5次。若新生儿出生后24小时尚未排胎便，则应立即请医生检查，看是否存在肛门等器官畸形。

新生儿第一天的尿量为10～30毫升。在出生后36小时之内排尿都属正常。随着哺乳摄入水分，新生儿的尿量逐渐增加，每天可达10次以上，日总量可达100～300毫升，满月前后可达250～450毫升。

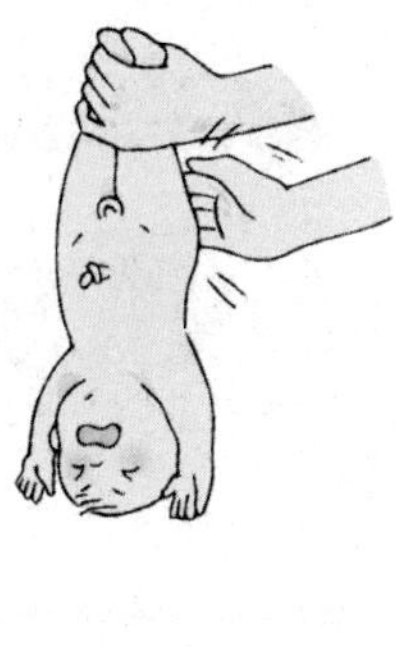

体温特点

新生儿不能妥善地调节体温，因为他们的体温中枢尚未成熟，皮下脂肪薄，体表面积相对较大而易于散热，体温会很容易随外界环境温度的变化而变化，所以针对新生儿，一定要定期测体温。每隔2～6小时测一次，做好记录（每日正常体温应波动在36℃～37℃），出生后常有一个过渡性体温下降，经8～12小时渐趋正常。

新生儿一出生便立即要采取保暖措施，以防止体温下降，尤其冬寒时更为重要。室内温度应保持在24℃～26℃，新生儿保温可采用热水袋或用装热水的密封瓶，将其放在两被之间，以宝宝手足暖和为适宜，在换尿布时，注意先将尿布用暖水袋加温。无上述条件者，可将新生儿直接贴近成人身体来保温。

体态特点

新生儿神经系统发育尚不完善，对外界刺激的反应是泛化的，缺乏定位性。妈妈会发现，当新生儿的身体某个部位受到刺激时，全身都会动起来。在清醒状态下，新生儿总是双拳紧握，四肢屈曲，显出警觉的样子；受到声响刺激，四肢会突然由屈变直，出现抖动。妈妈会认为新生儿受了惊吓，其实这是新生儿对刺激的泛化反应，不必过于紧张。

新生儿颈、肩、胸、背部肌肉尚不发达，不能支撑脊柱和头部，所以父母不能竖着抱新生儿，必须用手把新生儿的头、背、臀部几点固定好，否则会造成脊柱损伤。

新生儿特有的生理现象

溢乳

溢乳即漾奶，是新生儿常见的现象，就好像宝宝吃多了，有时顺着嘴角往外流奶，或有时一打嗝就吐奶，这些一般都属生理性的反应，与新生儿的消化系统尚未发育成熟及其解剖特点有关。新生儿的胃容积小，胃呈水平位，幽门肌肉发达，关闭紧，贲门肌肉不发达，关闭松，这样，当新生儿吃得过饱或吞咽的空气较多时就容易发生溢乳，这种现象对新生儿的成长并无影响。

只要每次哺乳后，竖抱起新生儿轻拍后背，即可把咽下的空气排出来，且睡觉时应尽量采取头稍高的右侧卧位，克服溢乳的发生。采取侧卧位还可预防乳汁误入呼吸道而引起窒息。为了防止宝宝头型睡歪，应采取这次哺乳后右侧卧位，下次哺乳后左侧卧位，同时还可避免误吸乳汁到呼吸道的危险发生。若发生呛奶，应立即采取头俯侧身位，并轻拍背，将吸入的乳汁拍出。

有些新生儿吐奶后一切正常，也很活泼，则可以试喂，如新生儿愿意吃，那就让新生儿吃好；而有些新生儿在吐奶后胃部不舒服，如马上再哺乳，新生儿可能不愿吃，这时最好不要勉强，应让新生儿胃部充分休息一下。一般情况下，吐出的奶远远少于吃进的奶，家长不必担心，只要新生儿生长发育不受影响，偶尔吐一次奶也无关紧要。若每次吃奶后必吐，那么就要做进一步检查，以排除因疾病而导致的吐奶。

皮肤红斑

新生儿出生头几天，可能出现皮肤红斑。红斑的形状不一，大小不等，颜色鲜红，分布全身，以头面部和躯干为主。新生儿会有不适感，但一般几天后即可消失，很少有超过1周的情况。有的新生儿出现红斑时，还伴有脱皮的现象。一般情况，新生儿红斑对健康没有任何威胁，不用处理也可自行消退。

小贴士

1.洗澡温度：适合新生儿的洗澡水温度夏天是38℃～39℃，冬天是40℃～41℃。

2.洗澡时间：安排在喂奶前1～2小时，以免吐奶。每次不超过10分钟。

3.新生儿皂的选择：应以油性较大而碱性小、刺激性小的新生儿专用皂为好。

先锋头

胎儿在分娩过程中随着阵阵宫缩，头部受到产道的挤压，使颅骨发生顺应性变形而被挤长。同时，头皮也由于挤压而发生先露部分头皮水肿，用手指压上去呈可凹陷性鼓包，临床称产瘤。一般宝宝出生后1～2天即可自然消退。对新生儿健康并无影响，不需要进行特殊处理。

鼻尖上的小丘疹

新生儿出生后，在鼻尖及两个鼻翼上可以见到针尖大小、密密麻麻的黄白色小结节，略高于皮肤表面，医学上称粟粒疹。这主要是由于新生儿皮脂腺潴留所引起的。几乎每个新生儿都可见到，一般在出生后1周就会消退，这属于正常的生理现象，无需任何处理。

四肢屈曲

细心的家长都会发现自己的宝宝从一出生到满月，总是四肢屈曲，有的家长害怕，担心宝宝日后会是罗圈腿，干脆将宝宝的四肢捆绑起来。

其实，这种做法是不对的，正常新生儿的姿势都是呈英文字母“W”和“M”状，即双上肢屈曲呈“W”状，双下肢屈曲呈“M”状，这是健康新生儿肌张力的正常表现。

随着月龄的增长，四肢逐渐伸展。而罗圈腿即“O”型腿，是由于佝偻病所致的骨骼变形引起的，与新生儿四肢屈曲毫无关系。

枕秃

新生儿枕秃，并不是新生儿缺钙的特有体征。枕头较硬、缺铁性贫血、其他营养不良性疾病等，都可导致枕秃。

挣劲

新手妈妈常常问医生，宝宝总是挣劲，尤其是快睡醒时，有时憋得满脸通红，是不是宝宝哪里不舒服呀？事实上宝宝并没有不舒服，相反他很舒服。新生儿憋红脸，那是在伸懒腰，是活动筋骨的一种运动，妈妈不要大惊小怪。把宝宝紧紧抱住，不让宝宝挣劲，或带着宝宝到医院检查，都是没有必要的。

出汗

新生儿手心、脚心极易出汗，睡觉时头部也微微出汗。因为新生儿中枢神经系统发育尚未完善，体温调节功能差，易受外界环境的影响。当周围环境温度较高时，宝宝会通过皮肤蒸发水分和出汗来散热。所以，妈妈要注意居室的温度和空气的流通，要给宝宝补充足够的水分。

微笑

新生儿的笑往往出现在睡眠中，微微地笑或只是嘴角向上翘一下。新生儿清醒时不易发笑，也不易被逗笑。长期以来人们以此认为，新生儿的笑并无明确意义。其实新生儿的笑有一定意义。

打嗝

新生儿吃得急或吃得不舒服时，就会持续地打嗝。最有效的解决办法是，妈妈用中指弹击宝宝足底，令其啼哭数声，哭声停止后，打嗝也就停止了。如果没有停止，可以重复上述方法。

弹击足底抑制打嗝的办法，在操作中常常失败，原因往往是妈妈心疼孩子，不舍得用力，宝宝哭的程度和时间都不够。宝宝哭上几声，比宝宝持续打嗝要好受得多。新生儿的哭，有利于锻炼身体，想想看，如果助产士不拍打新生儿的足底，不刺激新生儿大声地哭，新生儿的肺脏就不可能完全张开，就不会有充分的气体交换，就可能出现湿肺的病变。所以说，当宝宝打嗝时，弹击宝宝足底，使小家伙放声大哭，不仅抑制了打嗝，还锻炼了身体，有百利而无一害，请妈妈放心去做吧。

胎记

常见的胎记	特点
粉红色斑	粉红色斑是粉红色的斑点，颜色淡，压迫会使之变白，而且会迅速消退。常见于浅肤色新生儿的眼睑和胸枕骨部位，一般会在1岁左右消失
草莓斑	草莓斑又称血管痣，是一种突出于皮肤表面、界限清楚、鲜红或暗红色的肿胀物。于出生时或头2个月可见，经过一段时间的成长后，痣的大小会固定下来（约8个月时），大多在10岁以前消失，不消失者需给予冷冻及同位素敷贴治疗
永久性红斑	如葡萄酒痣，又称为焰火痣，是一种红紫色的斑点，通常于出生时可以观察到。此种斑点是平坦的，不会随压迫而变白，也不会自然消失。葡萄酒痣一般沿着三叉神经分布，可能与视网膜或颅内疾病有关
蒙古斑	蒙古斑出现于臀部、腰部或背部的一些界限分明的色素沉着区域，通常是蓝色带状，此胎记没有什么特殊意义，通常在1～5岁时消失

科学喂养方法

母乳是最好的食物

新生儿最理想的营养来源莫过于母乳。因为母乳中的营养价值非常高，并且其所含的各种营养素的比例搭配适宜。母乳中含有多种特殊的营养成分，如乳铁蛋白、牛磺酸、钙、磷等。母乳中所含的这些特有物质，对宝宝的生长发育以及增强抵抗力都很有益。

尽早哺喂母乳

产妇分娩后，可立即让新生儿吮吸双侧乳头，产后2～6小时内应开奶。母乳喂养一定要尽早开奶，因为初乳营养价值很高，特别是含有抗感染的免疫球蛋白，对多种细菌、病毒具有抵抗作用，所以尽早给新生儿开奶，可使新生儿获得大量球蛋白，增强新生儿的抗病能力，大大减少宝宝肺炎、肠炎、腹泻等疾病的发生率。

母乳的划分阶段

按乳汁形成的阶段划分

◆初乳

产后7天内所分泌的乳汁称为初乳。由于含有β－胡萝卜素故颜色发黄。初乳中所含蛋白质量比成熟乳多，并含有很多的抗体和白细胞。初乳中还有生长因子，可以刺激宝宝未成熟肠道的发育，为肠道消化吸收成熟乳做了准备。

◆过渡乳

产后7～14天内所分泌的乳汁称为过渡乳。其中所含蛋白质与矿物质量逐渐减少，而脂肪和乳糖含量逐渐增加，系初乳向成熟乳的过渡。

◆成熟乳

14天后所分泌的乳汁称为成熟乳，但是也要因人而异，实际上一般要到30天左右才趋于稳定。蛋白质含量降低，但每日泌乳总量多达700～1 000毫升。成熟乳看上去比牛奶稀。

按宝宝吮吸的时间划分

◆前奶

外观比较清淡的水样液体，内含丰富的蛋白质、乳糖、维生素、无机盐和水。

◆后奶

因含较多的脂肪，故外观较前奶白，脂肪使后奶能量充足，它提供的能量占乳汁总能量的50%以上。

无法代替的初乳

妈妈在产下宝宝一两天后分泌出来的乳汁就是初乳，像黄油一样的颜色，比较少，而且相对比较稀薄。和成熟乳比较而言，初乳的数量很少。但是它的浓度却很高，并且它的组成成分里含有丰富的免疫物质、碳水化合物、蛋白质、多种酶类以及较少的脂肪。

初乳能增加宝宝机体免疫力和抗病能力，同时它还能防止大肠杆菌、伤寒菌或者其他一些病毒的侵入。初乳还具有促进脂类排泄的作用，从而更好地减少宝宝发生黄疸的可能。

母乳的挤取方法

正确的挤奶姿势是将拇指放置在乳晕上方，其余四个手指放在乳晕下方，夹住后再轻轻推揉，推揉一段时间后，再用拇指在上其余四指在下的姿势勒紧乳房向前挤奶，这是人工挤奶方法。如果借助吸奶器进行吸奶，就要注意个人和吸奶器卫生。每次挤奶完毕后不仅要及时进行清洗，还要注意消毒。

吸奶器挤乳法

◆放松乳房

在开始吸奶前要对乳房进行适当的按摩和热敷，从而促使乳腺扩张，为乳汁的顺利吸出做好准备。

◆清洁乳房

洗净手之后再开始吸奶，使用专业的乳头清洁棉进行擦拭；完成吸奶后仍然需要擦拭，并可以配套使用防溢乳垫来保持乳房的清洁与干爽。

◆控制挤奶的节奏

使用吸奶器时，需要注意控制好节奏。当感觉到乳头疼痛或者吸不出奶的时候，就不要再继续使用吸奶器了。妈妈要按照循序渐进的步骤慢慢手动使用吸奶器，要由慢到快。当吸奶器使用完毕后，必须进行热水浸泡或用微波炉消毒。

手工挤乳法

◆准备挤奶

妈妈坐在椅子上，把盛奶的容器放在靠近乳房的地方。

◆挤奶的姿势

挤奶时，妈妈用整只手握住乳房，把拇指放在乳头、乳晕的上方，其他四指放在乳头、乳晕的下方，托住乳房。

◆挤奶的技巧

妈妈用拇指、示指挤压乳房，挤压时手指一定要固定，握住乳房。最初挤几下可能奶水不下来，多重复几次就好了。每次挤奶的时间以20分钟为宜，两侧乳房轮流进行。一侧乳房先挤5分钟，再挤另一侧乳房，这样交替挤，奶水会多出一些。如果奶水不足，挤奶时间应适当延长。

母乳喂养的正确步骤

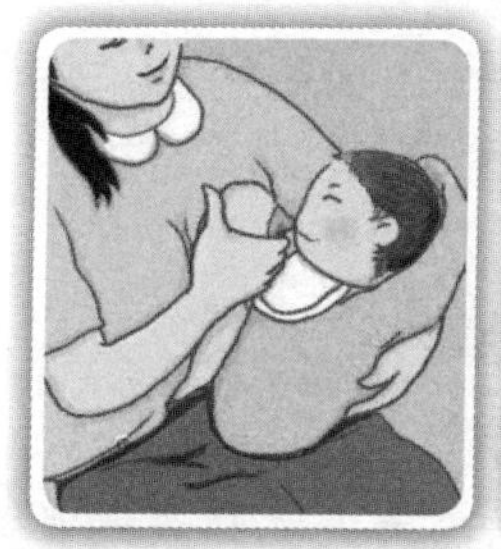

❶碰碰宝宝嘴唇，让嘴张开。

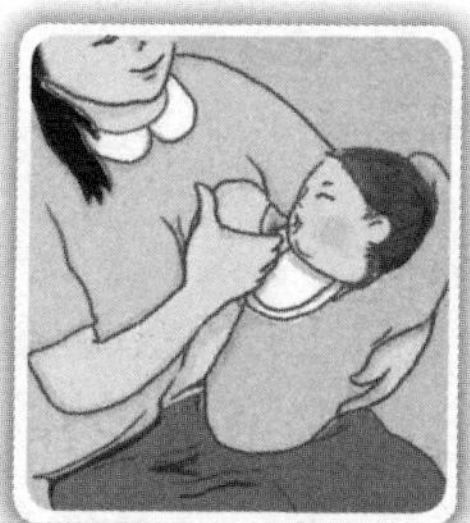

❷嘴张开后，将宝宝抱在胸前使嘴放在乳头和乳晕上，宝宝的腹部正对自己的腹部。

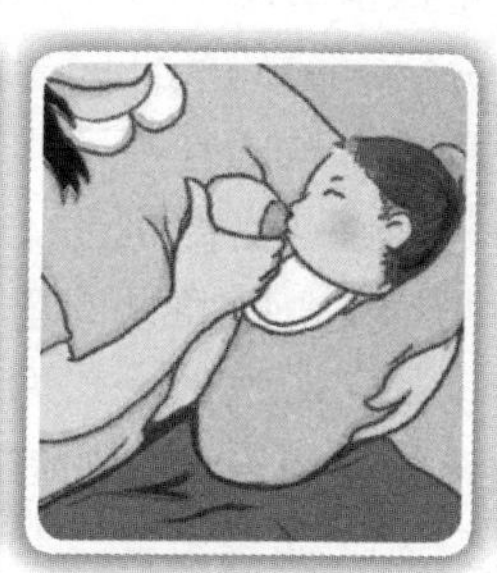

❸如果宝宝吃奶位置正确，其鼻子和面颊应接触乳房。

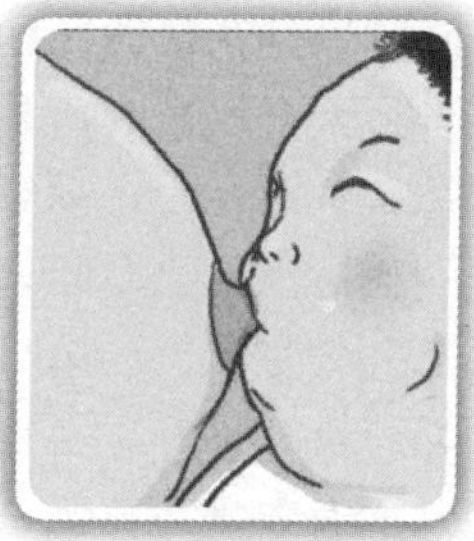

❹待宝宝开始用力吮吸后，将宝宝的小嘴轻轻往外拉约5毫米，这样有利于顺利哺乳。

母乳喂食先开奶

按需哺乳

有的妈妈不了解母乳喂食的方法和新生儿的生理特点，常常较早地给新生儿定时哺乳，这种哺乳方法对新生儿和妈妈都不利。其实，新生儿应按需哺乳，宝宝想吃就喂，这样也能满足母婴的生理需求。

刚刚出生的宝宝吮吸力弱，这是让他学习和锻炼吮吸能力的最佳时刻，不必拘泥于定时哺乳。如果硬性规定哺乳的时间和次数，就不能满足其生理需求，而且会影响其生长发育。按需哺乳，勤哺乳，还能促进母乳分泌旺盛，有利于宝宝吃饱喝足，可促进宝宝生长发育。

小贴士

平时我们所说的3个小时一次，基本上是指宝宝可能会间隔3个小时就再向父母索食而已，而这并不代表妈妈必须每隔3个小时就得哺乳一次。

母乳不足怎么办

◆妈妈奶水不足应先用配方奶粉代替

宝宝出生半个小时以后就可以进行哺乳，每次持续时间在半个小时左右。这个时候，如果没有充足的母乳，要先用配方奶粉代替。妈妈在生下宝宝后应母婴同处一室，让宝宝不断地吮吸乳头，这样不仅能够培养母子感情，同时也是在帮助乳汁分泌。妈妈乳汁的分泌受多种因素的影响，多食用一些汤汁类，比如鸡汤、鱼汤、排骨汤等，能够起到增进乳汁分泌的作用。与此同时，妈妈要保持良好的精神状态，稳定自己的情绪，保持心境的轻松愉快，切忌忧愁恼怒，还应该树立母乳喂食的信心，从而有效地避免因心情不佳而导致乳汁分泌过少甚至不下奶的后果。

◆如何判断母乳是否充足

判断依据	判断标准
哺乳情况	能够听到连续几次到十几次的吞咽声；两次喂哺间隔期内，宝宝安静而满足；宝宝平均每吸吮2～3次就可以听到下咽一大口的声音，如此连续约15分钟就可以说明宝宝吃饱了
排泄情况	宝宝大便软，呈金黄色糊状，每天排便2～4次，尿布24小时湿6次或6次以上
睡眠情况	如果吃奶后宝宝安静入眠，说明宝宝吃饱了。如果吃奶后还哭，或者咬着乳头不放，或者睡不到两小时就醒，则说明奶量不足
体重情况	新生儿每周平均增重150克左右，2～3个月的宝宝每周增长200克左右
神情状态	宝宝眼睛很亮，反应灵敏
乳房情况	喂哺前乳房比较丰满，喂哺后乳房较柔软且妈妈有下奶的感觉

不宜母乳喂食的情况

母乳喂食指的是妈妈用自己的奶水哺育宝宝的方式。研究表明，母乳喂食的宝宝比配方奶粉喂食的宝宝更健康。但是有一点必须要注意，那就是坚持母乳喂食的妈妈必须身体健康。

一旦出现下面的情况，妈妈就该考虑暂停母乳喂食了。

◆患有乳腺炎或严重乳头皲裂

一旦妈妈患上乳腺炎或者严重乳头皲裂，就该暂停母乳喂食，同时进行治疗，以免病情进一步加重。当然，这种情况可以将母乳挤出来喂给宝宝。

◆服用药物期间

一旦妈妈因为自身生病而不得不服用药物的时候，就应该立即停止母乳喂食，等到病愈停止服药后再喂食。但是在此期间，妈妈要注意仍旧按照过去的哺乳习惯将奶挤出，每天挤3次以上，这样就不会因一段时间停止母乳喂食而使乳汁分泌减少。但是挤出来的母乳是不能给宝宝喂食的，因为其中的药物成分仍旧会给宝宝带来不良影响。

小贴士

宝宝在吮吸乳头的时候，突然地用力会导致咬伤乳头，引发炎症。宝宝在出牙期，咬伤妈妈的情况就更容易发生。如果妈妈的疼痛达到不能忍受的程度时，可以使用乳头保护器来哺乳。之后用有保湿功能的奶油涂抹在乳头周围，也可以每隔5分钟进行一次短期哺乳。

◆患有消耗性疾病

有一些妈妈可能自身患有心脏病、糖尿病、肾病，在这个时候要听从医生的诊断决定是否进行母乳喂食。一般情况下，身患上述疾病但是已经正常分娩了的妈妈，也是能够进行母乳喂食的，但是一定要注意休息和补充营养，而且要依据自身的情况来调整母乳喂食的时间。

◆感染传染疾病

一旦妈妈感染上了传染病，就必须停止母乳喂食，防止将病菌传染给宝宝，比如肝炎、肺炎等。

母乳喂养Q&A

宝宝刚出生，第一次喂奶在什么时间比较好？

A

宝宝出生半个小时之内，就应让宝宝吸吮妈妈的乳头。因为宝宝出生后20～30分钟内的吸吮反射最强，所以即便此时妈妈没有乳汁也可让宝宝吸一吸，这样不但可尽早建立妈妈的催乳反射和排乳反射，促进乳汁分泌；还利于妈妈子宫收缩，减少阴道流血。宝宝出生后接触妈妈越早，持续时间越长，对宝宝的心理发育越好。

母乳喂养的宝宝不容易感冒，这样的说法正确吗？

母乳里富含各种免疫物质，在最初的1个月里可以降低宝宝消化系统感染的可能。然而，宝宝在母体的时候是通过胎盘来获取免疫物质的，所以母乳喂养的宝宝患感冒的可能性与喂奶粉的宝宝没有大的区别。

宝宝出生第一周，在这一周内怎样喂养比较好呢？

在宝宝出生的第一周内，妈妈可给宝宝每2小时哺乳1次。如果妈妈乳汁不足，一般可在间隔时间之内用小匙给宝宝喂些温开水，切忌喂糖水和用奶瓶喂水。此时的宝宝还不宜接触各种精制提炼的糖（如白糖、蜂蜜、糖浆等），如果食用过量会使脑部进入疲劳状态，易导致宝宝不健康发胖。还需要注意的是，由于宝宝此时的睡眠节奏还未养成，夜间应尽量少打扰宝宝的睡眠，喂养的间隔也可由2小时逐渐延长至4～5小时，这样可以防止宝宝在睡眠中因饥饿而醒来。

宝宝出生第二周了，喂养的时间是多少？间隔多久比较好呢？

从第二周开始，可逐渐延长哺乳间隔时间，保持一昼夜哺乳8～10次。如果母乳充足，可养成按时喂乳的习惯，每次喂乳时间保持20分钟左右。由于每个宝宝都是独立的个体，因此在喂养时不要局限于书本，要根据宝宝的需要决定哺乳的次数及每次哺乳时间的长短，也许在刚开始哺乳时，哺喂的次数很多，也无时间规律，但经过一段时间后，一定会渐渐形成规律。

宝宝刚出生没多久，怎样进行喂奶才舒服，什么样的姿势才能使他不哭闹呢？

喂哺宝宝应保持舒适的体位，且保持心情愉快，全身肌肉松弛，这样有利于乳汁的排出，喂哺时宝宝的身体要与妈妈的身体紧密相贴，宝宝的头与双肩要朝着妈妈乳房的方向，嘴与乳头的位置是水平的且不要让宝宝的鼻部受到压迫。刚开始喂母乳时，不要只将乳头塞进宝宝嘴里，应该连乳头下面的乳晕部分也塞入宝宝嘴里，因为宝宝不是用舌头吸吮，而是用两颊吸吮，用上下唇挤压乳窦。

近来出现咽干、咳嗽，经医生诊断后是患有风热感冒，喝了双黄连口服液，却导致母乳变少，该怎么办？

妈妈不要焦虑，越焦虑奶越少。放松心情，奶水就会多起来了。要坚持让宝宝多吸吮，因为这是刺激泌乳的最好办法。

宝宝刚出生没多久，怎样才知道他有没有吃饱？

从妈妈乳房的感觉看，喂哺前乳房比较丰满，喂哺后乳房较柔软且妈妈有下乳的感觉。从宝宝的情况看，能够听到连续几次到十几次的吞咽声；两次喂哺间隔期内，宝宝安静而满足；宝宝平均每吸吮2～3次就可以听到下咽一大口的声音，如此连续约15分钟则说明宝宝吃饱了。若宝宝光吸不咽或咽得少，说明奶量不足。宝宝每周吸吮乳汁的量平均增长125克以上。宝宝大便软，呈金黄色糊状，每天大便2～4次，尿布24小时湿6次或以上，也可判断为宝宝吃饱了。此外，如果吃奶后宝宝安静入眠，说明宝宝吃饱了；如果吃奶后还哭，或者咬着乳头不放，或者睡不到两小时就醒，则说明奶量不足。

请问足月的宝宝，母乳喂养，每次吃奶大概需要多长时间，每次喂奶，应间隔多久？

吃空为止，大概每侧5分钟左右，如果宝宝吮吸3～4下，还没有吞咽，证明已经没有奶水了，一般间隔1.5～2小时，最好按需喂养。

1个月的宝宝，母乳喂养，有时宝宝吃不到10分钟，就睡过去了，想换另一侧吃奶，都不行了，请问有什么方法能让宝宝每次都能吃到两侧乳房的奶水呢？

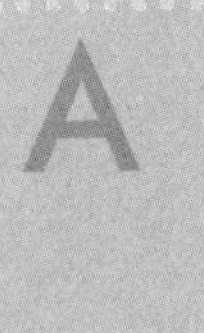

新妈妈刚开始喂母乳时，应该让宝宝两侧乳房换着吃，没有受过刺激的乳头，如果宝宝连续吸15分钟，就很容易发生皲裂。但不必每次都让宝宝吃两侧。吃饱了满足地睡去，说明宝宝已经吃够了。而且，新生儿的共同特点就是吃吃睡睡，吃一会儿睡了，醒来再吃时可换另一侧。

宝宝刚出生1个月，我的乳汁不足，其他妈妈说可混合喂养，想问一下混合喂养需要注意些什么？

母乳不足要添加牛奶或其他代乳品与母乳混合喂养时，应先喂母乳，然后再添加其他代乳品以补充母乳不足部分，这样可维持母乳分泌，使宝宝尽可能吃到更多的母乳。如果代乳品选择配方奶，应严格按照配方奶说明为宝宝调制奶液，不要随意增减奶粉的量和浓度。按照奶粉包装上的说明为宝宝调制奶液，如奶粉罐的小匙有的是4.4克的，有的是2.6克的，一定要按包装上的说明调配。

宝宝为什么老吐奶啊？

由于此时宝宝的胃肠道尚未发育成熟，开始喂奶时会出现吐奶的现象，但随着月龄增长吐奶现象会慢慢消失。值得注意的是对吐奶的现象不能掉以轻心，如果妈妈喂养不当就会导致宝宝出现吐奶，因此在每次喂奶结束后，妈妈应抱起宝宝，把宝宝的头靠在自己的肩上，轻轻拍打宝宝的背部，约5分钟让宝宝打几个嗝，直到宝宝把喂奶时吞入的空气排出后，再将宝宝放到床上。

配方奶粉喂食的方法

配方奶粉又称母乳化奶粉，它是为了满足宝宝的营养需要，在普通奶粉的基础上加以调配的乳制品。越接近母乳成分的奶粉越好。

选择优质配方奶粉

目前市场上的配方奶粉大都接近于母乳成分，只是在个别成分和数量上有所不同。挑选配方奶粉首先应根据宝宝的年龄来进行选择。

◆看包装上的标签标志是否齐全

按国家标准规定，在外包装上必须标明厂名、厂址、生产日期、保质期、执行标准、商标、净含量、配料表、营养成分表及食用方法等项目。

◆营养成分表中标明的营养成分是否齐全，含量是否合理

一般要标明热量、蛋白质、脂肪、碳水化合物等基本营养成分，维生素类如维生素A、维生素D、维生素C、B族维生素，微量元素如钙、铁、锌、硒、磷等，还要标明添加的其他营养物质。

奶瓶的选择

◆种类

目前市场上有两大类奶瓶，玻璃奶瓶和塑料奶瓶，其中塑料奶瓶有PP、PES、PPSU三种，之前一直在市场上热销的PC奶瓶，因可能扰乱人体代谢过程，对宝宝发育、免疫力有影响的双酚A（也称BPA）而退出市场。

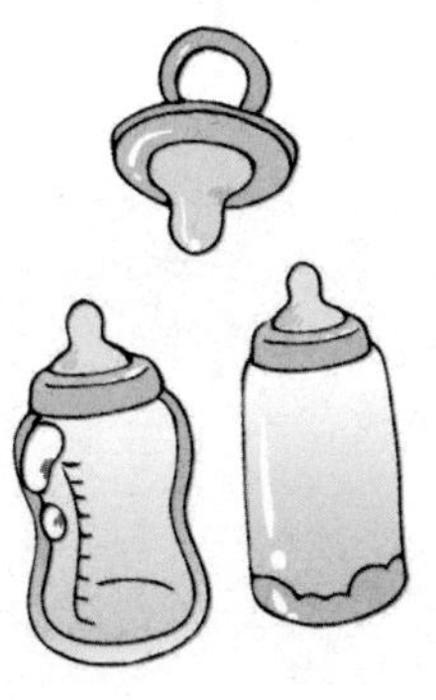

◆形状的选择

1.圆柱形：适合0～3个月的宝宝使用。这一时期，宝宝吃奶、喝水都是靠父母喂，圆形奶瓶内颈非常平滑，奶瓶里的奶液可以流动顺畅。

2.弧形、环形：4个月以上的宝宝小手喜欢抓东西，而且非常活跃，弧形的奶瓶像一只小哑铃，拿起来非常顺手，环形奶瓶是一个长圆的“O”字形，这样的设计便于宝宝的小手抓握。

3.带柄奶瓶：1岁左右的宝宝就可以自己拿着奶瓶吃奶或者喝水了，但这个时候他往往拿不稳，像练习杯的奶瓶就是专为这个时期宝宝设计的，两个可移动的把柄便于宝宝用小手抓握，手柄还可以根据姿势来调整，非常人性化。

◆选购对比

	玻璃奶瓶	PP	PES	PPSU
材料	玻璃	塑料	塑料	塑料
价格	适宜	适宜	昂贵	昂贵
安全性	安全	一般	安全	安全
耐高温度	600℃	120℃	180℃	180℃
易碎程度	易碎	不易碎	不易碎	不易碎
透明度	很好	较差	很好	很好
重量	重	轻	轻	轻
使用期限	1年	6个月	8个月	8个月
易清洗程度	容易	不易	不易	不易

奶嘴的选择

◆类型

可以分为标准奶嘴、宽口奶嘴和喂药奶嘴三种。

◆型号

奶瓶上奶嘴的小孔也有好多型号，它们主要是：

◆材质

奶嘴的材质有橡胶、硅胶、乳胶三种。橡胶奶嘴是最有弹性的，也是最接近乳头的材质；硅胶奶嘴没有橡胶的异味，更容易被宝宝接受，它不易老化，抗热、抗腐蚀性也比较强；乳胶奶嘴很软，宝宝吮吸的时候非常容易，但是不耐用，容易老化。

	圆孔小号	圆孔中号	圆孔大号	Y字形孔	十字形孔
适合的宝宝	新生儿和早产儿	2～3个月宝宝	适合哺乳时间长，但量不足、体重轻的宝宝	已经添加辅食的宝宝使用	吸饮果汁、米粉或其他粗颗粒饮品
流量	较少	稍多	较多	奶量流出稳定	流量大

冲泡配方奶粉的方法

1.将沸腾的开水冷却至40℃左右，然后将冷却的开水注入奶瓶，但只需注入标准容量的一半即可。

2.使用奶粉附带的量匙，盛满刮平。在加奶粉的过程中要数着加的匙数，以免忘记所加的量。

3.轻轻地摇晃加入奶粉的奶瓶，使奶粉溶解，该步骤是必须要做的。由于上下振动时容易产生气泡，需多加注意。

4.再用40℃左右的开水加到需要的容量。盖紧奶嘴后，再次轻轻地摇匀。

5.用手腕的内侧感觉奶瓶的温度，稍感温热即可。如果过热可以用流水冲凉或者在凉水盆中放凉。

用奶瓶哺喂的技巧

确认奶嘴没有堵塞

注意查看奶嘴是否堵塞或者流出的速度过慢。如果将奶瓶倒置时呈现“啪嗒啪嗒”的滴奶声就是正确的。

抱着哺乳

喂奶粉时最常用的姿势就是横着抱。和喂母乳时一样，也要边注视着宝宝，边叫着宝宝的名字喂奶。

让宝宝含住奶嘴的根部

在喂母乳时，宝宝要含住妈妈的乳头才能很好地吮吸到乳汁，同样，在喂奶粉时也要让宝宝含住整个奶嘴。

哺乳时倾斜奶瓶

空气通过奶嘴进入到奶瓶中，会造成宝宝打嗝。所以在喝奶时应该让奶瓶倾斜一定角度，以防空气大量进入。

打嗝的处理

即便是抱着的情况下，宝宝也会打嗝，这时可以轻轻地拍打宝宝的背部，这样就能防止打嗝溢乳。

让宝宝倚在肩膀上

通过压迫其腹部，也可以让症状加以缓解。为了防止弄脏衣物，可以在妈妈的肩膀上放块手绢。

奶瓶的清洗与消毒

煮热消毒

◆清洗奶瓶

可以用专用的奶瓶洗涤剂，也可以使用天然食材制的洗涤剂，用刷子和海绵彻底地清洗干净。

◆完全浸没后热水煮沸

锅里的水沸腾以后，就可以清洗奶瓶和奶嘴。奶瓶较轻，容易浮起，将锅内注满水即可沉没。

◆奶嘴的进一步清洗

为了防止洗涤剂的残留，要将奶嘴用流水冲洗干净，最好能将奶嘴翻转过来清洗内部。

◆彻底洗净奶嘴

奶嘴部分很容易残留奶粉，无论是外侧还是内侧都要用海绵和刷子彻底清洗。

◆放到干净的容器里保存

煮沸结束后，可以放在干净的纱布上沥水，之后放在合适的盒子内即可。

◆奶嘴煮3分钟，奶瓶5分钟

在煮沸3分钟左右就可将奶嘴取出；而奶瓶可以在煮沸5分钟左右的时候取出。

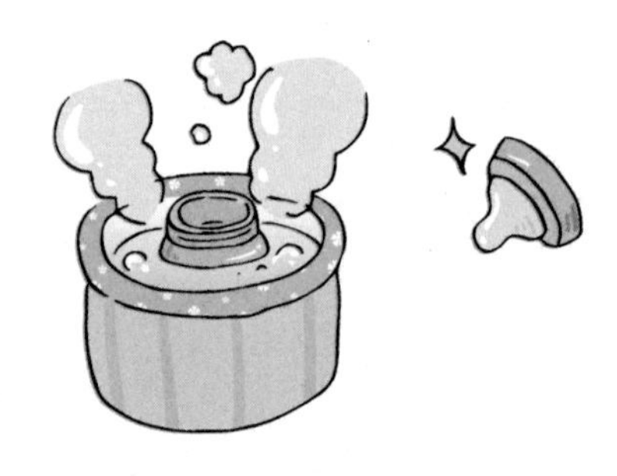

微波炉消毒

用微波炉加热消毒，即便如此，奶瓶和奶嘴也要彻底地清洗干净后再消毒。

用微波炉加热消毒的时候，要把奶嘴和盖子取下来，不要把空玻璃奶瓶放在微波炉里消毒。

小贴士

如果奶瓶的消毒时间已经超过24小时，建议重新消毒一次，以免滋生细菌。

夜间清洗

◆浸泡到盛满水的大碗里面

夜间洗奶瓶是件很麻烦的事情，可以提前准备好盛满水的大碗，将使用后的奶瓶浸泡到碗里，次日早上再洗。

◆盛满水后放置

将使用过的奶瓶里灌满干净的水，就不会使奶粉粘到奶瓶壁上，以后再清洗也会很容易。

◆第二天早上一起清洗

为了不影响夜间睡眠质量，所以使用过的奶瓶等到第二天早上再清洗。因此需要多准备几个奶瓶，夜间就会轻松很多。

混合喂养Q&A

第一次调配配方奶，可以用沸水冲泡配方奶吗？

不可以，沸水冲泡会造成部分营养流失。沸水冲泡即便不能造成全部营养的流失，但维生素等营养物质也会被破坏，故不要用沸水冲泡。

宝宝现在吃的奶粉，冲好后有好多泡泡，是什么原因，奶粉会不会有问题呢？

每种奶粉的配方是不一样的，所以冲出来的奶也是有的泡沫多，有的泡沫少，有时也可能是水温的问题，一般没什么问题的。

宝宝喝奶粉上火了，不知道怎么办？

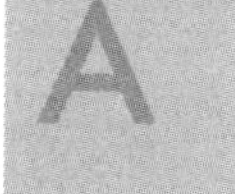

可以在奶粉里加点奶伴侣或者葡萄糖，平时可以给宝宝多喝点水。因为每种奶粉的配方是不同的。

每次喝的量超过奶瓶的最大刻度，会不会喝得太多？

在奶瓶上画的刻度仅仅是参考标准，所以饮用过量也没有关系。如果宝宝肚子饿了，多喝一些也是可以的。

生活上的贴心照料

抱新生儿的方式

不要摇晃宝宝

宝宝哭闹时、睡觉前或醒来的时候，妈妈都会习惯性地抱着宝宝摇摇，以为这样是宝宝最想要的。但是，妈妈很难掌握摇晃的力度，如果力度过大，很可能给宝宝的头部、眼球等部位带来伤害，而且妈妈也会感到手臂酸疼。

时常观察宝宝

抱宝宝时，要经常留意他的手、脚以及背部姿势是否自然、舒适，避免宝宝的手、脚被折到、压到、背部脊椎向后弯曲等，这些会给宝宝造成伤害。

端正抱宝宝的态度

妈妈在抱宝宝时，最好能建立起“经常抱，抱不长”的态度，也就是说，经常抱抱宝宝，每次抱3～5分钟即可，让宝宝感受到父母对他的关爱，使他有安全感。千万不要一抱就抱很久，甚至睡着了还抱在身上，这样会养成宝宝不抱就哭的不良习惯，也会给父母在今后的养育过程中造成不少困扰。

宝宝睡眠环境有要求

每天在规定时间进行日光浴

重要的是让宝宝学着感知白天和黑夜的不同。总的说来，睡眠不规律是宝宝的普遍特征，但如果宝宝睡到早上室内还是保持较暗的光线，是不利于宝宝调整作息规律的。从还不能辨别黑夜白天的低月龄起，就让宝宝感受早上拉开窗帘的明亮和夜间关灯的黑暗，逐渐地建立起规律的生活作息。

睡前沐浴有利于睡眠

规定好每天洗澡的时间，一般在睡前1小时洗澡。洗澡的时间不要拖得太晚，甚至到深夜。由于洗澡后的体温升高不利于入眠，所以洗的时间不宜过长，水温在38℃～40℃即可。

白天睡眠不要太多

要在某种程度上规定白天的睡眠时间。虽然，宝宝在白天睡眠的时候也要尽量营造同夜间相似的舒适氛围，但却不需要营造同夜间一样的黑暗环境。正常的家务发出的声响也不用特别注意。要注意不能让宝宝在白天的睡眠时间太长，以免影响到夜间的睡眠。某种程度上说，就是要在规定好的时间唤醒宝宝。

营造夜间安静的氛围

明亮和嘈杂的环境不利于宝宝的熟睡。每当到宝宝睡眠的时间，就要把灯光关掉，使房间变暗，保持安静。另外，当宝宝睡觉前，给他换上睡衣，作为提醒宝宝接下来要睡觉的信号。

夜间哭泣时，要及时给予抚慰

夜里哭泣的现象在宝宝开始认人以后会越发严重。夜里很易醒，宝宝会因为担心妈妈不在身边而感到不安，进而哭泣，这时妈妈要尽量陪伴在他身边，让他感觉到踏实安稳。对于夜间哭闹的宝宝，妈妈可以轻轻地拍拍宝宝，他就可以继续睡觉了。

小贴士

宝宝的骨骼很软，可塑性大，躺在软床上会增加脊柱的生理性弯曲度，使脊柱两旁的韧带和关节负担过重，不仅容易造成腰部疼痛，还容易形成驼背或侧凸畸形。太硬的床也不利于宝宝全身肌肉的放松与休息，容易疲劳。

睡眠中的疾病信号

频繁翻身

大多数宝宝睡着后会在床上翻滚，这是因为宝宝睡不沉，所以时常翻动身体，有些时候可能是被子太厚，宝宝不舒服而自我翻滚调整。也有些父母担心宝宝受冻，让宝宝穿着衣服睡觉，宝宝不舒服就会不断翻滚。还有些宝宝是睡前进食过多，睡觉后不好消化难受而翻滚。

四肢抖动

一般来说，宝宝白天如果过于疲劳的话，晚上睡觉时会出现四肢抖动的情况。但是需要留意的是，当宝宝睡觉时听到较大响声出现抖动是正常的。相反的，若是没有任何反应，而且平时总爱睡觉，那么应该留心宝宝是不是耳部出现问题。

抓耳摇头

如果宝宝在睡眠时总是哭闹，同时还出现摇头、抓耳朵，伴随有发热症状，这表示宝宝可能患上了外耳道炎、湿疹或中耳炎。此时应该马上检查宝宝的耳道是否有红肿现象，皮肤是否有红点出现，如果有的话，必须赶紧送往医院诊治。

咀嚼

如果宝宝在睡后不断地有咀嚼动作，极有可能是得了蛔虫病，或者是白天进食过多引起的消化不良。这个时候要去医院检查一下，如果排除了蛔虫病，就该注意调整宝宝的饮食了。

手指或脚趾抽动

宝宝睡醒后手指或者脚趾不断抽动而且伴随肿胀，这时要仔细检查宝宝的手指、脚趾，看看是否被头发或者其他的纤维丝状物缠住，或者是否有蚊虫叮咬的痕迹。总而言之，由于这个时候的宝宝往往不能准确表达自己的一些状况，所以父母除了安排好宝宝充足的睡眠以外，还应当在宝宝睡觉或者啼哭的时候多多观察异常情况，以免延误治疗。

大汗

大多数宝宝在刚入睡或者即将醒来的时候满头大汗都是属于正常的。但是如果不仅仅是大汗淋漓，而且还有其他不适的表现，父母就需要多加留意，注意照顾，必要的时候去医院检查、治疗。

如果宝宝伴有四方头、出牙晚、囟门关闭过迟等症状，很有可能患有佝偻病。

排尿与排便

宝宝出生后24小时内第一次排尿

新生儿第一天的尿量很少，只有10～30毫升。在出生后36小时之内排尿都属正常。随着哺乳摄入水分，宝宝的尿量逐渐增加，每天可达10次以上，总量可达100～300毫升，满月前后可达250～450毫升。

排尿次数多是正常现象

宝宝排尿次数多，这是正常现象，不要因为宝宝总排尿就减少给水量。尤其是夏季，如果喂水少，室温又高，宝宝会出现脱水热。尿布湿了便及时更换，会阴部要勤洗。每天早上宝宝醒来，便给他端大便，每次睡醒，给他端小便。在月子里养成端大小便的习惯，这样以后就更容易护理。

异常的排尿情况

◆尿量减少

当父母发现宝宝的尿量呈现明显减少的时候，应该重视起来。月龄越小的宝宝尿的浓缩和重新吸收的功能就越不成熟。若单纯只是饮水不足导致的，父母可不必紧张，及时给宝宝补足水即可。如果之前宝宝有过呕吐或者腹泻的情况，那就可能是水分随之大量排出体外造成的。这时候容易造成脱水或者电解质平衡紊乱情况，应及时去医院就诊。

◆排尿过频

如果发现宝宝出现频繁排尿的情况，应同时留意每次排尿量的情况。如果伴有尿量随之增加的情况，那往往是生理原因造成，不需担心。如果出现频繁排尿，尿量却不增加，那可能是病理性原因导致，应及时去医院就诊。

◆尿液变白

一般来说寒冷的冬季容易出现尿液泛白，有时还有白色沉淀。这往往是因为尿中的尿酸盐增多造成的。白色的沉淀物就是尿酸盐结晶，如果加一些冰醋酸到尿里，就会发现沉淀很快溶解，尿液也恢复清亮透明。

但是如果宝宝的尿不仅发白，同时还伴有尿液浑浊或者有特殊的臊臭气味，而且还有尿频、尿急，甚至排尿时会哭啼，那很有可能是宝宝的泌尿系统已经受到了感染，出现了脓尿，此时需及时去医院就诊。

◆尿液发黄

尿液颜色的深浅跟饮水量和汗液排出量都有密切的关系。如果宝宝饮水很多，出汗少，那么尿量就会偏多，而且尿液的颜色也是浅而透明的。如果宝宝饮水少，出汗多或者发热，那么尿量就会减少而且颜色也会变成深黄色，并且有较大气味。如果宝宝除了尿液发黄以外，皮肤和白眼球等处也发黄，那有可能是新生儿黄疸所致，需去医院就诊。

◆尿液发红

正常新生儿的尿液是透明的淡黄色。可是个别宝宝排出的尿液呈现出浑浊的红褐色，甚至是血尿。这种情况大多是因为尿中的尿酸盐结晶所致，没有必要惊慌，不用什么特殊处理，三天左右自己就会痊愈了。

如果有些宝宝因为生病吃些B族维生素或黄连素等药物，也有可能导致宝宝的尿液呈现橘红色。但如果宝宝连续三天以上排出的都是血尿，可能是先天性的尿路畸形，这时必须去医院就医。

胎便应在24小时内排出

新生儿一般在出生后12小时开始排胎便，胎便呈深绿、黑绿色或黑色黏稠糊状，这是胎儿在母体子宫内吞入羊水中胎毛、胎脂、肠道分泌物而形成的大便。3～4天胎便可排尽，吃奶之后，大便逐渐转成黄色。吃配方奶的宝宝每天排便1～2次，吃母乳的宝宝每天排便4～5次。若宝宝出生后24小时尚未见排胎便，则应立即就医，看是否存在肛门等器官畸形。

大便的正常形状与次数

◆正常的大便

新生儿开始喝母乳后，会排出湿湿的黄色稀便。这种情况会持续一段时间。只要喝配方奶粉就排出混着白色颗粒的黄色便，水分多，会渗入尿布。

◆不正常的大便

灰白色大便	宝宝的白眼球和皮肤呈黄色，有可能是胆道梗阻或是胆汁黏稠，甚至可能感染上肝炎
黑色大便	胃或者肠道上部可能出血了。若是服用了治疗贫血的铁剂药物，也会出现这种现象
带有鲜红血丝大便	可能是大便干燥或者肛门周围皮肤皲裂导致
赤豆汤状大便	多见于早产儿患上出血性小肠炎后排便
淡黄色的糊状大便	外部油润，里面含有较多的奶瓣和脂肪小滴，整体漂于水面上。排便的次数和量都较多，可能是脂肪消化不良
黄褐色的稀水样大便	伴有奶瓣和刺鼻的臭鸡蛋味，可能是蛋白质消化不良
绿色黏液状大便	外观呈现绿色或黄绿色，含有胆汁的透明丝状黏液，或者宝宝有饥饿的表现，可能是奶量不足，饥饿或者腹泻导致
鼻涕状带血黏液大便	大多是痢疾

小贴士

宝宝腹泻时很容易引起臀部溃烂，这时一定要注意宝宝臀部的清洁。排便后可以用湿的纱布擦净，或者用流水冲净，涂上痱子粉保持干燥。另外在清洗后最好稍微等一会儿，等臀部彻底干透后再给宝宝换上新的尿布，这样还可以预防尿布疹的发生。

便后的清洁

新生儿中常见的红屁股往往是因为尿不湿透气性不好或者没有及时彻底清洁导致。父母应该知道，每次宝宝排便后，一定要及时清洁，避免红臀出现。

小贴士

红臀又名尿布皮炎或者尿布疹。导致其发生的原因一般有两个：

物理因素：潮湿尿布常与皮肤摩擦。

化学因素：排泄物中的尿素经由细菌分解出碱性的氨，刺激了皮肤。此外，细菌或真菌感染也可能会引起红臀。

给宝宝做抚触

多摸摸好舒服

抚触能缓解宝宝皮肤饥饿感

抚触时，建议妈妈在宝宝的腹部画“I”、“L”、“U”，有助于缓解宝宝皮肤的“饥饿感”。要根据血液循环以及人体的结构进行确定，从而避免宝宝自我刺激和自我伤害，因此要与宝宝多接触，让宝宝感觉到爱，才能增进与宝宝的感情。

1.在左上腹用右手向下画一个英文字母“I”。

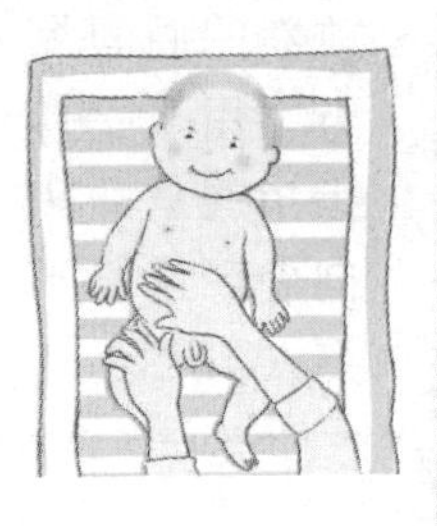

2.以顺时针方向在宝宝腹部用双手画半圆，注意避开宝宝的脐部，要在宝宝下腹（右下方）结束动作。

3.一个倒的“L”由左到右画”。

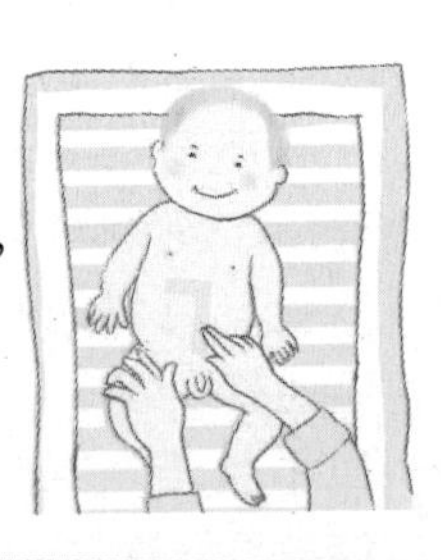

4.一个倒写“U”由左向右画，同时跟宝宝用关爱的语调说“I love you”。

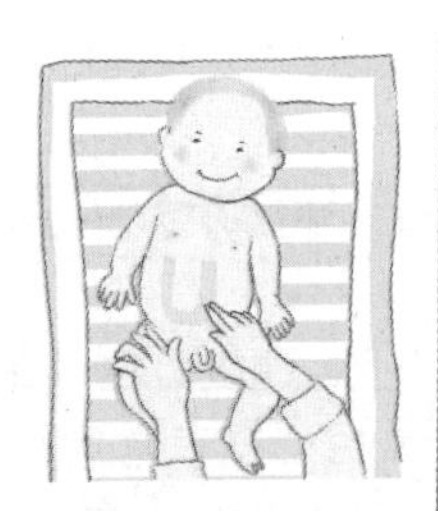

通过身体的接触进行交流

宝宝出生不久，抚触为宝宝和妈妈提供了一个很好的机会，可使分娩所带来的疲倦减轻，并使两个人同时放松。同时，宝宝抚触与按摩也是表达感情的奇妙方法。如果宝宝喜欢接触妈妈的身体，抚摸他的皮肤，那么妈妈的这种爱意宝宝就会很快理解，并报以感谢和微笑。妈妈会让宝宝逐渐接受按摩，以轻柔动听的言语相伴，并喜欢上它，有时在按摩时他也会主动配合，将身体及时地转向另一边，提示妈妈该按摩背部了。

抚触，心灵的交流

抚触不仅是身体的接触，更是妈妈与宝宝之间沟通的一座桥梁，是它传递着爱和关怀。科研人员发现，性格发展的主要因素是取决于人生前三年的经历，得到爱护和照顾的宝宝，长大后拥有自信和乐观等积极性格的可能性会大一些。

有助于宝宝身体健康发育

调查证明，抽取400例阿氏评分大于7分，正常足月，42天内母乳喂食的新生儿作为研究对象，随机分为抚触组和对照组，每次10～20分钟，每天抚触3次，并记录体重和24小时摄入奶量，结果发现：经过抚触的宝宝与按摩的宝宝体重比对照组增加5%，并且睡眠节律好，反应灵敏。一出生就必须依赖成人照顾的宝宝，主要的互动对象就是照顾者，而宝宝日后和其他人互动的模式更会受这个互动关系的影响，对宝宝未来良好的人际关系以及社会行为的发展也非常重要。

给宝宝按摩的方法

面颊

1.在宝宝前额的眉间上方，用双手拇指指腹从额头向外轻柔平推至太阳穴。

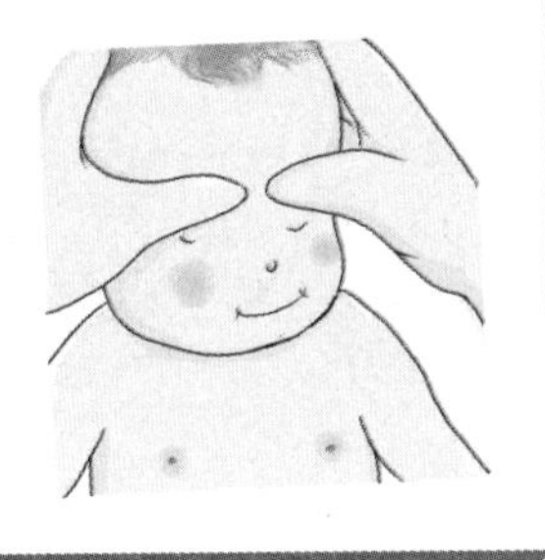

2.从宝宝下巴处，沿着脸的轮廓用拇指往外推压，至耳垂处停止。妈妈边抚触边念：真可爱的小脸蛋，妈妈摸摸更好看。

手臂

1.从上臂到手腕，反复3～4次轻轻挤捏宝宝的手臂。妈妈边抚触边念：宝宝长大有力气，妈妈搓搓小手臂。

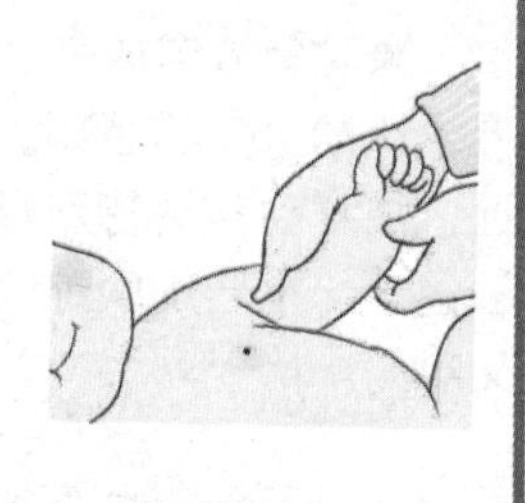

2.把宝宝掌心向上，两臂左右分开。妈妈边抚触边念：伸伸小胳膊，宝宝灵巧又活泼。

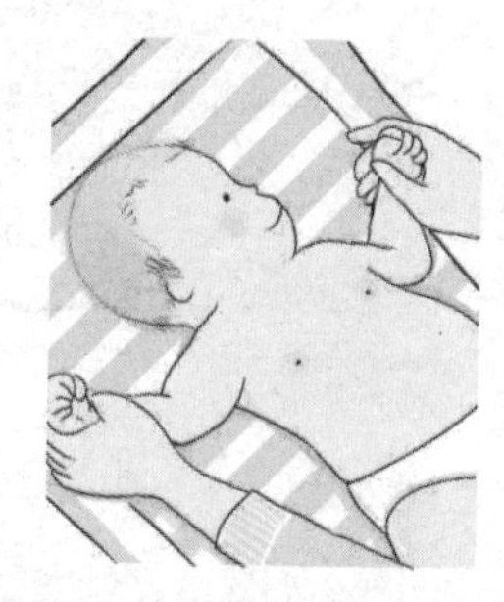

手部

1.抚触宝宝的手腕用手指画小圈。用拇指抚触宝宝的手掌使他的小手张开。

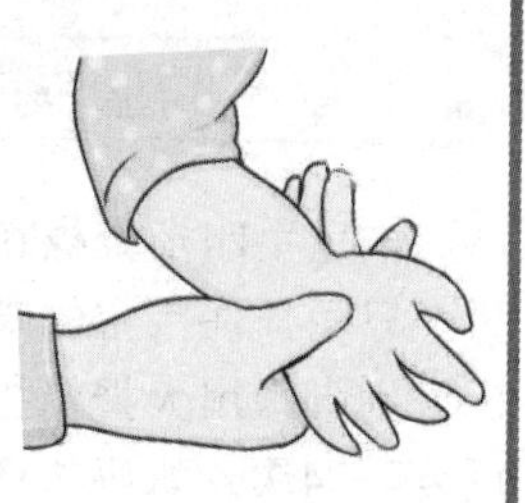

2.让宝宝抓住拇指，宝宝的手背用其他四根手指抚触。

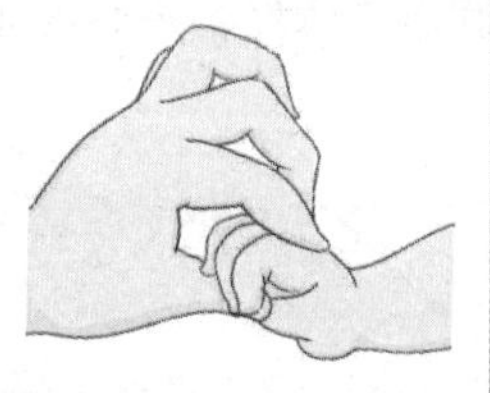

3.一只手的拇指和示指轻轻捏住宝宝的手指，另一只手托住宝宝的手，从小指开始依次转动、拉伸每个手指。妈妈边抚触边念：动一动、握一握，宝宝小手真灵活。

扯摸耳垂

轻轻按压耳朵，从最上面用拇指和示指按到耳垂处，反复向下轻轻拉扯，然后再不断揉捏。妈妈边抚触边念：拉一拉小耳朵，妈妈说话宝宝乐。

背部

1.双手大拇指平放在宝宝脊椎两侧，拇指指腹分别由中央向两侧轻轻抚摸，扶住宝宝身体，其他手指并在一起从肩部移至尾椎，反复3～4次。

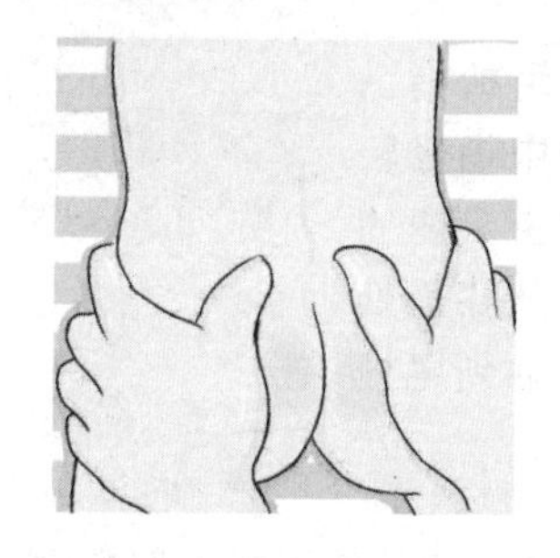

2.五指并拢，掌根到手指成为一个整体，横放在宝宝背部，力度均匀地交替从宝宝脖颈抚至臀部，手背稍微拱起，反复3～4次。妈妈边抚触边念：宝宝背直不怕累，妈妈给你拍拍背。

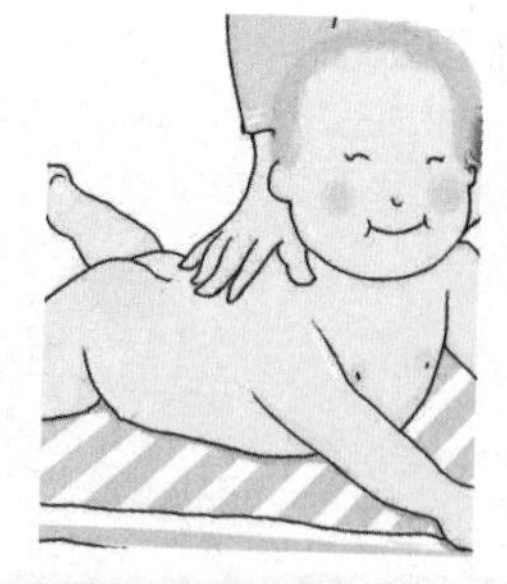

胸部

双手放在宝宝的两侧肋缘，先是左手向上滑到宝宝左肩，复原。换右手向上滑向宝宝右肩，复原。重复3～4次。妈妈边抚触边念：摸摸胸口真勇敢，宝宝长大最能干。

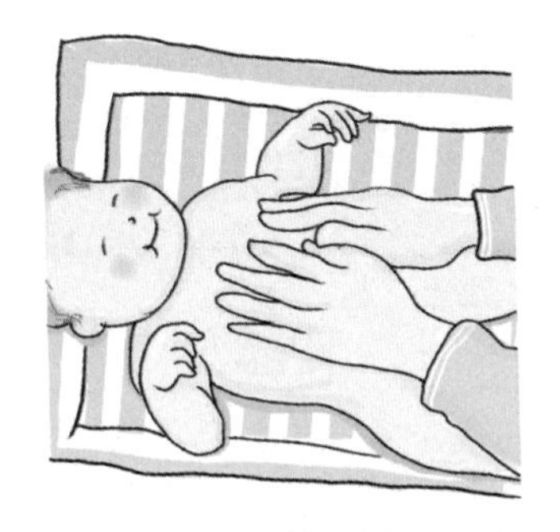

腿部

1.用拇指、示指和中指轻轻揉捏宝宝大腿的肌肉，从膝盖处一直抚触到尾椎下端。

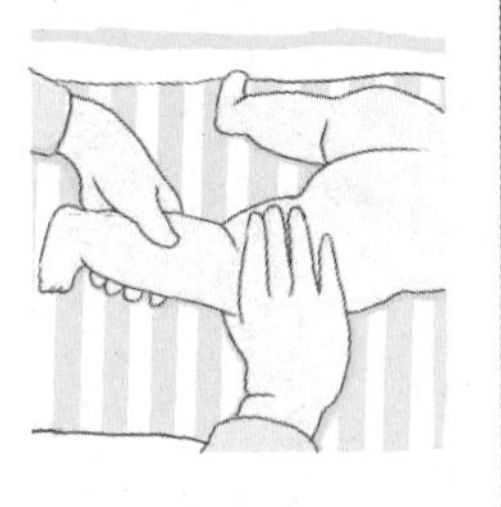

2.用一只手拇指朝外握住宝宝小腿，另一只手握住宝宝的脚后跟，沿膝盖向下捏压，滑动至脚踝。妈妈边抚触边念：爸爸妈妈乐陶陶，宝宝会跳又会跑。

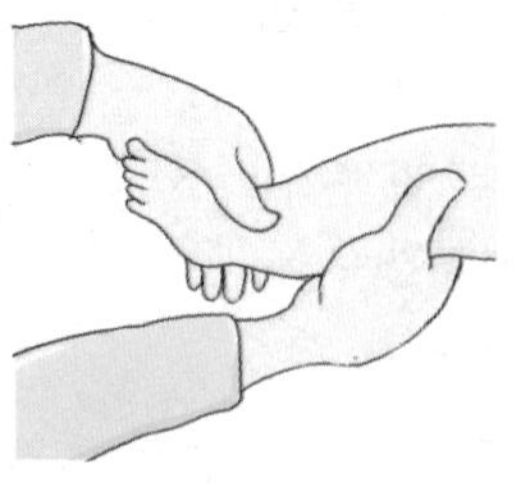

腹部

顺时针方向放平手掌，按画圆的方式抚摩宝宝的腹部。不能离肚脐太近，注意动作要特别轻柔。妈妈边抚触边念：小肚皮软绵绵，宝宝笑得甜又甜。

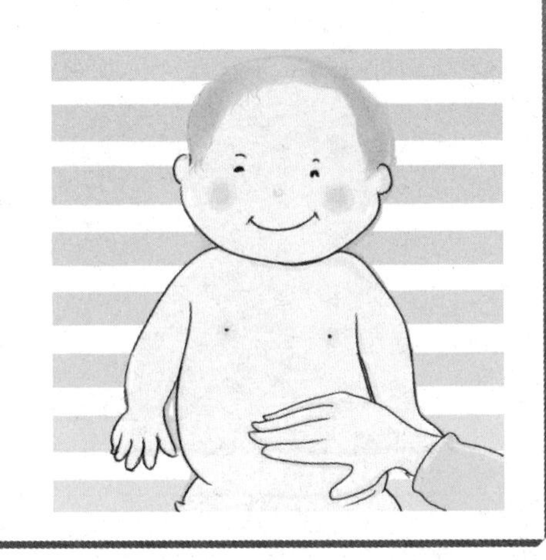

脚掌

一只手四指聚拢在宝宝的脚背，另一只手托住宝宝的脚后跟，从脚尖抚摸到脚跟用大拇指指腹轻揉脚底，反复3～4次。妈妈边抚触边念：宝宝健康身体好，妈妈给你揉揉脚。

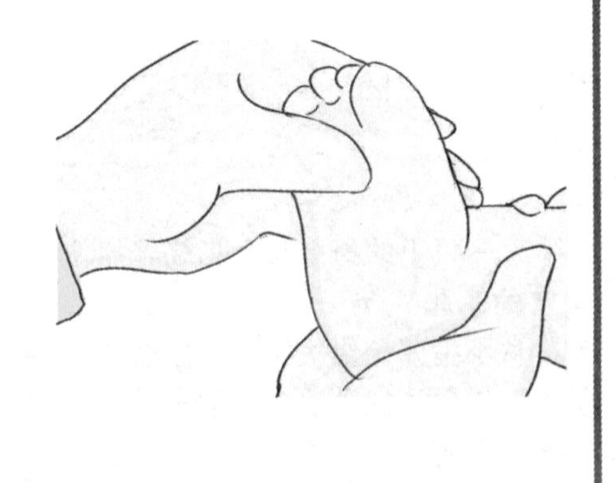

第二章
宝宝1～3个月

身体发育标准

1个月宝宝成长标准

养育重点

1	早开奶，坚持母乳喂养
2	保证20个小时的睡眠时间
3	精心呵护小肚脐
4	注意观察大小便的次数和颜色
5	给予宝宝充足的皮肤接触，每天做抚触
6	和宝宝对话，给他讲故事和听音乐
7	多逗宝宝笑

体格发育监测标准

出生时		
	男宝宝	女宝宝
身长	46.8～53.6厘米，平均为50.2厘米	46.4～52.8厘米，平均为49.6厘米
体重	2.5～4.0千克，平均为3.2千克	2.4～3.8千克，平均为3.1千克
头围	31.8～36.3厘米，平均为34.0厘米	30.9～36.1厘米，平均为33.5厘米
胸围	29.3～35.3厘米，平均为32.3厘米	29.4～35.0厘米，平均为32.2厘米
满月时		
	男宝宝	女宝宝
身长	52.3～61.5厘米，平均为56.9厘米	51.7～60.5厘米，平均为56.1厘米
体重	3.8～6.4千克，平均为5.1千克	3.6～5.9千克，平均为4.8千克
头围	35.5～40.7厘米，平均为38.1厘米	35.0～39.8厘米，平均为37.4厘米
胸围	33.7～40.9厘米，平均为37.3厘米	32.9～40.1厘米，平均为36.5厘米

接种疫苗备忘录

预防乙型肝炎：乙肝疫苗第一剂........日
预防结核病：卡介苗第一剂........日

宝宝智能发育记录

◆大动作发育：手脚运动没有规律

❶宝宝的动作基本是无规则的动作，既不协调，也不能自己改变身体的姿势。

❷俯卧时，头会转向一侧，膝屈曲在腹下，骨盆会抬得高高的。下颌能短时间地离开床面。如果逗引他抬头，有时宝宝的头部能离开床面一点距离。

❸仰卧时，头会转向一侧，同一侧的上下肢伸直，另一侧的上下肢弯曲。安静时可见到不对称的颈紧张等非条件反射。

❹拉着宝宝的手腕坐起，宝宝的头就会向前倾，如果握住宝宝双手，边逗引边轻拉起，宝宝的头就会向后仰。

❺手托起宝宝的胸腹部，使宝宝面向下悬空，宝宝的头和下肢会自然下垂，低于躯干。

◆精细动作：具有抓握反射潜能

❶宝宝的手经常握成小拳头，如果触碰宝宝的手掌，宝宝的手就会紧紧地握成小拳头。

❷宝宝握成拳头的小手，其拇指放在其他手指的外面。

◆视觉发育：注意有效视觉距离

❶半个月以后，宝宝对距离50厘米的光亮可以看到，眼球会追随转动。

❷新生儿的视觉发育较弱，视物不清楚，但对光是有反应的，眼球的转动无目的。

◆听力发育：对声音有定向能力

❶醒着时，近旁10～15厘米处发出响声，可使四肢躯体活动突然停止，好像在注意聆听声音。

❷新生儿喜欢听妈妈的声音，不喜欢听太响的声音和噪声。如果在耳边听到过响的声音或噪声，宝宝的头会转到相反的方向，甚至用哭声来抗议这种干扰。

◆语言能力发育：积极与宝宝说话

❶能自动发出各种细小的喉音。

❷面部没有表情，还没有直接的注意能力。

❸与宝宝说话时，宝宝会注视成人的面孔，停止啼哭，甚至能点头。

❹当宝宝啼哭时，成人过来安慰，宝宝会停止啼哭。

◆作息时间安排：保证充足的睡眠

❶新生儿应该保证每晚11～12个小时的睡眠时间。每晚当然会因为饥饿而多次醒来，这时需要给他喂奶。

❷专家推荐的让宝宝上床的时间为晚上7～8点之间，这样就能保证宝宝有一个足够长的时间来睡觉。充足的睡眠能保证宝宝第二天有精力吃饱喝足，形成一个良性循环。

◆大小便训练：留心新生儿的尿液

❶新生儿第一天的尿量一般为10～30毫升。出生后36小时之内排尿都属正常现象。随着哺乳、摄入水分的增加，宝宝的尿量逐渐增加，每天可达10次以上，每天总量可达100～300毫升，满月前后每天可达250～450毫升。

❷新生儿一般在出生后12小时会排便。胎便呈深绿色、黑绿色或黑色黏稠糊状，一般需要3～4天胎便可排尽。吃奶之后，大便逐渐转成黄色。喂牛奶的宝宝大便呈淡黄色或土灰色，且多为成形便，但常有便秘现象。而母乳喂养宝宝多是金黄色的糊状便，次数多少不一，每天1～4次或5～6次，甚至更多。

◆睡眠原则：不宜单独睡觉

新生儿每天需睡眠约20个小时以上。出生后，宝宝睡眠节律未养成，夜间尽量少打扰，喂奶间隔时间由2～3个小时逐渐延长至4～5个小时，尽量使宝宝晚上多睡白天少睡，尽快和成人生活节律同步。

◆提升免疫力：与生俱来的免疫力

新生儿从母体中获得免疫力，但父母不可因此掉以轻心，因为这些免疫力还有待日后不断完善。

2个月宝宝成长标准

养育重点

1	可能会出现稀便、大便每天七八次、吐奶、湿疹等情况
2	保持皮肤的清洁和干燥。脐带脱落前，上、下身分开清洗
3	开始把大小便
4	逐步建立起吃、玩、睡的生活规律
5	坚持户外活动，呼吸新鲜空气，进行日光浴
6	观察宝宝的哭声
7	注意防止出现尿布疹
8	注意观察哭声
9	练习俯卧抬头

体格发育监测标准

2个月时		
	男宝宝	女宝宝
身长	55.3～64.9厘米，平均为60.1厘米	54.2～63.4厘米，平均为58.8厘米
体重	4.6～7.5千克，平均为6.0千克	4.2～6.9千克，平均为5.5千克
头围	37.0～42.2厘米，平均为39.6厘米	36.2～41.0厘米，平均为38.6厘米
胸围	36.2～43.4厘米，平均为39.5厘米	约为35.1～42.3厘米，平均为38.7厘米

接种疫苗备忘录

预防小儿麻痹：脊髓灰质炎混合疫苗 (糖丸)........日

预防乙肝：乙肝疫苗第一次的加强针........日

宝宝智能发育记录

◆大动作发育：竖抱时能自己直起头

①宝宝2个月时，俯卧位下巴离开床的角度可达45°，但不能持久。

②会翻身，如果宝宝仰卧时，父母稍拉其手，头部稍用力，就可以完全后仰了。

◆精细动作：喜欢小手胜过玩具

①成人将手指或者拨浪鼓柄塞入宝宝手中，宝宝能握住2～3秒钟。

②把环状的玩具放在宝宝手中，宝宝的小手能短暂离开床面，举起环状玩具。

◆视觉发育：喜欢朝向光亮处

①因为宝宝的视焦距调节能力较差，最佳距离是19厘米。

②目光可以追随着近处慢慢移动的物体左右移动。

◆听力发育：对音乐产生兴趣

①宝宝现在的听觉很灵敏，能够准确定位声源，并把头转向声源所在的方向。

②无论是对高声，还是低微的声音都有明显的反应。

◆语言能力发育：多让宝宝自然发音

①此阶段为反射性发音，会发出“a、o、e”3种或3种以上声音。

②在有人逗时，宝宝会发出声音。发起脾气来，哭声也会比平常大得多。

◆作息时间安排：固定喂奶时间

①这个月的宝宝会慢慢熟悉生活的节奏，活动的时间开始增多。

②在上午11点左右，用一条温水毛巾给宝宝擦脸，让他醒来。吃过奶，就抱他到外面去玩，然后带他回来，同他做运动。到下午3点左右他就会累了，比较容易入睡，也会提早一个小时醒来，晚上就可以早一个小时入睡。

◆大小便训练：小便的频率减少

满月后宝宝排尿的频率比新生儿期减少了，但是排尿量反而增加了。家人要注意多把尿，尤其在宝宝睡醒后。

◆睡眠原则：醒的时间增长

1～2个月的宝宝每天需睡眠20个小时以上。喂奶间隔时间由2～3个小时逐渐延长至4～5个小时，尽量使宝宝晚上多睡白天少睡，尽快和父母生活节律同步。

◆提升免疫力：母乳喂养提高免疫力

这个月的宝宝成长速度很快，体内仍拥有从母体获得的免疫力。此时母乳是宝宝最理想的食品。

3个月宝宝成长标准

养育重点

1	竖抱宝宝，帮助宝宝练习抬头的动作，锻炼宝宝颈椎的支撑力
2	用玩具逗引宝宝发音
3	尽早让宝宝品尝各种味道，为以后添加辅食做准备
4	防止宝宝睡“倒觉”
5	警惕宝宝入睡后“打鼾”
6	训练听力，感受声音的远近
7	保护宝宝的皮肤，要经常洗澡
8	俯卧时，练习用肘支撑上身
9	多数宝宝此时应该补钙了

体格发育监测标准

3个月时		
	男宝宝	女宝宝
身长	58.4～67.6厘米，平均为63.0厘米	57.2～66.0厘米，平均为61.6厘米
体重	5.4～8.5千克，平均为6.9千克	5.0～7.8千克，平均为6.4千克
头围	38.4～43.6厘米，平均为41.0厘米	37.7～42.5厘米，平均为40.1厘米
胸围	37.4～45.3厘米，平均为41.4厘米	36.5～42.7厘米，平均为39.6厘米

接种疫苗备忘录

预防小儿麻痹：脊髓灰质炎混合疫苗(糖丸)第二丸........日

预防百日咳、白喉、破伤风：百白破混合制剂........日

宝宝智能发育记录

◆大动作发育：侧转身体做90°翻身

①头能随着自己的意愿转来转去，眼睛随着头的转动而转动。两腿有时弯曲，有时会伸直。

②当成人扶着宝宝的腋下和髋部时，宝宝能坐起，他的头能经常竖起，微微有些摇动，并向前倾。

③俯卧时，能将大腿伸直在床面上，虽然双膝可能会弯曲，但髋部不会外展。

◆精细动作：引导够取抓物

①仰卧时，手臂能左右活动，双手会在胸前接触。

②将手指或能发出声响的、带柄的物体放入宝宝手中，宝宝能握住并举起。

③平躺时，能用手指抓自己的头发和衣服。

④喜欢将手里的东西放进口中。

⑤双手张开，不再握拳。

◆视觉发育：色觉能力发展迅速

宝宝的颜色视觉有了很大的发展，能够对某些不同的颜色作出区分。父母要利用不同的颜色锻炼宝宝的色觉能力。

◆语言能力发育：对话时保持眼神交流

①除元音和哭声外，能大声地发出类似元音字母的声音，如"ou""h""k""ai"，有时还会长声尖叫。

②逗宝宝时，他会非常高兴地发出欢快的笑声。

③当看喜欢的物体时，嘴里还会不断地发出"咿呀"的学语声，会出现呼吸加深、全身用劲等兴奋的表情。

◆作息时间安排：建立合理生物钟

这个月龄的宝宝白天醒着的时间越来越多，排便的次数开始减少。

◆大小便训练：顺其自然

①这个月龄的宝宝对于大小便训练还没有概念，如果家人强行训练，他会闹情绪。

②这个月龄的宝宝小便次数比较多，宝宝排便的次数与进食多少、进水多少都有关系。

◆睡眠原则：睡眠时间很有规律

①本月宝宝睡眠时间明显减少，睡醒了玩一会儿，上午可以连续醒一两个小时，明显的有规律了。

②一般每天睡18~20个小时，其中约有3个小时睡得很香甜，处在深睡状态。

◆提升免疫力：充分休息

这个月的宝宝喜欢自娱自乐，父母要让他多休息，在休息中提高免疫力。

科学喂养方法

母乳喂食也要按需喂

妈妈在坚持母乳喂食的同时，要了解母乳喂食不要局限于时间的间隔是否一致，只要宝宝饿了，就要喂乳。

哺乳次数要稳定

04：00	06：30	09：00	11：30
14：00	16：30	19：00	21：30
24：00			

小贴士

在这里提供的时间只是一个参照值，妈妈还是要根据宝宝的具体情况具体分析按需喂食。

保证喂食量的充足

◆如何使母乳变得更多一些

宝宝自身的吮吸程度决定了妈妈奶水的数量。每当宝宝开始吮吸妈妈乳头的时候，就开始刺激妈妈体内分泌乳激素和催乳素。这两种激素都是由脑下垂体分泌而来，当宝宝吮吸刺激妈妈时，妈妈就开始产生这类激素和蛋白质。

如果宝宝自身的奶量需求超过了妈妈所能提供的奶量，宝宝就会愈加积极地吮吸乳汁，希望从妈妈那里得到更多的乳汁。这样，经过一段时间的哺乳以后，妈妈分泌的奶量就会和宝宝的需求大致持平了。

◆宝宝吃完一只乳房就饱了怎么办

哺乳的时候，我们都该让宝宝先吃尽一侧的乳房，再换另外一侧。如果出现宝宝只是吃了一侧的乳房就已经饱了的情况，妈妈就该将另一侧的奶挤出。这样一来，就不会引起胀奶现象。因为胀奶不仅使得妈妈感觉到疼痛不适，还可能导致乳腺增生，进而反射性地引起乳汁分泌减少。所以，妈妈可以用吸奶器将奶吸出，排空乳房。

人工喂食要掌握技巧

宝宝饥饿的信号

如果细心地观察宝宝，会发现他们经常发出各种表明其肚子饿了的信息。最常见的就是宝宝与生俱来的本领——觅食，也就是在他清醒时，觉得饿了，便会张着小嘴四处寻觅，或者就近吸吮床单、被角甚至手指等；而在熟睡状态中的宝宝也会由深睡眠状态转入浅睡眠状态，短暂地睁大双眼，眼睑不断抖动，还会表现为睡眠中有吸吮和咀嚼的动作。

此外，哭也是表现饥饿的一种信号。但并不是宝宝一哭就代表饿了，哭也可能表示他不舒服了，比如尿布湿了等。一旦宝宝开始哭了，就该重视起来，寻找哭的原因。

吃奶粉的宝宝要喂水

母乳喂食的宝宝，有时候看上去小嘴有点儿干，性急的妈妈会给他喂一些白开水。其实大可不必这样做。

宝宝口腔看上去有些干，是因为宝宝口腔的唾液分泌较少，就是俗话说的“口水少”，这是很正常的现象。就算是给他不停地喂水，他的口腔还会是干干的，所以不必额外喂水。而配方奶粉喂食的宝宝是需要补充水的。

不要勉强喂补

如果宝宝不想吃母乳，则不要强行进行哺乳。宝宝虽然很小，但是也具备一定的自我感知能力，宝宝可能会因为不饿、不想吃或者肚子不舒服等原因不吃奶。所以宝宝不吃奶有很多原因，在不知道原因前不要强行喂奶。

辅食添加不宜过早

2~3个月的宝宝消化器官还很娇嫩，消化系统的发育和功能还不成熟，许多消化尚未成型，过早地添加辅食会增加宝宝消化功能的负担，引起腹胀、便秘、厌食，最终导致腹泻。

最后，过早地摄入辅食的异种蛋白容易引起过敏，而且会提高宝宝患哮喘病的概率。因此，出生3个月以内的宝宝忌过早添加辅食。

宝宝吐奶和溢奶怎么办

哺乳的时候不要太急，如果奶水太冲会喷射出来，容易使宝宝不舒服。

什么是吐奶和溢奶

◆什么是吐奶

吐奶不等同于溢奶，它是由于宝宝的消化道以及其他相关的脏器受到外部的某些异常刺激从而导致的神经性反射动作，呕吐时奶水多是从嘴里甚至是鼻子里喷射出来的。

◆什么是溢奶

溢奶是指哺乳结束后很快就有1～2口奶水会从宝宝的嘴巴边上溢出，少数情况下是在妈妈给宝宝喂完奶后不久换尿布的时候发生的。造成溢奶的主要原因是新生儿的胃呈水平位置，贲门括约肌较为松弛，所以一旦摄入乳汁量稍多，就有可能发生溢奶现象。随着宝宝逐渐长大，胃的位置逐渐变化到垂直，贲门括约肌收缩力量增强，出现溢奶的情况也会逐渐减少，到宝宝七八个月的时候停止。

防止溢奶的好办法

宝宝4个月以后，不仅已经掌握了较好的吮吸技巧，同时他们的贲门收缩功能已经发育成熟，所以溢奶的现象会逐渐减少，而在这之前，每次哺乳过后，妈妈都应该让宝宝打嗝儿来预防溢奶。

1.哺乳结束后，将宝宝竖着抱起来，用妈妈的肩膀托着宝宝的下颌。

2.轻柔地拍打宝宝的后背，时间维持在5分钟以上，这是帮助宝宝打嗝儿的基本方法。如果这样做了之后，宝宝仍未能打嗝儿，可以继续尝试用手掌轻轻地按摩宝宝的后背。

3.搂着宝宝的腰，让宝宝团坐在自己的腿上，这个时候再轻轻地拍打宝宝的后背。这样做，是因为当宝宝坐着的时候，他的胃部入口是冲上的，因而打嗝儿也就容易多了。

4.变化宝宝的躺姿，让他右侧位躺下，垫上枕头，保持30分钟。

溢奶后如何护理

当宝宝出现吐奶现象时，要注意观察每天的吐奶次数、大小便情况，宝宝有没有伴随腹胀、发热等症状。如果在吐奶的同时还出现了其他症状，或者一天吐奶的次数在2～3次以上，妈妈不应大意，应及时带宝宝到医院就诊。

如果宝宝开始吐奶了，那就注意保持宝宝上身挺直抬高的姿势，以防止呕吐物呛入气管而引起窒息。让宝宝躺下的时候，最好用一块浴巾垫在宝宝的身下，并尽可能使宝宝的上身抬高。如果宝宝在躺着的情况下吐奶，妈妈应该使宝宝的头侧向一面。

最好在宝宝呕吐30分钟后及时进行补水。如果在宝宝刚刚吐奶后，就进行水分的补充，很有可能会导致宝宝的再次呕吐。所以，最好30分钟后再用小匙尝试一点点喂白水给宝宝。

美味食谱

桃汁

∨食材

桃1小块（约40克），清水1/2杯。

∨做法

1.把桃洗干净后削皮，将核去除，然后把果肉用擦菜板磨好。
2.倒入与水果汁等量的水加以稀释。
3.将其放入锅内，再用小火煮一会儿即可。

番茄汁

∨食材

番茄1/2个，温开水适量。

∨做法

1.将成熟的番茄洗净，用开水烫软剥去皮，然后切碎，用清洁的双层纱布包好，把番茄汁挤入小碗内。
2.用温开水冲调后即可食用。

甜瓜汁

∨食材

甜瓜1块（约40克），清水1/2杯。

∨做法

1.甜瓜洗净后去皮，去除瓤后切小块。
2.装到盘里，用小匙挤压成汁。
3.用等量的凉开水稀释。
4.将稀释后的果汁放入锅内，用小火煮一会儿即可。

苹果胡萝卜汁

∨食材

胡萝卜1/2根，苹果1/2个，水50毫升。

∨做法

1.将新鲜胡萝卜、苹果洗净后削皮并切成丁。
2.将其放入锅内加适量清水，煮约10分钟，煮烂即可。
3.用等量的凉开水稀释。
4.用消过毒的滤网过滤取汁，晾凉即可给宝宝食用。

栗子卷心菜汁

食材

栗子3个，已泡好的大米20克，卷心菜10克。

做法

1.将栗子剥去外皮、内皮，煮熟后捣碎。
2.将已泡好的大米研磨成末。
3.取卷心菜的叶子洗净后用水煮一会儿再沥净研磨。
4.将大米末放入平底锅中，加水用大火煮。
5.当水沸腾时把火调小，再把栗子泥和卷心菜泥一同放入锅里，再用小火煮一会儿，边搅边煮。

梨汁

食材

小白萝卜1个，梨1/2个。

做法

1.将白萝卜切成细丝，梨切成薄片。
2.将白萝卜倒入锅内加清水烧开，用小火炖10分钟后，加入梨片再煮5分钟，然后过滤取汁，晾至适温即可食用。

苹果汁

食材

苹果1/3个。

做法

1.将苹果洗净，去皮，放入榨汁器中榨成苹果汁。
2.倒入与苹果汁等量的水加以稀释。
3.将稀释后的苹果汁放入锅内，再用小火煮一会儿即可。

牛奶南瓜汁

食材

南瓜50克，配方奶2小匙。

做法

1.将南瓜去皮、去瓤切成小块，再放入锅中煮熟。
2.把煮熟的南瓜放到榨汁机中，加入配方奶搅拌均匀。
3.将榨好的汁倒入碗中即可食用。

草莓葡萄汁

食材

草莓、葡萄各10颗。

做法

1.将草莓洗净，葡萄去皮、去籽。
2.将草莓、葡萄一起放入榨汁机中榨汁。
3.倒入碗中，加入少量的凉开水调匀后即可食用。

生活上的贴心照料

护理宝宝的脐部

宝宝出生剪断的脐带，一般来说需要1～2周的时间才会脱落。在这期间，倘若脐部潮湿且清洗不洁净，宝宝很容易受到感染，严重的还有可能引起败血症、腹膜炎等疾病。因此，妈妈必须在这一特殊时期，仔细做好宝宝的脐带护理工作。

宝宝脐部的日常护理

面对新生儿的小肚脐，很多妈妈都会不知从何下手进行护理。拿着棉签棒的手哆哆嗦嗦，生怕自己弄痛了宝宝，或是拉扯到脐带而对宝宝造成伤害。所以，学会为宝宝做脐带护理，是每个妈妈的必修课程。如何进行脐部护理才是“正确”的呢？

脐部护理只要做到保持洁净干爽，避免潮湿即可	
1	日常护理时，用酒精进行消毒，以加速脐带的干燥，避免细菌感染
2	宝宝每次洗澡完毕后，肚脐部位的水分要以棉花棒擦拭干净，保持肚脐干净。再以棉签蘸取酒精，由脐带根部或凹处开始，然后向外擦至肚脐周围皮肤止
3	若发现脐带潮湿或被尿液、粪便污染，要及时清理、消毒。妈妈在操作时要注意手势的轻重，但也不必害怕伤到宝宝，因为脐带不会这么容易就被拉掉，所以只要胆大心细地做就好了
4	等到脐带脱落之后，也要继续做好脐带护理，因为刚脱落的肚脐处，可能渗出一些血水，容易引发炎症，所以脐部护理要进行到它痊愈为止

在照顾新生儿肚脐时，要记得随时留意宝宝的脐带处是否潮湿，或是脐带处有无渗血，渗出清黄色液体或粪便颗粒等异常现象。

如果发现宝宝有任何脐带异常现象，务必及时就医，才能及早发现问题，及早治疗。

护理宝宝脐部的操作步骤

宝宝的脐部需要特殊的呵护，妈妈们更要熟悉护理脐部的操作步骤。

◆未完全干燥的脐部护理

①准备消毒液：用棉签蘸取消毒液（75%酒精）。

②用消毒液消毒：轻轻地将未脱落的脐带拿起，用蘸有消毒液的棉签仔细地擦洗周围。尤其是脐带的根部，要用消毒液擦洗一遍。

◆完全干燥的脐部护理

①用香皂清洗脐部：洗澡时可以用妈妈的手指或者浴巾，使用香皂清洗脐部，强度同洗肚子时类似。

②用浴巾仔细清洗脐部的周围：洗澡之后，将身体及脐部擦拭干净，再用纹理细致的浴巾或纱布吸干脐部的水分。

③擦净脐孔中的水分：将浴巾或纱布缠绕于手指上，擦除脐孔里残留的水滴。注意用力要轻。

重视宝宝的衣物

怎样包裹宝宝

传统做法是用布单和棉被包裹宝宝，冬季如果包裹不好，宝宝不仅容易感冒，还容易对周围的环境感到不安，所以应掌握一定的包裹技巧。

包裹前先换好尿布，拉平整，以防褶皱使宝宝不舒服，然后将包单，大毛巾或小棉被折叠成方形，使其宽度盖住宝宝肩部以及脚，把宝宝放在中间位置，用包单的一侧包裹宝宝的一侧手臂，连同肩部紧掖在对侧腋下，包单的另一侧包裹另一侧手臂，经胸压在背下即可。

别忽视衣物的pH值

在给宝宝选衣服时，一定要注意衣服的pH值。因为人体的皮肤呈弱酸性，所以内衣的pH值最好选择与人体皮肤酸碱度较为接近的，如果pH值偏高，就容易造成宝宝皮肤瘙痒。一般来说，针织内衣的pH值偏高，所以不宜选用。还要建议妈妈，最好不要用洗涤液清洗宝宝的衣物，因为洗涤液的pH值都偏高，不利于宝宝的皮肤健康。

贴身用品最好用纯棉材质

宝宝的衣服和尿布应选用浅色、柔软的纯棉制品，宽松并且接缝少，以避免摩擦皮肤，而且要便于穿、脱。随气候的变化给宝宝更换、增减衣服。冬季服装应保暖、轻柔，棉衣不宜过厚，以免影响四肢的血液循环。

宝宝便秘不可轻视

饮食不当导致的便秘

如果因大便干燥而导致排便困难，就可定义为便秘。一旦宝宝出现了每次排便时间延长，甚至3～4天才能排便一次，排便时也较为困难，同时伴有拒食、烦躁、呕吐等现象，基本可以判定宝宝是便秘了。宝宝出现便秘的最大诱因是喂食食物不当。大便的性质与宝宝进食的食物成分密切相关。

饮食中缺乏碳水化合物、脂肪或者水分都可能造成宝宝便秘。而采用配方奶粉喂食的宝宝最容易出现这些情况，因为缺乏相应的辅食喂食。甚至有时因为配方奶粉调配比例不当，比如奶粉多而水少造成的浓奶也会引起宝宝便秘。

只有极少数宝宝是因为患有先天性的巨结肠或者肛裂疾病而导致的便秘，那样的宝宝应及时带去医院就诊。偏食是大多数宝宝都会出现的情况，他们喜欢吃肉，少吃甚至不吃蔬菜，从而摄入纤维素过少，出现便秘。又或者宝宝进食太少，液体都被吸收，余下较少残渣，大便也就变少、变稠，导致了便秘。

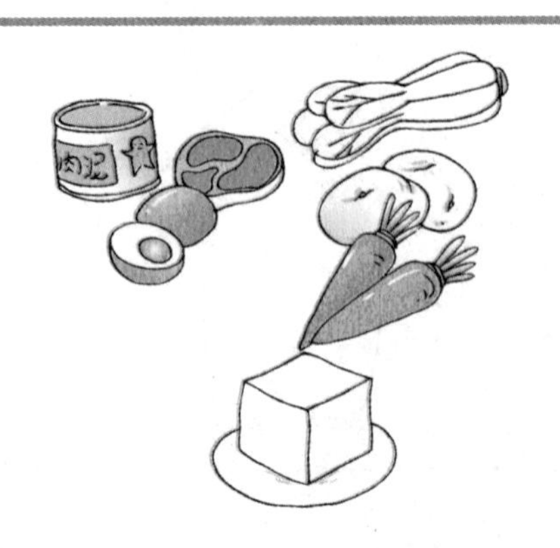

排便不规律导致的便秘

宝宝如果不是规律地排便，就不会养成排便反射，这也是形成便秘的一大原因。所以父母应该留意宝宝的排便需求，尽量尽早帮宝宝养成排便反射。

宝宝腹部开始鼓劲，脸部发红、发愣，就证明宝宝要开始大便了，这个时候父母可以依据这些现象及时帮宝宝把便。

在早晨给宝宝喂头遍奶的时候要及时给宝宝把便，可以给他制造点外在刺激，比如模仿宝宝大便时的“嗯嗯”声，以便刺激宝宝排便。

按照这些做法，父母应该很快就能掌握宝宝排便的规律，从而及时把便，让宝宝养成良好的排便习惯。

便秘了怎么办

◆喝配方奶粉的宝宝应该多喂水

一方面配方奶粉的蛋白质含量较高，遇胃酸后会结成较大的凝块；另一方面，配方奶粉中的钙、磷比例也不利于钙的吸收。所以，粪便中未消化的凝块与钙元素结合在一起，就会造成粪便干燥、发硬，既而发生便秘。

◆巧补纤维素

蔬菜和水果含有丰富的纤维素，纤维素可以刺激肠蠕动，促进排便。除了蔬菜和水果，木耳、菇类、燕麦片、海苔、海带、干果等，也都含有丰富的纤维素和矿物质，可以为宝宝多选用。或服用一些益生菌来调理肠道菌群平衡，防止发生便秘。

◆适当运动

适当加强腹肌的活动，有助于改善便秘的症状，如简单的蹲，身体往前后弯曲或转腰的动作，都可以加速肠蠕动。让宝宝爬一爬、滚一滚也是很好的助肠活动，这些活动简单、易掌握，可以让宝宝多做一些。

◆少量多餐

宝宝的胃部容量很小，吃粗糙、大块或过量的食物时，很容易阻塞肠胃，出现便秘的症状。所以，宝宝在吃饭时应该遵循少量多餐的原则，妈妈可以给宝宝准备一个小碗，每次盛饭的分量约为父母饭量的1/3或1/4，这样宝宝既不会吃得过多，也不会有饥饿的感觉。

◆良好的排便习惯

3～7岁的宝宝腹部及骨盆腔的肌肉正在发育，排便反射机能还不成熟，还不知道有便意就应该去洗手间。所以，父母要经常提醒宝宝，帮助他养成每天固定排便的好习惯。父母可以选择早餐后1小时，作为宝宝固定的排便时间，让宝宝在自己的坐便器上坐10分钟，如果还没有便意，就让他起来，这样宝宝就会渐渐养成定时如厕的习惯。

小心宝宝长湿疹

宝宝为什么长湿疹

人们也常将这种湿疹叫做过敏性皮肤病，因为这是种变态反应性皮肤病。主要是因为对吃进去的东西或者接触的东西不耐受或者过敏。湿疹的最初阶段是宝宝的皮肤开始发红，身上出现皮疹，接着皮肤会变得粗糙甚至掉皮屑。一般集中在面部的眉毛、双颊、头皮和耳朵周围，进而发展到颈部、肩背四肢甚至肛门周围、外阴褶皱，最终全身都是。因为湿疹伴随着奇痒，宝宝用手挠的时候易造成皮肤溃烂。

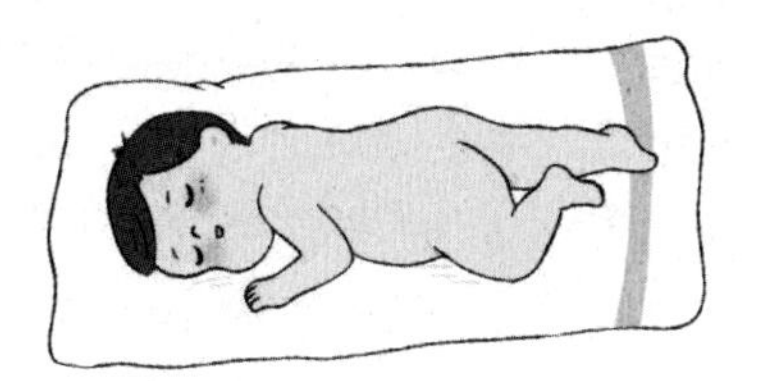

宝宝长湿疹怎么办

◆保持皮肤清洁干爽

每日洗澡时用宝宝专用肥皂，特别要注意清洗额头、发根，因为这些部位皮脂腺比较发达，皮脂分泌较多，还要注意清洗容易沾到牛奶、口水的口部周围和脸颊。可以将肥皂泡沫涂在脸颊、额头，用手轻轻擦，再用水反复冲洗。

◆修短指甲

父母还要注意把宝宝的指甲剪短或者给宝宝戴上手套，以防止瘙痒的时候宝宝自己抓破皮肤。

◆避免受外界刺激

对于那些患上接触性皮炎的宝宝，要避免让宝宝的皮肤暴露在风中或者太阳的暴晒下。夏季的时候，注意给宝宝及时地擦干流出来的汗水；冬天的时候，及时给宝宝抹上防过敏的非油性润肤霜。

◆喂食和饮食

采用母乳喂食能减轻湿疹的程度。尽量晚一点添加蛋白类的辅食，一般等到宝宝4个月以后再开始添加蛋黄等辅食。但如果是宝宝患上了湿疹，那么这个时候辅食的添加最好再顺延1～2个月，添加的速度也要变慢。宝宝吃的东西要新鲜，一些含有色素或者防腐剂、膨化剂的食物不要喂给宝宝吃。如果发现宝宝因为吃了某种食物诱发了湿疹，那么应及时停止喂食此类食物。

◆衣物方面

给宝宝预备的贴身衣物要是棉质的，宝宝衣物的领子最好也选用纯棉的。平时应穿宽松、柔软的衣物，棉质的被褥、枕头等要经常更换，保持干爽洁净。尽量让宝宝远离羽绒、毛发、花粉等易过敏物质。

给宝宝挑选玩具

宝宝玩玩具可以激发宝宝的大脑潜能，让宝宝更聪明。但是玩具怎么选择，就是个问题，父母要买质量上乘的、适合宝宝的玩具。

选玩具要重视质量

1.购买玩具时要首先查看玩具上标注的“推荐年龄”的说明，检查玩具的适龄范围。

2.要检查玩具是否有松动，接缝是否严实，毛绒玩具是否干净。

3.3岁以下宝宝的玩具要避免含有小部件和配件，防止宝宝误食。

4.购买力量型或者技巧型的玩具时，不能只看自己的宝宝是否在适合的年龄段范围内，还要考虑自己家宝宝的发育情况是否适合。

5.购买正规厂家生产的信得过的安全玩具，不要选择假冒伪劣产品。玩具必须有“3C”认证标志，才能上市销售。“3C”意为“中国强制认证”，证明是符合国家安全标准的。欧洲生产的玩具，注意有“CE”标志，证明符合欧共体玩具安全标准。

选择什么样的玩具

月龄	玩具
0～2个月	摇铃、床铃、红色绒线球、黑白条纹及同心圆图形硬纸卡片、彩色气球、能发出悦耳声音的音乐盒、彩色旋转玩具
3个月	摇铃、小皮球、金属小圆盒、不倒翁、小方块积木、小匙、橡皮动物、绒球或毛线球、拨浪鼓、哗铃棒、小闹钟、八音盒、可捏响的玩具
4个月	彩圈、手镯、脚环、软布球、彩色卡片、摇铃、核桃、金属小圆盒、不倒翁、小方块积木、小匙、绒球或毛线球
5个月	毛绒积木、毛绒公仔、不倒翁、浮水玩具、布书
6个月	脸谱、镜子、洗澡玩具、塑料书、图片、小动物玩具、绒毛娃娃、床头玩具、积木、海滩玩的球
7个月	可拖拉玩具、玩具电话、小木琴、小鼓、音乐拉绳拉铃、锤鼓、积木
8个月	能发出声音的玩具、大的洋娃娃和芭比娃娃、填充的动物玩具、可推、可拉的玩具、耐摔的塑料杯和塑料碗
9个月	充气玩具、小筐、小盒、塑料玩具、镜子、图片、小动物玩具
10个月	套叠玩具、洋娃娃、小型汽车、可捏响的橡皮玩具、布书
11个月	涂抹的颜料、简单的游戏拼图、简单的建筑模型、旧杂志、篮子、带盖的容器、橡皮泥、活动玩具、假想的劳动工具、厨房用品、各种角色的木偶
12个月	滑梯、小排球、小足球羽毛球、积木
13～16个月	套塔、皮球、画笔和画板、各种形状立体插孔玩具、吹泡泡的玩具
16～18个月	能推拉的小车、球类、沙包、套环、套筒、积木、串珠、小动物、仿真交通工具、娃娃、生活用品、图书
18～20个月	可拆装的玩具、排序玩具、小橡皮球、大蜡笔、玩具铲子玩具车、小木马
21～24个月	颜料、简单的游戏拼图、单的建筑模型、篮子、橡皮泥、房用品、木偶、玩具娃娃
24～36个月	拼图玩具、毛绒玩具、玩具餐具、玩具家具、玩具小汽车、玩具卡车、救护车、大皮球、皮球、儿童自行车、玩具三轮车、套环、电动飞机、玩具轨道火车、小桶、小铲、小漏斗、小喷壶

安全是玩玩具的第一要素

父母最为关心的一件事就是宝宝玩的玩具是否安全。如果因为玩玩具造成安全问题，那就是一场悲剧了，所以父母在挑选玩具时，一定要非常谨慎。留意下列几点，避免酿成悲剧。

1	留意毛绒玩具上的眼睛鼻子等应不容易脱落。玩具上也不该附有容易取下来的小部件，包括配套的小附件也不行，免得宝宝误吞入肚
2	玩具上不应该有锐利棱角，以免划伤宝宝
3	玩玩具时，防止宝宝突然不配合父母，产生危险
4	注意有绳索的玩具不能让它缠绕到宝宝
5	注意有弹射功能的玩具，被弹射物头上应有防护，弹射力量也要控制在不会伤害宝宝的范围
6	玩具表面涂料不能含有毒素。应购买质量有保证的产品。颜料、胶水、油漆、蜡笔、铅笔里面很有可能含有对人体有害的铅、汞、砷等重金属，购买时需要注意
7	玩具的接头或者夹缝部分不能夹到宝宝的头发或者手。玩具发出的声音不能太大和尖锐。材质不能易碎。如果是带电玩具，则要注意不能漏电
8	遵守玩具要求的年龄段，不要跨年龄段玩。当玩一些年龄大宝宝玩的玩具时，确保有父母在场监管，平时则要保存在宝宝不易拿到的地方
9	宝宝的玩具箱应该具备一个安全的盖子，以免碰到宝宝，或者把宝宝关在箱子里

给宝宝舒适洗澡

宝宝洗澡前需要准备的物品

婴儿澡盆	凉白开一碗（洗脸用）	婴儿洗澡毛巾
干净衣服	洗脸用棉花和湿巾	纱布

婴儿皂液和婴儿爽身粉	更衣垫
尿布	大毛巾

给宝宝洗澡的步骤

◆准备洗澡

❶在澡盆里放进冷水，再加上热水混合，用肘部检查水的温度，感到暖和便合适；水约10厘米深；加入皂液。

❷把洗澡毛巾放在更衣垫子上，在上面替宝宝脱衣，脱到只剩下尿布。

◆洗澡的基本操作

❶用一只手放在宝宝的耳后，并托住颈部，另一只手将双腿撩起后托住宝宝的屁股。

❷双手将宝宝托起后，妈妈再次检查一遍水温，要求不烫也不凉，大约是人的正常体温正合适。

❸将纱布弄湿后清洗宝宝的脸部皮肤，这时先不要将宝宝的包被拿掉。

重点难题

许多1个月内的宝宝头皮上会有块难看的、硬壳似的附着物，其实这是一种无害的，叫做“摇篮帽”的头垢。可以这样做：在宝宝晚上入睡前，用婴儿润肤油轻轻地擦在有头垢的皮肤上，经过一夜的滋润，头垢会变软，第二天就可用洗发精或肥皂和温水将头垢洗掉一部分。这样反复几次就可逐渐将全部头垢清洗干净。注意千万不可将头垢硬撕或挖下来，以免损伤头皮。

❹托住宝宝的脖子，将宝宝放在洗澡架上，用纱布盖住肚脐，避免弄湿宝宝脐部造成感染。

❺妈妈用拇指将宝宝的手指轻轻分开，用香皂泡沫轻轻地清洗。腕部的清洗力度要轻。

❻再把湿纱布弄湿，揉搓出香皂沫，然后用水冲洗宝宝的大腿根部。

❼仔细地清洗宝宝的屁股和性器官，尤其褶皱部位，要特别认真清洗。

❽用手掌搓洗肚子，当脐部没有完全干之前，不要去碰它。

❾用手掌搓洗宝宝的胸部，力量要轻。

❿把手放在宝宝头部的后方，支在两耳之后，缓慢将宝宝的重心转移到这只手上。

⓫背部朝上，用空出的一只手擦沐浴液，不要忘记清洗仰面时未清洗到的宝宝头后。

⓬一只手托住宝宝的脖子，让宝宝仰起脖子，清洗宝宝的脖子。

⓭将宝宝的颈部以下再浸没到水中，可以用手掌抚摩宝宝的身体，让宝宝放松下来。

◆洗澡后的护理

❶宝宝沐浴结束后，要马上用预备好的毛巾擦拭干净。

❷尽快给宝宝穿上准备好的内衣。

❸用棉签清洁脐部、耳朵及鼻孔等残留的水分，脐部在完全干前要使用消毒纱布。

❹水分完全擦干后，就可以给宝宝换上尿布了。

如果宝宝不爱洗澡怎么办

如果宝宝不喜欢水，没有必要给他洗澡：一旦他的头能够抬起，每天在你的膝盖上给他擦洗就够了。首先，把宝宝放在垫子上，用干净的湿棉花给他擦洗眼睛、脸与耳朵；事前把擦澡时所需的东西放在容易拿到的地方。

长晒太阳身体好

如果天气好，尽可能让宝宝在太阳下多晒晒，身体中的维生素D得靠太阳晒才能产生，另外新鲜空气对宝宝的成长也是十分有利的。

日光浴很重要

宝宝1个月以后，无论春夏秋冬，只要是风和日丽的天气，都可以把宝宝带到室外多晒太阳，享受阳光的直接照射，尤其是阳光紫外线的直接照射，能使人体皮肤中的维生素D_3原转变成维生素D_3，而维生素D_3是维生素D的主要来源，维生素D是促进宝宝体内钙质吸收的营养物质，若一旦宝宝缺钙较重会导致佝偻病。

小贴士

维生素D缺乏性佝偻病是常见的宝宝营养缺乏症。由于缺乏维生素D会引起全身钙、磷代谢失常和以骨骼改变为主的一系列变化。

小贴士

最好让宝宝在婴儿专用的澡盆里洗澡。澡盆应该放在桌子上或者高度合适的操作台上，这样家长就不必太弯腰。

日光浴最佳时间

上午的8～9点和下午的5～6点是最适合宝宝进行阳光浴的时间段。在晒太阳前，给宝宝喂食些维生素D会使效果更佳。要注意的是，必须让宝宝的皮肤跟阳光直接接触，如果隔着玻璃或者衣服，会使紫外线照射的效果降低30%以上。

晒太阳也需循序渐进，那些刚刚晒太阳的宝宝，得遵循渐进的原则，从第一次晒5～10分钟，以后逐渐增加。夏季的时候，晒太阳的最大时限不要超过30分钟。要坚持每日进行阳光浴，因为只有长期坚持，才能起到防病健身的作用。

冬季外出如何备衣

年轻的父母常常为冬天带宝宝出门穿什么而烦恼，穿多少，穿什么都是新课题。下面介绍些有经验的妈妈常用的招数，可以用来借鉴一下。

◆用夹子把毯子固定住

冬天外出不带毯子那绝对不行。为了防止毯子盖在婴儿车上的时候有滑落现象，可采用夹子将毯子的左右两边固定下来。如果宝宝睡觉了，也可以用这个夹子来固定被子，所以，毯子、夹子，一个也不能少。

◆连体装是防寒不可缺的

御寒不可不备连体衣。外出最重要的就是将宝宝的手和脚用连体衣包起来，如果特别冷的时候要选用羊绒材质的连体衣。

◆穿衣要适量

如果穿得太多，宝宝一旦活动便会出汗不止，这样则会使皮肤血管扩张，皮肤血液流量增加，因此散热量加大。表现为宝宝出很多汗，衣服被汗液湿透，反而由此着凉，同时也降低了身体对外界气温变化的适应能力而使抗病能力下降。由于6个月以内的宝宝因体表面积相对较大散热多，但身体产热能力却不足，所以外出寒冷时还是应该注意多穿衣。判断宝宝穿得多少是否合适，可经常摸摸他的小手和小脚，只要不冰凉就说明他们的身体是暖和的。

◆把父母用的围巾当宝贝

冬天带着宝宝出门时可以带一条父母用的围巾，宝宝小的时候可以用来包宝宝，用婴儿车的时候可以盖在宝宝身上，不用的时候围在自己脖子上就可以了。

◆冷天可以抱着宝宝出门

冬天特别冷的时候带宝宝出门不用婴儿车，而是抱着宝宝出去或用背带把宝宝背在胸前，这样宝宝和父母都暖和。

小贴士

每个宝宝都不一样，要根据自己宝宝的情况找到最合适的方法，"我的宝宝是这样的，所以要这样做"。对宝宝来说父母是最重要的，父母凭慈爱的本能来照顾宝宝是最合适的方法。

准备好适合夏季外出的衣服

夏天宝宝外出活动的服装要轻薄、吸汗、透气性好。夏天宝宝活动多爱出汗，所以适合选择棉、麻、纱布等质地的服装，它们吸汗、透气性好，而且轻薄舒适便于宝宝活动。另外，穿着以长款为宜，长款服装可以最多的遮挡宝宝的皮肤，有效防止皮肤被晒伤。

眼睛也需防晒

由于宝宝的眼睛更容易受到紫外线的侵害，如不注意防晒，很有可能会埋下隐患。所以夏天除了给宝宝的皮肤防晒外，眼睛同样要保护起来。妈妈除了要告诉宝宝不能直视太阳外，出门时还可以选择给宝宝戴宽边帽、遮阳伞，或戴合适的太阳镜进行防晒。

要善于识别宝宝的患病迹象

健康的宝宝精神饱满，双眼有神，不会无故哭闹。若出现烦躁不安、面色发红、口唇干燥时多为发热的征象，此时用体温表为宝宝量一下体温可得到证实。宝宝无精打采，目光呆滞，哭声无力常是将要患病的表现；宝宝双目直视、两手紧握拳是惊厥的预兆；两腿屈曲、阵发性哭闹不安、翻滚是腹痛的表现；而前囟饱满伴有呕吐、脖子发硬、昏睡等是脑膜炎的症状，应予以重视。

呼吸的改变

宝宝的呼吸系统正处于发育阶段，患病时最易引起呼吸异常，若呼吸变粗，频率增加，面部发红，提示为发热症状。宝宝张口呼吸或常有深呼吸动作，可能是鼻子堵塞的表现。如果呼吸急促，每分钟超过50次，且伴有发热、烦躁不安，呼吸时肋骨下陷或胸骨上方凹陷，则可能是患有肺炎、呼吸窘迫症、先天性横膈膜疝等疾患。

睡眠的改变

如果宝宝睡前烦躁不安，睡后颜面发红，呼吸急促，常常是发热的征象；若睡前大汗淋漓，易惊啼，伴囟门闭合迟，往往是佝偻病的表现；若入睡前常用手抓肛门处，或睡后不停地做咀嚼动作或磨牙，则可能患有寄生虫病。

饮食的改变

进食减少伴有精神不佳时，可能是发热所致。如有腹胀，不断打嗝和放屁，气味酸臭，提示宝宝消化不良。宝宝如拒食或一进食即哭，口水多，应注意有无口腔疾患。

从睡眠状态看宝宝健康

看着自己的宝宝甜甜地入睡，听着宝宝均匀而有节奏的呼吸，这时，妈妈的心也可以泊到一个宁静的港湾。然而，宝宝在睡眠中出现的一些异常现象，往往是在向爸爸妈妈报告他将要或已经患了某些疾病，因此，爸爸妈妈应学会在宝宝睡觉时观察他的健康状况。

正常的宝宝在睡眠时比较安静舒坦，呼吸均匀而没有声响，有时小脸蛋上会出现一些有趣的表情。但是如果宝宝有以下状况出现，爸爸妈妈应该高度重视。

不宜沉睡，应经常翻身

有些爸爸妈妈怕宝宝睡觉时冷，让他穿着衣服睡觉，宝宝感到不适，于是翻来滚去。有的爸爸妈妈总是担心宝宝吃不饱，晚上睡前还让宝宝吃很多的东西，使得宝宝睡觉后肚子总是胀得难受，导致睡觉睡不踏实。

在刚入睡或即将醒来时出汗

可以说大多数宝宝夜间出汗都是正常的。但如果宝宝大汗淋漓，并伴有其他不适的表现，就要注意观察，加强护理，必要时去医院检查治疗。如宝宝伴有四方头、出牙晚、囟门关闭太迟等征象，就有可能是患了佝偻病。

睡前烦躁，入睡后呼吸急促

这预示着宝宝可能发热。应该注意宝宝是否有感冒或腹泻症状，另外注意给他补充水分。如果宝宝真有发热症状出现，应立即采取酒精擦拭等物理降温方式。

入睡后摇头、抓耳

此时宝宝可能是患了外耳道炎、湿疹或是中耳炎。应该及时检查宝宝的耳道有无红肿现象，皮肤是否有红点出现，如果有的话，爸爸妈妈应及时将宝宝送医院诊治。

宝宝睡觉后不断地咀嚼

宝宝可能得了蛔虫病，或是消化不良。爸爸妈妈可带宝宝去医院检查一下，若是蛔虫病，可用宝宝专用的驱虫药驱除；不是蛔虫病，则应该合理安排宝宝的饮食。

睡着后突然大声啼哭

这在医学上称为宝宝夜间惊恐症。如果宝宝没有疾病，一般是由于白天受到不良刺激，如惊恐、劳累等引起的。所以平时不要吓宝宝，使宝宝保持安静愉快的情绪。

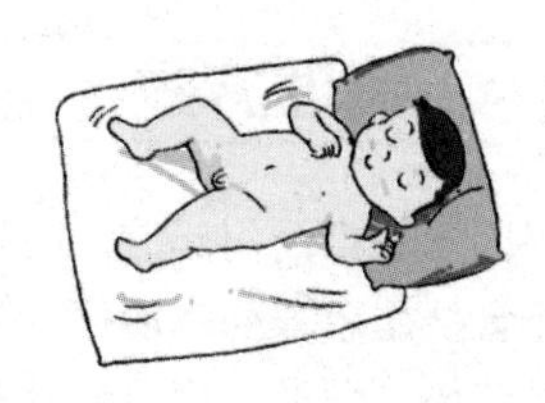

宝宝睡觉时四肢抖动

这一般是白天过度疲劳所引起的，不必过于担心。需要注意的是，宝宝睡觉时若听到较大响声而抖动是正常反应；相反宝宝若毫无反应，而且平日爱睡觉，则当心可能是耳聋。

睡着后手指或脚趾抽动

这时爸爸妈妈要仔细检查一下宝宝的手指，看它是否被头发或其他东西缠住，或有无被蚊虫叮咬的痕迹。

清除宝宝眼屎的技巧

出现眼屎的原因

① 感染引起：宝宝的眼部受感染，常见的有化学性及细菌性结膜炎。化学性结膜炎多因宝宝刚娩出时，为防止经过妈妈阴道受细菌感染，医院便自行为宝宝点上眼药水，因不适应眼药水而引起化学性结膜炎，停用后可恢复正常。而细菌性结膜炎常见原因为交互感染，由结膜炎引起的眼屎，多半呈黄色黏稠状。

② 宝宝的鼻泪管发育不全，使眼泪无法顺利排出，也会导致眼屎累积。此种原因引起的眼屎，多为白色的黏液状。

清理方式

如果因受感染而引起的，必须由医生检查，配合抗生素眼药水治疗，家中如有其他成员感染结膜炎，应尽量避免与其接触；并且必须洗净双手再接触宝宝。用毛巾的一角包住食指，然后由内向外擦拭眼角，但不要反复擦拭，并用毛巾的四角交替使用。患有比较严重的结膜炎时，想要彻底改善眼屎，则必须用生理盐水及棉花棒冲洗。

如果由鼻泪管发育不全而引起，妈妈在照顾宝宝时，可每天用手在宝宝鼻梁处稍加按摩，帮助鼻泪管畅通。

清除宝宝鼻屎的技巧

出现鼻屎的原因

宝宝鼻腔分泌物，有一部分为羊水和胎脂，另一部分常见的垢物，多半是因宝宝吐奶或溢奶时，奶从鼻腔出来后遗留下来的奶垢。

清理方式

将宝宝带至灯光明亮之处，或者使用手电筒照射。用棉花棒沾一些开水（冷却后）或生理盐水，轻轻地伸进宝宝鼻子内侧顺时针旋转，即可达到清洁的目的。

监听声音

关节弹响声

小婴儿韧带较薄弱，关节窝浅。关节周围韧带松弛，骨质软，长骨端部有软骨板，主关节做屈伸活动时可出现弹响声。随着年龄增大，韧带变得结实了，肌肉也发达了，这种关节弹响声就消失了。有的成年人，若关节活动不正常仍可出现弹响声，有的挤压指关节时可出现清脆的弹响声，若无特殊症状，都属正常现象。若膝关节伸屈有响声，伴有膝部疼痛，应检查是否先天盘状半月板，若髋关节出现关节弹响声，应检查是否先天髋关节脱位。

胃叫声

胃是空腔脏器，当内容物排空以后，胃部就开始收缩，这是一种比较剧烈的收缩，起自贲门，向幽门方向蠕动。我们都知道，不论什么时候，胃中总存在一定量的液体和气体，液体一般是胃黏膜分泌出来的胃消化液。气体是在进食时随着食物吞咽下去的，胃中的这些液体和气体，在胃壁剧烈收缩的情况下，就会被挤捏揉压，东跑西窜，发出咕咕的叫声，所以婴儿腹中出现叫声可能是饥饿的信号。但胃胀气、消化不良也可出现这种声音。

婴幼儿安抚奶嘴使用指南

“安抚奶嘴”顾名思义，是为安抚婴幼儿情绪而设计的。注意不要误用安抚奶嘴，一些爸爸妈妈在情急之下，用橡胶奶头塞满棉花给宝宝做安抚奶嘴，结果导致宝宝胃肠胀气呕吐。不能滥用安抚奶嘴，当宝宝有吸吮欲望时，适时给予安抚奶嘴可满足宝宝。并不是在任何情况下宝宝哭闹，就使用安抚奶嘴，而是先找出宝宝哭闹的原因，以满足他的需求。

最好用安抚奶嘴取代他的小手来满足宝宝的吸吮要求。在他开始吸吮手指时就设法以安抚奶嘴取代，否则这个月以后就很难改变，而且以后也很难戒掉吸吮手指的习惯。

不要只为了父母的方便而勉强宝宝吸奶嘴。因为当吸奶嘴由“需求”变为“习惯”后，就很难戒掉安抚奶嘴。应在宝宝对周围的人、事、物产生兴趣之后，逐渐减少对安抚奶嘴的使用，顺其自然地停止安抚奶嘴的使用。

带好外出物品

此期可以带宝宝外出了，但要注意把尿布、配方奶、奶瓶等必备的物品带好。出行时，卫生、睡眠、饮食等都要安排好。在出门之前，仔细准备好一定要带的物品，如宝宝的玩具、食物，有了这些必备品可以让宝宝保持好心情，减少哭闹的机会。

若有风则可考虑以出租车、私家车代步，当然也可以事先预约好出租车，以避免让宝宝陪着爸爸妈妈在路边吹冷风。另外，还要注意天气的变化，随时根据天气制定出行计划，为宝宝的出行做好应对天气的防护准备，并随时给宝宝增减衣物，这样做不仅可以减少许多不必要的麻烦，并能有效保证宝宝的健康。

此外， 除了带好宝宝所需的用品、食物之外，最好让家人、保姆跟着你一起带宝宝出门，多一个帮手可以分担工作，遇到问题时也可以相互照应。

生活照顾Q&A

宝宝被蚊虫叮咬了怎么办

A

挂蚊帐是最好的方法，妈妈睡觉前检查下蚊帐里有没有蚊子就可以了。不需要在蚊帐里喷宝宝金水，宝宝太小，最好不要接触化学物质。

2个半月宝宝的生长指标是什么

A

满2个月时宝宝的生理指标：

体重：男婴体重平均为5.60千克左右，正常范围4.3～7.1千克。女婴体重平均为5.10千克左右，正常范围3.9～6.6千克。人工喂养的宝宝体重增长更快，可增加1.5千克左右，甚至更多。身长：男婴身高平均为58.5厘米左右，正常范围54.4～62.4厘米。女婴身高平均为56.8厘米左右，正常范围53～61.1厘米。身高的增长也存在着个体差异，但不像体重那样显著，差异比较小。

快2个月宝宝头上有头屑一样的东西是什么

A

像头屑一样的东西是硬痂。建议给宝宝使用婴儿油，并且是只具有润肤功效的款式，切忌不要选择含有其他化学添加剂的润肤霜，并将婴儿油涂抹在宝宝头顶，适量多涂一点，最后再用湿毛巾热敷头顶10～20分钟，使硬痂变软，然后用棉签一点点轻轻地将硬痂清理干净。

宝宝的每次哭闹都应该抱起来哄吗

在宝宝3～4个月的时期内，哭闹时，爸爸妈妈一般情况下尽量不要经常抱起宝宝来哄他，训练宝宝自己独立平定情绪，然后安静的睡觉。无条件地经常抱着宝宝会妨碍宝宝的心理发育。如果经常抱着宝宝，他便会养成一刻也不愿意脱离妈妈怀抱的习惯。因此，在宝宝出生后3～4个月后，应该尽量做到不在宝宝哭闹的时候就立刻抱起哄。当然也要首先确保宝宝不是因为患有疾病而哭闹的前提下，渐渐锻炼宝宝自己停止哭闹、玩耍、然后睡觉。让宝宝练习在醒着的状态下躺倒床上，独立入睡，这样有利于养成宝宝良好的睡眠习惯。

宝宝晚上有时哭很大声是什么原因

在宝宝很小的时候，每天要换很多次尿布，尤其天气冷的时候，换的时候很可能造成宝宝肚子进气，并且肚胀。

建议妈妈用一只手轻轻放在宝宝的肚子上，用另一只手拍那只手，如果发出砰砰的声音，很可能是肚子胀，宝宝胀肚子就会不舒服，伴有大哭。

3个多月宝宝吃奶后哭怎么办

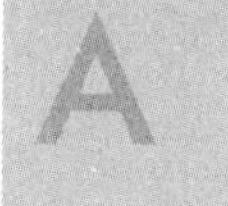

应该是湿疹导致的宝宝啼哭，湿疹是由于皮表温度过高不透气造成的，妈妈要注意不要让宝宝太热。

混合喂养同时吃母乳后吐奶怎么办

3个月的宝宝味觉开始有变化并且食量也会比之前少，这样的情况是正常的，因为3个月的宝宝能够识别味道，他能吃出奶粉和奶水的味道不同，所以导致有时就不愿意吃奶粉。

或者因为你的奶水不够，这样宝宝的食欲就容易下降并且奶粉和奶水在宝宝肚里不容易吸收，所以会导致宝宝吐奶。这样的情况属于正常现象，建议妈妈可以在这个时候给宝宝少量补钙和鱼肝油，钙和鱼肝油的搭配可促进钙质更好地吸收。

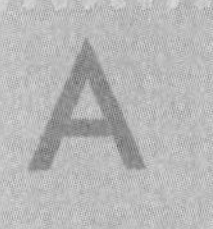

大便中有鸡蛋清样物质怎么办

母乳喂养的宝宝，大便呈黄色或金黄色，稠度均匀如膏状。若大便为鸡蛋清样的黏液便，或伴有脓血便，有发生痢疾的可能。

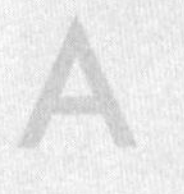

3个月宝宝患了支气管炎怎么办

如果宝宝没有发热就给他吃点消炎药，建议吃2～3天，有效果就继续吃1周左右，没效果或者发热了就带宝宝去医院。

宝宝睡前经常自己抓挠耳朵怎么办

大多数宝宝都会这样，不用担心。尽量避免宝宝的这些动作，但不要刻意去制止。平时多注意给宝宝修剪指甲，以免指甲挫伤宝宝皮肤。

3个月宝宝经常啼哭正常吗

A

给宝宝创造安静舒适的睡眠环境，不要穿的太多，有规律的安排睡眠时间。睡觉时要避免宝宝饥饿，也不宜给宝宝喝太多水。

3个月宝宝白天总睡不好觉怎么办

A

宝宝一天天的长大，对世界充满好奇，难免睡觉时间减少。再者要考虑宝宝的睡觉环境，注意噪音和强光，避免刺激会让宝宝不能安睡。有的宝宝爱让妈妈抱着睡，妈妈不妨试试把宝宝放在婴儿车里面，车里空间比较小，类似妈妈的怀抱。

宝宝吐奶了怎么办

A

小宝宝在半岁之前吐奶是正常的，过了半岁，吐奶现象会慢慢消失，所以妈妈不要担心，在吃完奶后竖着抱宝宝轻轻拍一下。

对宝宝能力的训练

宝宝运动能力发展

动作特征

到2个月末时，一些宝宝就可以竖抱起来了，只是仍有些摇晃，对于发育较好的宝宝则可以把上半身支撑起来一小会儿，甚至可以在爸爸妈妈的帮助下尝试学习翻身的动作了。如果你给他小玩具什么的，他有时会有意无意地抓握片刻。在你要给他喂奶时，他会立即做出吸吮动作。此时宝宝的小脚也很喜欢踢东西。

◆大运动

1.在宝宝仰卧时，妈妈可以观察到宝宝两侧上下肢对称地待在那儿，能使下巴、鼻子与躯干保持在中线位置。

2.在宝宝俯卧时，大腿贴在小床上，双膝屈曲，头开始向上举起，下颌能逐渐离开平面5~7厘米，与床面约呈45°角，如此稍停片刻，头会又垂下来。

3.在将宝宝拉腕坐起时，宝宝的头可自行竖直2~5秒。

4.如果扶住宝宝的肩部，让他呈坐位时，宝宝的头会下垂使下颌垂到胸前，但自己能使头反复地竖起来。

◆精细动作

1.在用拨浪鼓柄碰撞宝宝的手掌时，他能握住拨浪鼓2~3秒钟不松手。

2.如果把悬环放在宝宝的手中，宝宝的手能短暂离开床面，无论手张开或合拢，环仍在手中。

◆宝宝面部协作

2个月的宝宝，动作发育处于一个非常活跃的阶段，宝宝可以做出许多不同的动作，尤其是面部表情，会越来越丰富。

有时在睡眠中，宝宝会不老实，会做出哭相，撇着小嘴好像很委屈的样子；有时宝宝又会出现无意识的微笑。其实，这些面部动作都是宝宝吃饱后安详愉快的表现，说明宝宝处在健康成长的状态中。

小贴士

8周的宝宝在俯卧位时身体离开床的角度可达45°，但还不能持久，所以宝宝俯卧时，家长一定要注意看护，防止因呼吸不畅而引起窒息。

通过小手认识世界

在发育的过程中，宝宝的小手比嘴先会“说话”，他们往往先认识自己的手，有许多时候他们会两眼盯着自己的小手很仔细地看个没完，因此，手是宝宝认识世界的重要器官。

2个月的宝宝，手已经开始松开，而不再一直紧握拳头，有时会两手张开，摆出想要拿东西的样子，有时看到玩具会乐得手舞足蹈；在吃奶时往往会用小手去触摸。爸爸妈妈要把握这个机会，多训练宝宝的手部动作，以利于智力的开发。这时，可以选一些不同质地、适合宝宝小手抓握的玩具或物品，比如拨浪鼓、海绵条、绒布头、纸卷、小瓶盖或积木等来训练宝宝的抓握能力。

◆训练触摸和抓握能力

宝宝的手虽然还不能完全张开，但也要有意识地放一些玩具在他手中，如拨浪鼓、塑料捏响玩具等，以训练他的抓握能力。

在训练的开始，可先用玩具去触碰宝宝的小手，让他感觉不同的物体类型。待宝宝的小手可以完全展开后，就可将玩具柄放入他的手中，并使之握紧再慢慢抽出；大人也可以将食指或带柄的玩具塞入宝宝手中使其握住，并能握住片刻。

训练宝宝的小手，应选择一些带柄易于抓握、并且会发出响声的玩具比较适合，如摇棒、铃棒、串珠等，但要注意：装有珠子和小铃的玩具一定要结实，防止脱落后被宝宝误食。

◆手眼协调练习

握着宝宝的手，帮助他去触碰、抓握面前悬挂的玩具，每当抓到玩具妈妈就鼓励宝宝一下，如此可促进宝宝手眼的协调。

“爬行”与侧翻训练

爬行通常是从6～7个月时开始练习的，宝宝到8～9个月时才会随意爬行。但我们这里所说的“爬行”，只是表示宝宝俯卧时有向前窜行的动作，并非是真正的爬，这也是宝宝的一种天生的本能反应。

◆“爬行”训练

在训练宝宝练习俯卧抬头时，可用一只手抵住宝宝的足底。虽然，此时的宝宝的头和四肢还不能离开床面，但宝宝已经会用全身的力量做出类似爬行的动作了。

◆转侧练习

训练时，要用宝宝最感兴趣的发声玩具，在他的头部左右两侧逗引，使宝宝头部侧转，去注意玩具。每次训练时间可在2～3分钟，每日3～4次即可。这个训练可促进宝宝颈部肌肉的灵活性和协调性，为以后侧翻身做好准备。

培养宝宝的语言能力

虽然多数宝宝都是1周岁左右时才会真正说话，但他们的语言能力却是在不断成长发展的。一般来说，2个月的宝宝就已经有语言能力了，通过宝宝的语言能力还可以看出他的记忆与认知能力也在快速的发展。

训练宝宝语言能力

这时宝宝偶尔会发出“a、o、e”等字母音，并且有时能发出咕咕声，像鸽子叫似的；在与妈妈对视时，会呈现灵活的、机警的和完全清醒的表情；在与其他人接触时，有时能以发音来回答社交刺激，能集中注意。对出生2个月的宝宝，爸爸妈妈要尽量和他多说话，以激发宝宝的语言能力。

◆要多引导宝宝说话

在平时与宝宝接触时，不要不理会他，而要多与宝宝交谈。比如，在给他换尿布时，先让宝宝光着小屁股玩一会儿，产生一种轻松感，这时宝宝会欢快地把腿抬起、放下。这时，妈妈就可说“嗨，好宝宝，跳跳、蹦蹦！”“妈妈给换一块干净的尿布布。”在反复这样做几次之后，每当宝宝露出屁股时，只要说跳跳、蹦蹦，宝宝就会伸腿、踢脚。

◆说话时要面向宝宝

在跟宝宝说话时要面向他，这样宝宝就会盯着你的口型，也想说出同样的话。当突然发现自己发出了和你同样的声音时，宝宝就会异常快乐。

宝宝在开始说话时，仅是无意识的，而且较容易忘记，作为家长切不可操之过急，要有耐心地去巩固宝宝无意识时说出的话，一天甚至几天能让宝宝记住一两句话，就已经很不错了。

训练宝宝发音

宝宝在2个月时，就有发音能力了。此时训练宝宝的语言能力，要多让宝宝发音、出声，爸爸妈妈可用亲切、温柔的语音来对宝宝说话，并要正面对着宝宝，让他看清大人的口型，一个音一个音地发出“a、o、e”等母音。这样，练习一会儿，应停下来歇一会儿，而后从头再练一会儿，一天反复几次即可。

训练宝宝的视觉、听觉

2个月的宝宝，其感觉器官发育得非常快，在视觉与听觉上会有很大的变化。所以，这时务必抓紧对宝宝的训练，使感官跟上体质发育的水平。

视觉、听觉发展与训练

这时的宝宝，视觉也有了很大的发展，接近3个月时就已经能辨别彩色与单色了，并且会对色彩很有偏爱，往往喜欢看那些明亮鲜艳的颜色，尤其是红色，不喜欢看暗淡的颜色。

2个月宝宝的听力有很大发展，对大人说的话能够做出反应，对突然的响声会表现出惊恐。到8周时，有的宝宝已经能辨别声音的方向，并且能安静地听音乐，对噪声表现不满。

◆视觉训练

一般来说，宝宝喜爱的颜色依次为红、黄、绿、橙等，所以，爸爸妈妈要经常用红色的玩具来逗引宝宝。

视觉、听觉刺激训练

对于宝宝的视觉与听觉不但要训练，还要进行合理的刺激与开发：

	听觉刺激训练
1	宝宝的手里放一个轻且会响的玩具
2	在宝宝的耳旁搓揉纸张，然后再换另一边
3	让宝宝听摇铃声，注视摇铃，引导宝宝去摇动它，使它发出声音
4	从房间的不同地方向宝宝说话或摇铃铛，看他会不会听到，会不会用眼睛追寻声音的来源

小贴士

进行视、听觉刺激训练时要经常重复，让宝宝通过重复来学习。此外，重复还有助于宝宝认知能力的发展。

	听觉刺激训练
1	给宝宝看自己的小脚小手，并一起摇动它们
2	当宝宝不想注意周围环境的时候，放个玩具在他手中
3	拿光亮的东西，如手电筒，用不强烈的光线慢慢扫过宝宝的视线
4	将宝宝放在不同的高度，如地板上、沙发上，让他学会从不同的高度看东西
5	将宝宝放在房间不同的地方，让他由不同的角度看家庭摆设
6	将色彩明亮的丝带绑起来，挂在宝宝的小床上，让宝宝可以看到但是碰不到
7	在宝宝房间的墙上或床顶上挂些图片、照片或彩色壁纸，并且要经常更换，给宝宝色彩刺激
8	当宝宝躺在小床上时，拿一面镜子放在离他眼睛18～20厘米的地方，让他感受自己的动作和镜中影子的关联性

翻身及其他动作训练

我们知道，刚刚出生的宝宝每天只能躺在床上或摇篮里。但随着一天天成长，宝宝在不知不觉中坐起来了，站起来了，跑起来了……这是怎么回事？这是宝宝的运动智能在发展。

宝宝通过运动会使身体强壮起来，才使自己成长，然后才渐渐长大。而在3个月时，则是宝宝动作训练的关键时期，如果这时宝宝的动作智能发展得好，其体格发育就会很快，在这个时期一个最主要的训练动作就是训练宝宝“翻身”。

宝宝学翻身大训练

3个月的小宝宝主要是仰卧着，但在体格发育上已有了一些全身的肌肉运动，因此，要在适当保暖的情况下使宝宝能够自由地活动，特别是翻身训练。

如果宝宝没有侧睡的习惯，那么妈妈可让宝宝仰卧在床上，自己拿着宝宝感兴趣并能发出响声的玩具分别在左右两侧逗引，并亲切地对宝宝说：“宝宝，看多好玩的玩具啊！”宝宝就会自动将身体翻过来。

训练宝宝的翻身动作，要先从仰卧位翻到侧卧位，然后再从侧卧位翻到仰卧位，一般每天训练2～3次，每次训练2～3分钟。

引导宝宝做抬头训练

让宝宝做抬头练习，不仅可以锻炼了宝宝颈部、背部的肌肉力量，还能增加肺活量，使宝宝较早地面对世界，接受较多的外部刺激。对宝宝抬头训练时，要掌握好时间与规律。最好在宝宝清醒空腹情况下进行训练，也就是喂奶前1小时。

◆俯卧抬头

训练时，床面要平坦、舒适且有一定的硬度。让宝宝俯卧在床上，妈妈拿色彩鲜艳有响声的玩具在前面逗引，说：“宝宝，漂亮的玩具在这里。”促使宝宝努力抬头。抬起头使头与床面呈45°，到3个月时能稳定地抬起呈90°，与此同时，妈妈可将玩具从宝宝的眼前慢慢移动到头部的左边，再慢慢地移到宝宝头部的右边，让宝宝的小脑袋随着玩具的方向转。宝宝的抬头训练时间可从30秒开始，然后逐渐延长，每天练习3～4次，每次俯卧时间不宜超过2分钟。

◆扶肩抬头

扶肩是练习抬头的另一种方法。吃完奶之后，妈妈在拍嗝的时候，让宝宝趴在自己的肩上，轻轻地拍他的后背，实际上也是锻炼宝宝颈椎的力量。在练习时，妈妈让宝宝坐在哪只手臂上就让宝宝趴在哪一边的肩上，宝宝的脸贴在妈妈的脸上，既可以保护宝宝又不影响训练。对于1～3个月的宝宝，均可以在拍嗝的时候让他练习抬头。

◆直立抬头

妈妈一手抱宝宝，一手撑住他的后背部，使头部处于直立状态，边走边变换方向，让宝宝观察四周，帮助他自己将头竖直。

当宝宝用双臂支撑前身而抬头时，妈妈可将玩具举在宝宝的头前，左右摇动，使他向前、左、右三个方向看，用肘部支撑，使头抬得更高些，锻炼颈椎和胸背肌肉。通过这个训练，宝宝颈椎、胸背的肌力会大大增强。

宝宝手部动作发育及训练

这时宝宝的手经常呈张开状，可握住放在手中的物体达数分钟，扒、碰、触桌子上的物体，并将抓到的物体放入口中舔。但手与眼协调能力还不强，常抓不到物体，就是抓物也是一把抓，即拇指与其他四指方向相同。

如果两个同样年龄大小的宝宝，用靠近小指侧边处取物的宝宝手的动作就没有用拇指侧取物的那个宝宝发育得好。此外，手的抓握往往是先会用中指对掌心一把抓，然后才会用拇指对食指钳捏。

一个小宝宝如果能自己用拇、食指端拿东西，就表明他的手的动作发育已相当好了。宝宝先能握东西，然后才会主动放松，也就是说宝宝先会拿起东西，然后才会把东西放到一处。

宝宝的抓握训练内容	
让宝宝主动抓握	可以用带长柄的玩具触碰宝宝手掌，他能抓握住并举起来，使玩具留在手中半分钟；此外，用悬环也能抓住举起来
让宝宝用手指去抓衣物	在宝宝仰卧时，能用手指抓自己的身体、头发和衣服，有时也能将玩具抓举起来
让宝宝两手张开或轻握拳	由于宝宝这时能双手张开，因此当给他玩具时，不需要再撬开手，很容易便放到手中

宝宝认知及感觉智能训练

科学研究发现，宝宝在生命的最初3个月，大脑发育十分显著，并且已经建立了思维和反应能力，这意味着在这个时期如果帮助宝宝良好地开发智能，会建立他一生中的社会、体格和认知能力。所以，在3个月时对宝宝的智能、潜能开发非常重要。

3个月的宝宝，视觉与其他感觉已有了很大的发展，开始对颜色产生了分辨能力。头和眼已有较好的协调性，视听与记忆能力已经建立了联系，听见声音能用眼睛去寻找。在听觉上发展也较快，已具有一定的辨别方向的能力，听到声音后，头能顺着响声转动180°，通过训练宝宝的视觉能力，可以提高他的适应能力。

如果是高兴的时候，宝宝会手舞足蹈并发出笑声，能发出连续的声音及拉长音调，以引起大人的注意。在安静时，自己会咿呀发音，能把头转向叫他名字的人。这时宝宝的眼睛已经能看见8毫米大小的东西，双眼能随发光的物体转动180°，眼睛更加集中灵活，对妈妈的脸能集中而持久注视。

认知能力训练

宝宝在3个月时，能区分不同水平方向发出的声音，并寻找声源，能把声音与嘴的动作相联系起来。这说明了宝宝感觉与认知的成长发育是很显著的。

3个月宝宝的认知能力标准	
玩具能握在手中看一眼	仰卧时，将玩具放在手中，经密切观察，宝宝确实能注视手中的玩具，而不是看附近的东西。但他还不能举起玩具来看
持久的注意	把较大的物体放在宝宝视线内，宝宝能够持续地注意
见物后能双臂活动	让宝宝坐在桌前，若将方木堆和杯子分别放在桌面上，宝宝见到物品后会自动挥动双臂，但还不会抓取物体

感官训练

爸爸妈妈应尽量多地给予宝宝感观训练。在宝宝睡醒时，要经常用手轻轻触摸他的脸、双手及全身皮肤。在哺乳时，可让宝宝触摸妈妈的脸、鼻子、耳朵及乳房等，以促进宝宝的早期认知能力。

第三章
宝宝4～6个月

身体发育标准

4个月宝宝成长标准

养育重点

1	经常和宝宝谈话，逗引宝宝发音
2	给宝宝看一些鲜艳的颜色
3	及时把便，帮助宝宝形成排便的规律
4	给宝宝添加辅食，训练宝宝坐着吃饭
5	添加辅食后，注意观察宝宝的排便情况
6	从不同的方向发出声音，训练宝宝的听力
7	彻底清洁宝宝的玩具
8	仰卧时，轻轻拉起宝宝，训练坐位
9	及时擦干宝宝流出的口水

体格发育监测标准

4个月时		
	男宝宝	女宝宝
身长	59.7～69.5厘米，平均为64.6厘米	58.6～63.4厘米，平均为63.4厘米
体重	5.9～9.1千克，平均为7.5千克	5.5～8.5千克，平均为7.0千克
头围	39.7～44.5厘米，平均为42.1厘米	38.8～43.6厘米，平均为41.2厘米
胸围	38.3～46.3厘米，平均为42.3厘米	37.3～44.9厘米，平均为41.1厘米

接种疫苗备忘录

预防小儿麻痹：脊髓灰质炎混合疫苗(糖丸)　　第三丸........日

预防百日咳、白喉、破伤风：　　百白破疫苗第二剂........日

宝宝智能发育记录

◆大动作发育：能俯卧用手撑起上身

❶头能够随自己的意愿转来转去，眼睛随着头的转动而左顾右盼。

❷扶着宝宝的腋下和髋部时，宝宝能够坐着。让宝宝趴在床上时，他的头已经可以稳稳当当地抬起，前半身可以由两臂支撑起。

◆精细动作：训练准确抓握能力

❶宝宝的两只手能在胸前握在一起，经常把手放在眼前，两只手相互抓，或有滋有味地看着自己的手。

❷这个月龄的宝宝会专注地把玩自己感兴趣的玩具，从多方面去观察。摇晃时若能发出声音，会令他更加高兴。

◆视觉发育：颜色视觉接近成人

开始对颜色产生了分辨能力，对红色最为敏感，其次是黄色，见到这两种颜色的玩具很快能产生反应，对其他颜色的反应要慢一些。

◆听力发育：听音乐时有表情反应

听力发展较快，已具有一定的辨别方向的能力，听到声音后，头能顺着响声转动180°。

◆语言能力发育：及时回应宝宝的哭声

逗他时会非常高兴，并露出欢快的笑脸，甜蜜的微笑，嘴里还会不断地发出“咿呀”的学语声，好像在和妈妈谈心。

◆作息时间安排：睡前洗澡助睡眠

这个月的宝宝手脚活动开始变得频繁，白天的睡眠时间会越来越少。

◆睡眠原则：会经常踢被子

❶不要把被子盖得太厚，宝宝一热，踢被会踢得更凶。

❷在睡眠过程中，宝宝还可能会出现轻微哭闹、躁动等睡眠不宁的现象。

◆提升免疫力：每天坚持日光浴

宝宝经常会不想喝奶，这时要抱他到户外进行日光浴，呼吸新鲜空气，以帮助提高免疫力。

5个月宝宝成长标准

养育重点

1	添加辅食，由少到多，由稀到稠，由细到粗，让宝宝习惯一种后再加另一种
2	多用玩具逗引宝宝翻身
3	对宝宝进行冷适应锻炼，增强鼻腔、皮肤的抗病能力
4	多晒太阳，补充维生素D，防止宝宝缺钙
5	暖和的季节，每天至少有两个小时的室外活动时间
6	扶着宝宝的腋下，帮助宝宝站立起来
7	与宝宝面对面，发出“wu-wu”“ma-ma”“ba-ba”等重复音节，逗引宝宝模仿
8	经常叫宝宝的名字

体格发育监测标准

5个月时		
	男宝宝	女宝宝
身长	62.4～77.6厘米，平均为67.0厘米	60.9～70.1厘米，平均为65.5厘米
体重	6.2～9.7千克，平均为8.0千克	5.9～9.0千克，平均为7.5千克
头围	40.6～45.4厘米，平均为43.0厘米	39.7～44.5厘米，平均为42.1厘米
胸围	39.2～46.8厘米，平均为43.0厘米	38.1～45.7厘米，平均为41.9厘米

接种疫苗备忘录

预防百日咳、白喉、破伤风：百白破疫苗第三剂........日

宝宝智能发育记录

◆大动作发育：可一次完成180°翻身

①从这个月开始，由于宝宝运动加剧，身长增长速度开始下降，这是正常发展规律。

②各种动作较以前熟练了，而且俯卧位时，能把肩胛呈90°角。

◆精细动作：学习双手抱扶奶瓶

①拿东西时，拇指较以前灵活多了，可以攥住小东西。

②宝宝喜欢乱抓各种各样的东西，会对玩具做各方面的观察，最后放在嘴里做进一步的“鉴定”。

◆听力发育：会随旋律摇晃身体

这个阶段的宝宝听觉已很发达，对悦耳的声音和嘈杂的刺激已经能作出不同反应。妈妈轻声跟他讲话，会表现出注意倾听的表情。

◆语言能力发育：亲子相互交流发音

①这个时期的宝宝在语言发育和感情交流上进步很快，会大声笑，声音清脆悦耳。

②当有人与他讲话时，他能发出“咿呀”的声音，好像在与人对话。

◆作息时间安排：早睡早起身体好

这个月的宝宝能区分昼夜了，睡觉的时候生长激素分泌非常旺盛。

◆大小便训练：添加辅食会影响大便

4个月后开始添加辅食了，宝宝的大便和之前比会出现颜色和形状上的差异，这些都是正常的。

◆睡眠原则：爱睡觉的宝宝不多

这个月龄的宝宝爱睡觉的并不多，因为体能和智能发育都大大提高了，一般一天睡14个小时就算正常。

◆提升免疫力：好心情增强免疫力

这个月的宝宝从母体中获得的免疫力逐渐耗尽，父母尤其要注意提升宝宝自身的免疫力，让他保持心情愉悦也是重点之一。

6个月宝宝成长标准

养育重点

1	养成良好的进餐习惯
2	注意补充铁剂
3	训练宝宝翻身
4	时刻保护宝宝，防止宝宝玩耍坠床
5	宝宝出牙时会烦躁，要安抚宝宝，缓解宝宝不适
6	制止宝宝随意吃玩具的习惯
7	让宝宝自己用手抓饭菜，提高宝宝进食的兴趣
8	给宝宝做健身操，训练宝宝走路
9	给宝宝读朗朗上口的儿歌，增强宝宝的语感

体格发育监测标准

6个月时		
	男宝宝	女宝宝
身长	64.0～73.2厘米，平均为68.6厘米	62.4～77.6厘米，平均为67.0厘米
体重	6.6～10.3千克，平均为8.5千克	6.2～9.5千克，平均为7.8千克
头围	41.5～46.7厘米，平均为44.1厘米	40.4～45.6厘米，平均为43.0厘米
胸围	39.7～48.1厘米，平均为43.9厘米	38.9～46.9厘米，平均为42.9厘米

接种疫苗备忘录

乙型肝炎：乙肝疫苗第三剂........日

流行性脑膜炎：A群流脑疫苗（6～18个月） 第一剂、第二剂........日

宝宝智能发育记录

◆大动作发育：会俯卧打转360°

❶如果让宝宝仰卧在床上，他可以自如地变为俯卧位，坐位时背挺得很直。

❷当扶住宝宝站立时，能直立。

❸在床上处于俯卧位时很想往前爬，但由于腹部还不能抬高，所以爬行受到一定限制。

◆精细动作：学会传递玩具

❶这个月的宝宝喜欢好奇地摆弄自己的身体，用手抓住脚，可以将玩具从一只手换到另一只手。

❷这个月的宝宝还有个特点，就是不厌其烦地重复某一动作，经常故意把手中的东西扔在地上，捡回来又扔，可反复20多次；还常把一件物体抓到身边，推开，再抓回，反复做，这是宝宝在显示他的能力。

◆听力发育：能分辨熟人的声音

这个月龄的宝宝对妈妈、爸爸、保姆的声音较熟悉，叫他的名字时开始有反应。

◆语言能力发育：增加生活经验

这个月龄的宝宝，可以和妈妈对话了，两人可以无内容地一应一和地交谈几分钟。他自己独处时，可以大声地发出简单的声音，如“ma”“da”“ba”等。

◆视觉发育：手眼协调能力增强

这个月龄的宝宝凡是他双手所能触及的物体，他都要用手去摸一摸；凡是他双眼所能见到的物体，他都要仔细地瞧一瞧。但是这些物体到他身体的距离须在70厘米以内，由此证明宝宝对于双眼见到的任何物体，他都不肯轻易放弃主动摸索的良机。

◆作息时间安排：午睡不超过3个小时

5～6个月的宝宝白天应小睡3～4次，午觉后应再睡一次，在下午4～5点入睡，午睡不要超过3个小时。

◆大小便训练：及时改善便秘

这个月开始添加米糊类的辅食，容易产生便秘。妈妈可以试着给宝宝做腹部按摩或吃胡萝卜泥，效果不错。

◆睡眠原则：睡眠时间无统一标准

本月宝宝没有统一的睡眠时间标准，只要保证宝宝各方面情况良好，就没有必要为宝宝睡眠少而着急。

◆提升免疫力：注射疫苗提升免疫力

这个月的宝宝活动明显增多。父母应记得定时给宝宝注射疫苗，完成每一次“任务”。

科学喂养方法

为什么要喂辅食

宝宝到了4个月以后，母乳所含的营养已经满足不了宝宝的需求，而且宝宝来自母体中的铁元素也已经耗尽。另外，宝宝的消化系统逐步完善，可以消化除乳制品以外的食物。能否添加辅食要看以下几种情况：

1	要观察宝宝是否自己能支撑住头，如果宝宝自己能挺住脖子不倒并能够稍做转动，就可以添加辅食了。如果连脖子都挺不直，更不可能吃饭了
2	宝宝如果对食物感兴趣，看着食物就出现垂涎欲滴的样子，那就是添加辅食的最好时机了
3	宝宝4～6个月时体重多超过6～7千克，说明宝宝的消化系统发育已较成熟，如酶的发育、咀嚼与吞咽能力的发育、牙的萌出等
4	24小时的喝奶量到达1 000毫升

怎样添加辅食

正确：以奶为主

每日保持奶量800～900毫升，这时添加辅食的量是较少的，应该以奶为主。

错误：以辅食为主

如果给宝宝以吃辅食为主，如粥、米糊、汤汁等，宝宝会虚胖，长得不结实。若是辅食的品种数量不太合适，里面的营养素不能满足宝宝成长发育的需要，如缺铁、缺锌就会造成宝宝贫血、食欲不好。随着宝宝的逐渐长大，从母体带来的抵抗力也会逐渐减少，自身抗体的形成不多，抵抗力就会变差，所以容易生病。

循序渐进添加辅食

换乳前可以先少量喂食果汁，慢慢地让宝宝习惯母乳、奶粉以外的味道。为了补充水分，给宝宝喝一些用凉白开稀释的果汁或者汤都可以，但是要注意不要给得太多。

辅食添加的第一阶段

阶段		牙齿和舌头的发育	食物状态	喝吃比例	说明
第一阶段 4～6个月	5个月	可以用汤匙喂果汁或菜汁，让宝宝练习从汤匙中吸取泥糊状食物	营养米粉 蛋黄 菜泥 果泥	9：1	每天吃一次，每天增加1匙，母乳或配方奶宝宝想喝多少就喝多少
	6个月		鱼泥 肝泥 稀粥 面条		

推迟添加辅食的几种情况

即使妈妈将辅食做得再好吃，也免不了宝宝出现呕吐、腹泻或皮疹等过敏反应。此时宝宝肠胃功能尚不成熟，如果出现过敏反应，就不要再喂引起过敏的食物了。若出现上述任何现象，都应停止添加辅食。

鸡蛋过敏不能吃以下食物	
蛋类	其他的蛋类
加工食物	火腿
点心类	果酱面包、炸面圈、蛋糕
调味料	汤里的味精

高蛋白过敏不能吃以下食物	
乳制品类	奶粉、乳饮料、奶酪、酸奶、鲜奶油
肉类	牛肉、牛内脏
点心类	蛋糕、布丁、水果罐头
油脂类	黄油、人造黄油

大豆过敏不能吃以下食物	
豆类	毛豆、青豌豆、豌豆角、菜豆、豆芽、花生
豆制品	豆腐、油豆腐块、油炸豆腐、豆腐渣、黄豆面
谷类	高粱米
点心类	羊羹、煎饼
调味料和油脂类	酱油、大酱、花生黄油、沙拉酱、大豆油、植物油、人造黄油

添加其他食物的种类和顺序

月龄	添加的辅助食品	饮食技能训练和供给的营养素
4～6个月	鲜果汁、稀粥、蛋黄	训练宝宝熟悉辅食 维生素A、维生素C、矿物质、维生素D
7～8个月	米糊、烂粥、鱼、牛肉、菜泥、水果泥	补充能量，训练用匙进食 维生素A、B族维生素、维生素C、铁、纤维素、矿物质、蛋白质
9～10个月	烂面、烤馒头片、饼干、鱼、蛋、肝泥、肉末	增加能量，训练咀嚼，促进乳牙萌出 动物蛋白质、铁、锌、维生素A、B族维生素
11～12个月	稠粥、软饭、挂面、馒头、面包碎菜、碎肉、豆制品	训练咀嚼 B族维生素、矿物质、蛋白质、纤维素
18个月以上	牛奶、奶酪、鲜鱼、虾、软饭、豆制品	训练宝宝养成好的进食习惯 维生素、矿物质、蛋白质、不饱和脂肪

如何选购米粉

现在市场上的宝宝米粉种类繁多，虽说选择的余地很大，但是也给挑选米粉带来了难度。妈妈在挑选米粉时要考虑中国宝宝的身体结构，所以一定要注意以下几条原则。

注意产品配方中的蛋白质含量

蛋白质对宝宝的生长发育是很重要的，只有蛋白质充足了，宝宝各器官才能完全发育。现在市场上的宝宝米粉大概分为两种，一种是婴幼儿全价配方粉，这种米粉的蛋白质含量高达10%，完全可以满足宝宝的生长发育，而不用添加其他的食物；还有一种就是婴幼儿补充谷粉，这是给4个月以上宝宝的辅食，蛋白质的含量是5%，而必需脂肪氨基酸含量更低，满足不了中国宝宝的生长需要。如果长期食用这种米粉，会影响宝宝的生长发育和智力水平。

注意营养元素的全面性

好的米粉所含的营养物质也丰富，会含有18种氨基酸和其他人体所需的营养物质。所以选择米粉要看其所含营养物质，主要看营养成分表的标注，看营养是否全面，含量是否合理，如热量、蛋白质、脂肪、碳水化合物、维生素、微量元素等。婴幼儿换乳期补充食品有国家标准规定，选择米粉也要看看是否符合这个标准。

注意米粉的外观

要选择颗粒精细的米粉，易于宝宝消化吸收。一般质量好的米粉应该是大米的白色，均匀统一，有米粉的香气，还要看米粉的组织结构和冲调性，应为粉状和块状，无结块。并且要留意里面是否为独立包装，这样会更加卫生，不易受潮。

吃“泥”有讲究

此时宝宝的消化功能发育得不够完善，对待新接触的食物适应能力也较差，所以当接触新食物时容易发生消化功能紊乱。因此在添加泥状食物的时候要格外注意，仔细遵循下列原则，千万不可操之过急。

应从少量开始添加新食物。比如添加蛋黄就要从1/4开始；添加肉末、鱼肉泥也从1小匙开始。

陆续添加的食物应从稀到稠、从细到粗，比如先喂米糊，然后加以稀粥、稠粥，最后再喂烂饭。

蔬菜则可以从细菜泥喂起，然后是粗菜泥，最后是碎菜。

添加新食物必须是在宝宝健康的情况下进行。因为宝宝一旦患病，他们的食欲以及消化功能都会下降，这时候添加新食物，很容易导致宝宝对新食物不接受。

必须一样样地陆续添加新食物，一种吃习惯了再添加另外一种。

一般来说一种食物需要试吃4～7天，在试吃阶段，可以留神观察宝宝的大便、食欲和是否过敏等情况。如果一切正常，即可添加下一种食物。

各类辅食的喂食顺序

喂谷类的过程

从米汤开始，到米粉，然后是米糊，然后是稀粥、稠粥、软饭，最后到正常饭。面食是从面条、面片、疙瘩汤，再到饼干、面包、馒头、饼等。

喂菜的过程

蔬菜选择新鲜的、应季的即可，要从过滤后的菜汤开始，然后到菜泥，再到碎菜。

喂肉蛋类的过程

从鸡蛋黄开始，到整鸡蛋，再到鸡肉、猪肉、羊肉、牛肉、鱼肉等。

喂水果的过程

在给宝宝喂果汁时，要注意喂食的材质和顺序，从过滤后的鲜果汁开始，到不过滤的纯果汁，然后到用匙刮的水果泥再到切的水果块，最后到整个水果让宝宝自己拿着吃。

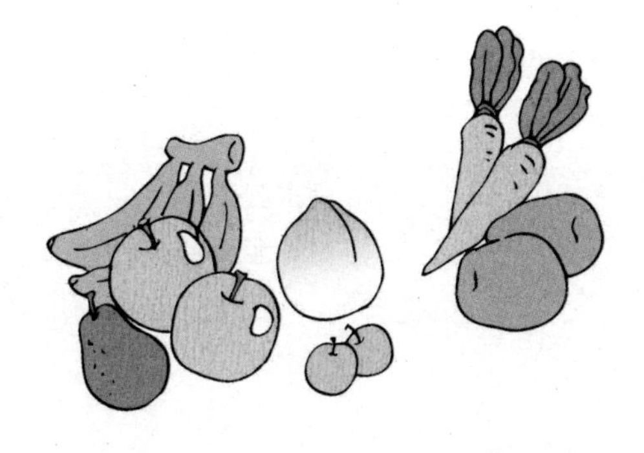

巧计量轻松做辅食

因为宝宝换乳餐需要的量很少，父母很难掌握所用食物的量，另外宝宝的食物要保证现做现吃，做太多吃不了会很浪费，做太少宝宝又会不够吃，所以要适当地选择食物的用量。

肉蛋类的大致测量方法	
鸡肉20克	2个1厘米×1厘米的肉块
鸡蛋20克	打散后2大匙
牛肉20克	3个1厘米×1厘米的肉块
猪肉20克	3个1厘米×1厘米的肉块
豆腐20克	1/5个鸡蛋大小的块
肝脏20克	捣烂后3大匙

海产品类的大致测量方法	
鳕鱼30克	2大匙鱼肉
小银鱼30克	3大匙左右
海带20克	10毫米×10毫米的海带2.5块
紫菜10克	10厘米×10厘米的紫菜2片

肉蛋类的大致测量方法	
鸡肉20克	2个1厘米×1厘米的肉块
鸡蛋20克	打散后2大匙
牛肉20克	3个1厘米×1厘米的肉块
猪肉20克	3个1厘米×1厘米的肉块
豆腐20克	1/5个鸡蛋大小的块
肝脏20克	捣烂后3大匙

谷类的大致测量方法	
大米10克	1大匙（泡过后）
面条30克	5根左右
小米10克	1大匙（泡过后）
面粉30克	一手捧起不溢出

蔬菜的大致测量方法	
土豆50克	比鸡蛋稍大的土豆1/2个
菠菜30克	3棵左右
地瓜50克	中等大小的地瓜1/4个
黄瓜30克	中等大小的黄瓜1/3个
卷心菜30克	外包叶2/3片
胡萝卜30克	中等大小的胡萝卜1/2块
菜花30克	小朵的菜花3朵
香菇30克	中等大小的香菇2个
韭菜30克	6～7棵
豆芽30克	一大把的2/3
白菜30克	一片白菜叶的1/3
金针菇30克	袋装金针菇1/3小袋
青椒30克	中等大小的青椒1/3个

确定初期辅食添加的信号

换乳开始的信号

一般开始添加辅食的最佳时期为宝宝4～6个月时，但是最好的判断依据还是根据宝宝身体的信号。以下就是只有宝宝才能发出来的该添加辅食的信号。

❶首先观察一下宝宝是否能自己支撑住头，若是宝宝自己能够挺住脖子不倒而且还能微微转动，就可以开始添加辅食了。如果连脖子都挺不直，那显然为宝宝添加辅食还是过早。

❷背后有依靠时宝宝能坐起来。

❸能够观察到宝宝对食物产生兴趣，当宝宝看到食物表现得垂涎欲滴的时候，也就是开始添加辅食的最好时间。

❹如果当4～6个月龄的宝宝体重比出生时增加一倍，证明宝宝的消化系统发育良好，比如酶的发育、咀嚼与吞咽能力的发育、开始出牙等。

❺能够把自己的小手往嘴巴里放。

❻当成人把食物放到宝宝嘴里的时候，宝宝不是总用舌头将食物顶出，而是开始出现张口或者吮吸的动作，并且能够将食物向喉间送去形成吞咽动作。

❼一天的喝奶量能达到1升。

◆辅食添加最好不晚于6个月龄

6个月大的宝宝已经不满足于母乳所提供的营养了，随着宝宝成长速度的加快，各种营养需求也随之增大，因此通过辅食添加其他营养成分是非常必要的。6个月的宝宝如果还不开始添加辅食，不仅可能造成宝宝营养不良，还有可能使得宝宝对母乳或者配方奶的依赖增强，以至于无法成功换乳。

◆辅食最好开始于4个月之后

宝宝出生后的前三个月基本只能消化母乳或者配方奶，并且肠道功能也未成熟，进食其他食物很容易引起过敏反应。若是喂食其他食物引起多次过敏反应后可能引起消化器官和肠功能成熟后也会对食物排斥。所以，换乳时期最好选在消化器官和肠功能成熟到一定程度的4个月龄后为宜。

过敏宝宝6个月开始吃辅食

宝宝生长的前五个月最完美的食物就是母乳，因此母乳喂养到6个月也不算太晚，尤其是有些过敏体质的宝宝，添加辅食过早可能会加重过敏症状，所以要在可6个月后开始换乳。

添加初期辅食的原则

由于生长发育以及对食物的适应性和喜好都存有一定的个体差异，所以每一个宝宝添加辅食的时间、数量以及速度都会有一定的差别，妈妈应该根据自己宝宝的情况灵活掌握添加时机，循序渐进地进行。

不要过早给宝宝添加辅食

有些妈妈为了让宝宝更健康，便提早为宝宝添加辅食，其实这样做是不科学的。宝宝在出生后4~6个月内，从母乳和配方奶中摄取的营养已基本能够满足宝宝的生长需要了。

4~6个月开始添加辅食最好

4个月前的宝宝由于肠胃还未发育成熟，所以很难消化吸收除母乳和奶粉以外的食物。而且宝宝的免疫系统也不完善，过早添加辅食，有可能会引起过敏反应。所以对于健康成长的宝宝来说，按一般的标准，出生后4~6个月开始添加辅食就可以了。因为宝宝只有过了4个月，舌头排斥食物的反射作用才会消失，随着唾液分泌的增多，消化酶的活性也会增强。因此，这个时候开始添加辅食是最合适不过了。

慢慢来，一次只喂一种

最开始制作辅食时只使用一种原料，喂过一次后，如果担心有过敏反应的话，可以先隔7天，至少也要隔2~3天，观察一下宝宝的反应，如果适应再继续喂食。循序渐进，对谷类适应了以后，再掺入蔬菜。先掺入一种蔬菜，等适应后，再换另一种蔬菜。适应以后，可以同时掺入多种常见的蔬菜。之所以这么做，是因为如果一开始就掺入多种蔬菜，如果宝宝出现过敏反应时，就无法确定到底是哪种食物引起的了。

市面上卖的辅食要谨慎挑选

辅食的添加可以给宝宝提供新的味道和触觉，还能促进舌头和下颌的运动，从而进行咀嚼的练习。由于吮吸的不是液体而是含有小颗粒的柔软的食物，所以给宝宝一个利用舌头、牙床、牙齿进行咀嚼吞咽的机会是很重要的。这种多样的经验对宝宝的大脑发育和味觉发育都大有帮助。但是如果过分依赖市面上销售的粉状辅食食物，宝宝就无法体验到这些了。由妈妈亲手制作的辅食才是最美味而又有营养的。

根据宝宝特点调整添加时间

出生4个月后，如果宝宝开始对食物感兴趣，嘴角还会流出很多口水，看着家人在吃饭时小嘴儿也会跟着嚅动等现象都说明添加辅食的时期到了。即使宝宝开始食用辅食的时间有点晚也不要担心，根据宝宝的发育情况选择添加的时间，才能让辅食添加顺利进行。特别是只吃母乳的宝宝或患有遗传性过敏症的宝宝，如果喂了一两次辅食后出现过敏症状，应尽可能将辅食开始时间推迟到出生后6个月比较好，但这并不是说越晚越好。如果出生后7个月还不开始添加辅食的话，宝宝可能会对固体食物产生反感而不愿接受，从而使辅食喂养变得非常困难，还容易使宝宝缺少必需营养元素，所以最晚也应在6个月时从安全常见的食物缓慢开始添加。

1周岁前不要添加任何调料

要让宝宝熟悉食物本身的味道，想让宝宝觉得更好吃而加入调料是多余的。因为宝宝没有经验，所以不会觉得味道淡。在宝宝一周岁以前，盐和糖就不用说了，最好连番茄酱、沙拉酱、奶油等都不要用。

从纯米粉或稀粥开始喂起

有一些妈妈会先喂宝宝果汁，这并不是科学的方法。如果宝宝习惯了果汁的甜味，再吃其他的东西就会变得比较困难，而且水果中的果酸也可能会刺激宝宝的肠胃，所以最初的辅食还是纯米粉或稀粥最好。

米清淡又有利于消化，而且不易引起过敏反应，是辅食制作初期的最好材料，将没有添加任何东西的米熬成很软的米粥再给宝宝食用。

使用蒸或煮的方法制作辅食

如果宝宝从辅食喂养阶段起就对油油的口味有了熟悉的 感觉，那么幼儿期及长大后就有可能只喜欢油腻的食物了。

因此，建议在辅食喂养中尽量不要使用油，与其使用炒、炸、煎等方法，不如使用蒸、煮的烹调方法会更好一些。如果一定要用炒的方法，则可以使用少许水代替油来炒。

不要勉强宝宝进食

为了能让宝宝对陌生的食物不产生恐惧感进而顺利接受，最好在宝宝身心状况都比较好的时候喂食。虽然宝宝吐出来以后可以再喂回去，但是如果试了两三次后还是这样的话，就不要勉强，先暂停一下再试。

即使这样，如果宝宝仍然一脸不情愿地拒绝，就先不要喂了，用平和的心态先停止一两天再试也不迟。

因为如果强迫宝宝食用的话，反而会使宝宝对辅食产生排斥感，而且有些食物是宝宝特别讨厌的，所以，为了饮食均衡而使辅食喂养带有强制性的话反而会适得其反。出现这种情况时，应及时用其他类似的食物补充营养。

固定时间，有规律地喂食

在固定的时间、固定的地点喂食才能养成良好的饮食习惯。刚开始的时候是一日一次，在上午10点；到了中期是一日两次，分别是上午10点和下午2点或6点；后期是一日三次，上午10点，下午2点和6点。在辅食喂养结束期过后，如果一日三餐只吃辅食就可以满足宝宝的需要时，就可以尽量跟着家人吃饭的时间来喂食。开始时将宝宝放在膝盖上喂食，然后渐渐转到椅子上，最后坐到饭桌旁与家人一起进餐就可以了。

吃流质或泥状食物时间不宜长

不能长时间给宝宝吃流质或泥状的食物，这样会使宝宝错过发展咀嚼能力的关键期，可能导致宝宝在咀嚼食物方面产生障碍。

将宝宝食用过的食物记下来

最好能养成每天记录宝宝当天食用过的辅食的习惯。记录食品名称、所使用的材料和食用的量就可以了。还要在每次喂食新食物时多加注意宝宝食用后的反应，一旦发现身上出现红点、疹子或有腹泻、呕吐等过敏反应时，就要马上停止喂食那种食物，这样，辅食添加记录表就成了查找过敏食物的依据。

添加辅食不等同于换乳

当母乳比较多，但是因为宝宝不爱吃辅食而采用断母乳的方式来逼宝宝吃辅食这种做法是不可取的。因为母乳毕竟是这个时期的宝宝最好的食物，所以不需要着急用辅食代替母乳。对于上个月不爱吃辅食的宝宝，可能这个月还是不太爱吃，但是要有耐心等到母乳喂养的宝宝到了4个月后就会逐渐开始爱吃辅食了。因此不能因为宝宝不爱吃辅食，就采用断母乳的方法来改变，毕竟母乳是宝宝最佳的营养来源。

留意观察是否有过敏反应

待宝宝开始吃辅食之后，应该随时留意宝宝的皮肤。看看宝宝是否出现了什么不良反应。如果出现了皮肤红肿甚至伴随着湿疹出现的情况，就该暂停喂食该种辅食。

留意观察宝宝的粪便

宝宝粪便的情况妈妈也应该随时留意观察。如果宝宝粪便不正常，也要停止相应的辅食。等到宝宝的粪便变得正常，也没有其他消化不良的症状以后，再慢慢地添加这种辅食，但是要控制好量。

添加初期辅食的方法

妈妈到底该如何在众多的食材中选择适合宝宝的辅食呢？如果选择了不当的辅食会引起宝宝的肠胃不适甚至过敏现象。所以，在第一次添加辅食时尤其要谨慎些。

辅食添加的量

奶与辅食量的比例为8：2，添加辅食应该从少量开始，然后逐渐增加。刚开始添加辅食可以从米粉开始，然后逐渐过渡到果汁、菜叶、蛋黄等。使用蛋黄的时候应该先用小匙喂大约1/8大的蛋黄泥，连续喂食3天，如果宝宝没有大的异常反应，再增加到1/4个蛋黄泥，接着再喂食3～4天，如果还是一切正常就可以加量到半个蛋黄泥。需要提醒的是，大约3%的宝宝对蛋黄会有过敏、起皮疹、气喘甚至腹泻等不良反应。如果宝宝有这样的反应，应暂停喂养，等到7～8个月后再尝试。

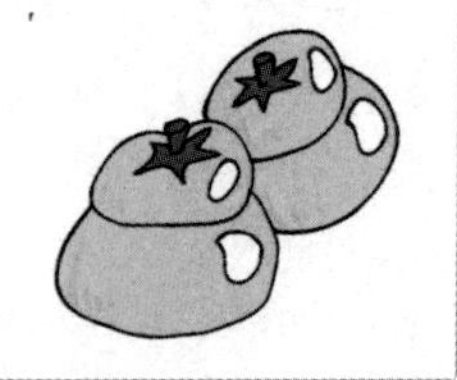

添加辅食的时间

因为这个阶段宝宝所食用的辅食营养还不足以取代母乳或配方奶，所以应该在两顿奶之间添加。最好在白天喂奶之前添加米粉，上下午各一次，每一次的时间应该控制在20～25分钟。

第一口辅食

最佳的起始辅食应该是婴儿营养米粉。这种最佳的婴儿第一口辅食里面具有多种营养元素，如强化了的钙、锌、铁等。其他辅食就没有它这么全面的营养了。这样一来，既能保证一开始宝宝就能摄取到较为均匀的营养素，也不会过早增加宝宝的肠胃负担。一旦喂完米粉以后，就要立即给宝宝喂食母乳或者配方奶。每个妈妈都应该记住，每一次喂食都该让宝宝吃饱，以免他们养成少量多餐的不良习惯。所以，等到宝宝把辅食吃完以后，就该马上给宝宝喂母乳或配方奶，直到宝宝不喝了为止。当然，如果宝宝吃完辅食以后，不愿意再喝奶，那说明宝宝已经吃饱了。一直等到宝宝适应了初次喂食的米粉量之后，再逐渐地加量。

喂食一周后再添加新的食物

添加辅食的时候，一定要注意一个原则，那就是等习惯一种辅食之后再添加另一种辅食，而且每次添加新的辅食时候留意宝宝的表现，多观察几天，如果宝宝一直没有出现什么反常的情况，再接着继续喂下一种辅食。

宝宝厌奶怎么办

随着宝宝体重增长速度的减慢，吃奶量可能会稍微下降，有时甚至出现短暂的厌奶现象，此时仍要本着“按需喂食”的原则。

导致厌奶的几种可能

当宝宝出现厌奶状况时，首先要做的是查看宝宝是否因身体不适而厌奶的。如果宝宝不仅厌奶，还出现呕吐、便秘、腹胀、腹泻、发烧等症状，应及时送医院就医。

◆不喜欢用奶嘴吸奶

大多数母乳喂食的宝宝出现厌奶的原因是因为奶嘴吸奶的方式是他们不喜欢的。妈妈往往满足于亲自喂食宝宝的幸福，而忽略了让宝宝去接受奶嘴，这样以后让宝宝用奶嘴就变得困难很多了。

◆不接受配方奶粉的味道

敏感的宝宝已经习惯了妈妈清新的母乳味道，而配方奶粉的奶腥味让宝宝无法接受，所以才会拒绝喝奶。

◆不正确的哺乳姿势

使用奶瓶哺乳时，避免把宝宝的舌头压住了，让宝宝喝不到奶，要将奶瓶倾斜45度放置到宝宝嘴里喂食。

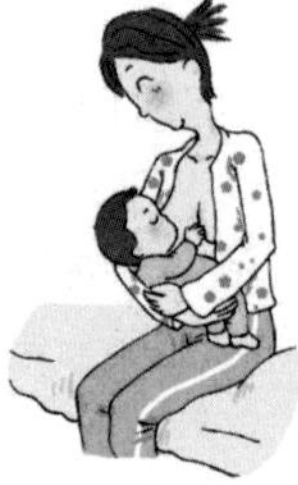

◆周围有事物分散了注意力

对于有些好奇心的宝宝来说，周围环境中有人走动或者出现别的声音都能让他从喝奶上分心出来关注其他事物，因为他觉得这比喝奶要有趣得多。

出现厌奶了如何应对

◆别采取强迫手段

不少父母由于担心宝宝不喝奶会影响成长发育，所以强迫宝宝喝奶。但是这种做法只会适得其反，使得宝宝对喝奶产生恐惧。其实只要宝宝此时的身高体重等指标数在合理范围内，完全不必担心宝宝厌奶，这时父母可以采取让宝宝接受半流质的辅食。

◆喂食方式加以改变

父母可以在宝宝出现厌奶现象的时候，先从改善喂食方式做起，改变平时固定的哺乳时刻安排表，较为随性地哺乳。遵循少量多次的原则，宝宝想吃时就喂。平时采用一些如按摩、肢体活动等类似游戏的方式来消耗宝宝的体力，这样能够加快宝宝新陈代谢，饥饿感来临时，宝宝自然对奶重新有了较高的需求。

◆优化用餐环境

宝宝这个阶段已经开始对外界产生好奇了，如果喝奶时有人逗弄他，或者旁边有能吸引到他注意力的玩具或者声音，他会把注意力转移到那些上面，而非进食吸奶。所以，要创造一个尽量安静的环境来给宝宝哺乳。

◆奶嘴洞大小要适宜

有些时候，宝宝喝奶少只不过是因为奶嘴洞过小，宝宝吸食时较为困难，所以喝奶量才会减少。所以，哺乳前将奶瓶倒置过来，查看是否能达到1秒钟滴1滴奶，如果滴不出来或者滴得过快，都会让宝宝不能很好地喝奶。

◆配方奶粉不宜总更换

不少父母见宝宝不爱喝奶，以为换个配方奶粉就可改变此种现象，这种方法虽然可取，但是不宜频率太勤，因为宝宝会不会很快适应新的配方奶粉。更换的时候，应该先部分地选用新牌子配以原有的牌子，观察到宝宝排便等正常以后，再逐渐全部替换成新牌子的配方奶粉。如果换了一两次配方奶粉，宝宝厌奶的现象并没有改善，那么可以放弃这种方法。

◆辅食添加适时跟上

大多数宝宝在4个月大的时候，基本以母乳或者配方奶粉为主，只以少量的辅食为辅。但如果出现了厌奶，则不妨考虑改变下。可以先用米粉或者稀果汁开始尝试，然后再加入蔬菜泥和果泥。不过要记得每次只添加一种。刚开始采用1小匙的量，逐渐增加。每种辅食要先适应3～5天，注意观察宝宝反应。如果出现不爱吃或者皮肤出疹、大便变稀等现象，就要暂停添加此种辅食。若是宝宝家庭里有过过敏史，那应该用母乳或者水解性配方奶粉喂食宝宝到6个月大后再尝试喂辅食，辅食选用低致过敏性食材为好。

要不要给宝宝吃鱼肝油

鱼肝油是什么

鱼肝油是一种维生素类药物，主要成分是脂溶性维生素A和维生素D，维生素A缺乏可能影响宝宝皮肤和视力的发育，缺乏维生素D则有可能导致佝偻病的发生。

鱼肝油应该怎样吃

一般认为应从新生儿期开始添加鱼肝油，即出生后3～4周起。开始每天1滴，逐步增加，不多于5滴。宝宝每日需维生素A 1000～1500国际单位，而维生素D需要量为400国际单位。

摄入鱼肝油会有副作用吗

大量地食用猪肝、鱼肝或者浓鱼肝油，就会摄入大量的维生素A，很有可能导致急慢性中毒。过量摄入维生素D也能引起中毒。有些宝宝生长缓慢，体态瘦小，这并非是患上了佝偻病，往往是因为其父母给他喂食了容易中毒的富含维生素D的鱼肝油精。呈现出食欲不佳、消瘦、尿频而量少，甚至伴有低热、便秘、恶心、呕吐等症状。更严重的是由于过多摄入钙入，导致肌肉和神经兴奋性降低，从而出现运动失调、精神抑制。

初期辅食食材

南瓜

富含脂肪、碳水化合物、蛋白质等热量高的南瓜，本身具有的香浓甜味，能增加食欲。初期要煮熟或者蒸熟后再食用。

香蕉

含糖量高，脂肪酸含量低，可以在添加辅食初期食用。食用时应挑表面有褐色斑点熟透了的香蕉，切除掉含有农药较多的尖部。初期放在米糊里煮熟后食用更安全。

胡萝卜

富含维生素和矿物质。虽然辅食中常用它补铁，但它也含有易引起贫血的硝酸盐，所以一般在宝宝6个月后食用。油煎后食用较好，换乳初期和中期应去皮蒸熟后食用。

梨

很少会引起过敏反应，所以添加辅食初期就可以开始食用。它还具有祛痰降温、帮助排便的功用，所以在宝宝便秘或者感冒时食用一举两得。

苹果

辅食初期的最佳选择。等到宝宝适应蔬菜糊糊后就可以开始喂食。因为苹果皮下有不少营养成分，所以打皮时尽量薄一些。

西蓝花

本身富含维生素C，很适合喂食感冒的宝宝。等到5个月后开始喂食，不要使用它的茎部来制作辅食，只用菜花部分，磨碎后放置冰箱保存备用。

甜叶菜

富含维生素C和钙的黄绿色蔬菜。因为纤维素含量高不易消化，所以宜在宝宝5个月后喂食。取其叶部，洗净后开水汆烫，然后使用粉碎机捣碎后使用。

鸡胸脯肉

含脂量低，味道清淡而且易消化吸收。这个部位的肉很少引起宝宝过敏。为及时补足铁，可在宝宝6个月后开始经常食用。煮熟后捣碎食用，鸡汤还可冷冻后保存，下次食用。

菜花

能够增强抵抗力、排出肠毒素。适合容易感冒、便秘的宝宝。把它和马铃薯一起食用既美味又有营养。去掉茎部后选用新鲜的菜花部分，开水汆烫后捣碎食用。

西瓜

富含水分和钾，有利于排尿。既散热又解渴，是夏季制作辅食的绝佳选择。因为容易导致腹泻，所以一次不可食用太多。去皮、去籽后捣碎，然后再用麻布过滤后烫一下喂给宝宝。

油菜

容易消化并且美味，是常见的用于制作辅食的材料。虽然富含铁，但因其阻碍硝酸的吸收，容易导致贫血，所以宝宝6个月前禁止食用。加热时间过长会破坏维生素和铁，所以用开水烫一下后搅碎，然后用筛子筛后使用。

卷心菜

适用于体质较弱的宝宝以提高对疾病的抵抗力。首先去掉硬而韧的表皮，然后用开水烫一下里层的菜叶后捣碎。最后再用榨汁机或者粉碎机研碎以后放入大米糊糊里一起煮。

桃、杏

换乳伊始不少宝宝会出现便秘，此时较为适合的水果就是桃和杏。因果面有毛易过敏，所以宝宝5个月后开始喂食。有果毛过敏症的宝宝宜在1岁后喂食。

白菜

富含维生素C，能预防感冒。因其纤维素较多不易消化，并且容易引起贫血，故6个月后可以喂食添加辅食初期选用纤维素含量少、维生素聚集的叶子部位。去掉外层菜叶，选用里面菜心烫后捣碎食用。

蘑菇

除了含有蛋白质、无机物、纤维素等营养素，还能提高免疫力。先给宝宝食用安全性最高的冬菇，没有任何不良反应后再尝试其他蘑菇。开水烫一下后切成小块，再用粉碎机捣碎后食用。

海带

富含纤维素和无机物，是较好的辅食食料。附在其表面的白色粉末增加了其美味，易溶于水，故而用湿布擦干净即可。擦干净后用煎锅煎脆后再捣碎食用。

美味食谱

大米汤

食材

大米50克，水1000毫升。

做法

1.把米淘好后，在水里浸泡1小时左右。把1份米兑10份水，用大火煮，煮沸后把火关小，煮至米烂为止。
2.关火焖10分钟左右，用小匙将米粒捣碎，晾至适温即可给宝宝食用。

白萝卜梨汁

食材

小白萝卜1个，梨1/2个。

做法

1.将白萝卜切成细丝，梨切成薄片。
2.将白萝卜倒入锅内加清水烧开，用小火炖10分钟后，加入梨片再煮5分钟，然后过滤取汁即可喂食。

橘子汁

食材

橘子1个，水1/2杯。

做法

1.将橘子洗净，切成两半，放入榨汁器中榨成橘汁。
2.倒入与橘汁等量的水加以稀释。
3.将其倒入锅内，再用小火煮一会儿即可。

小米汤

食材

大米10克，小米30克，清水800毫升。

做法

1.大米和小米洗净，用清水浸泡至少1小时。
2.锅内加清水，放入泡好的大米和小米，小火煮熟。
3.煮至米粒开花后关火，用细孔筛子筛出米粒，碾碎，放入汤水中搅拌均匀即可食用。

香蕉杂果汁

食材

香蕉1根，苹果1个，橙子1个。

做法

1.将苹果洗净，剥皮去核，切成小块，浸于盐水中。
2.橙子剥皮，去除果囊及核，放入榨汁机中榨汁。
3.把香蕉剥皮，切成段。
4.将所有食材放入榨汁机中，搅拌30~40秒即可。

胡萝卜甜粥

∨食材

大米2小匙，水120毫升，切碎过滤的胡萝卜汁1小匙。

∨做法

1.把大米洗干净用水泡1～2小时，然后放入锅内用小火煮40～50分钟。
2.快熟时加入事先过滤的胡萝卜汁，再煮10分钟左右即可喂食。

面糊糊汤

∨食材

面粉10克，牛奶250毫升，黄油5克，盐、肉豆蔻各少许。

∨做法

1.将牛奶倒入锅内，用小火煮开，撒入面粉，调匀，加入少许盐和碎肉豆蔻再煮一下，并不停地搅拌。
2.加入黄油，装入大孔奶嘴的奶瓶中，晾凉后即可食用。

南瓜碎末

∨食材

南瓜30克，温开水适量。

∨做法

1.南瓜削皮，用水煮软，加汤捣碎。
2.用温开水调成糊状，或用蔬菜汤或者汤汁代替温开水也可以。

蛋黄糊

∨食材

鸡蛋1个，温开水1/2杯。

∨做法

1.将鸡蛋洗净，放在热水锅中煮熟，要煮得时间久一些。
2.然后取出去壳，剥去蛋白，将蛋黄放入研磨器中压成泥状。
3.最后用开水调成糊状，待凉至微温时即可喂食。

草莓番茄泥

∨食材

草莓20克，番茄30克，配方奶1大匙。

∨做法

1.将草莓搅碎用滤器过滤。
2.去除番茄的皮和籽，搅碎、用滤器过滤。
3.将过滤过的草莓泥和番茄泥在微波炉中加热约30秒。
4.最后加入配方奶调匀即可喂食。

大米燕麦粥

食材

大米20克，燕麦10克，清水2/3杯。

做法

1.提前一天将燕麦洗净后用凉水泡好，大米泡1小时即可。
2.将已泡好的大米和燕麦用粉末机打成末状。
3.将大米末和燕麦末放入平底锅中，添水用大火煮，当水开始沸腾时把火调小，煮到大米和燕麦都熟后熄火，用漏勺过滤一下即可。

菠菜大米粥

食材

菠菜叶30克，10倍粥6大匙。

做法

1.将10倍粥盛入碗中备用。
2.将新鲜菠菜叶洗净，放入开水中氽烫至熟，沥干水分备用。
3.用刀将菠菜切成小段，再放入研磨器中磨成泥状，最后加入准备好的10倍粥中混匀即可。

西瓜汁

食材

西瓜瓤20克，水1/2杯。

做法

1.将西瓜瓤放入碗内，用匙捣烂，再用纱布过滤成西瓜汁。
2.倒入与西瓜汁等量的水加以稀释。
3.将其放入锅内，在用小火煮一会儿即可。

胡萝卜番茄汤

食材

胡萝卜1/3根，番茄1/3个，水2/3杯。

做法

1.胡萝卜清洗干净，去皮；番茄氽烫去皮后搅拌成汁。
2.将胡萝卜磨成泥状。
3.锅中倒入少许水，放入胡萝卜泥和番茄汁，用大火煮开，熟透后即可熄火。

大米栗子粥

食材

已泡好的大米20克，栗子2个，水2/3杯。

做法

1.将已泡好的大米用粉末机打成末状。
2.栗子煮熟后，皮去掉，趁热研磨。
3.将大米粉和栗子泥放入锅中，添水用大火煮。
4.当水沸腾后把火调小，煮到大米熟后熄火，用漏勺过滤一下。

地瓜蛋黄粥

食材

地瓜适量，蛋黄1个，配方奶2大匙。

做法

1.将地瓜去皮、炖烂并捣成泥状。
2.将鸡蛋煮熟之后，去除蛋白，把蛋黄捣碎。
3.将地瓜泥加配方奶用小火煮，并不时地搅动。
4.待粥黏稠时放入蛋黄泥，再用小火煮一会儿，边搅边煮。

香蕉泥

食材

熟透的香蕉1根，砂糖、柠檬汁各少许。

做法

1.将香蕉洗净，剥皮，去白丝。
2.把香蕉切成小块，放入搅拌机中，加入砂糖，滴几滴柠檬汁，搅成均匀的香蕉泥，倒入小碗内即可。

胡萝卜汤

食材

胡萝卜50克，砂糖少许，清水1/2杯。

做法

1.将鲜嫩的胡萝卜洗净，切成小块，煮熟后，趁热捣碎。
2.锅内加入适量水，淹没胡萝卜泥即可，上火煮沸约2分钟。
3.用纱布过滤去渣，加入砂糖，调匀即可。

碎菜粥

食材

菠菜10克，已泡好的大米20克，水2/3杯。

做法

1.将已泡好的大米研磨为末。
2.菠菜洗净后，用开水焯一下，切碎。
3.把大米放入锅中，用大火煮，当水开始沸腾时把火调小，加入研磨好的菠菜末继续煮一会儿。

豌豆汤

食材

豌豆30克，奶粉1小匙，清水500毫升。

做法

1.将豌豆煮熟，剥皮后捣碎成泥备用。
2.坐锅点火，锅内放入豌豆泥，加入清水。
3.用大火边煮边搅拌均匀，煮2分钟左右备用。
4.把奶粉调好浓度倒入锅中，再煮1分钟左右，晾凉即可喂宝宝食用。

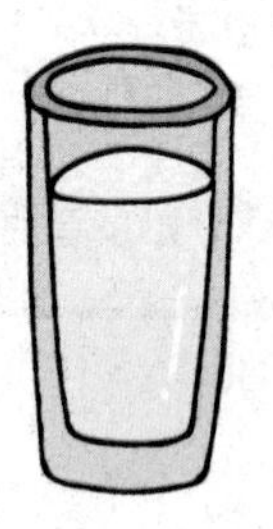

生活上的贴心照料

宝宝学会上厕所

父母应该对宝宝进行“上厕所教育”，这种教育旨在帮助宝宝逐渐摆脱用尿布解决大小便的问题。

留意宝宝排便的信号

处在这个月龄的宝宝，如果采取的是母乳喂食，每天大便2～3次，喂食配方奶粉的宝宝次数可能要少一些，小便的次数一般为每天20次。

◆宝宝要大便的信号

大便时出现的特殊行为	
1	跟父母做游戏时，突然不配合父母的动作了
2	正玩得开心的时候，忽然出现愣神不动了
3	小脸开始因为使劲而憋得通红
4	摸宝宝小肚子会发现硬硬的，腿也开始直直地挺着

◆宝宝要小便的信号

小便时出现的特殊行为	
1	没有预兆地开始打尿颤
2	睡眠中会突然扭动身体

父母要留心这些宝宝所发出来的要大小便的信号，一旦出现，就及时帮宝宝把便，这样宝宝就能配合着顺利完成大小便。如果父母对宝宝给出的便便信号置之不理，就会让宝宝自己在憋急了的情况下自己解决了。又或者父母在宝宝没有便意也没有给出信号的情况下给他们把便，就会造成宝宝对把便过程的抗拒心理，甚至以后会出现反抗表现。

把大便的正确姿势

把便正确的做法应该是：父母两腿分开端坐，然后用双手兜住宝宝的屁股，分开他的双腿坐在父母的腿上。宝宝的头部和背部自然依靠在父母的腹部，同时父母的口中也可以做些“嗯嗯”的诱导。

让宝宝愉快翻身

看懂宝宝翻身的信号

◆信号一

宝宝俯卧的时候，他会自觉并且自如地抬起头，这时他能把头部和胸部都抬起来了。这时候的宝宝已经有了较有力量的颈腹部肌肉了。如果父母把宝宝喜爱的玩具放在比宝宝视线更高的位置，宝宝也能够跟着抬高他的头了。

◆信号二

宝宝喜欢在他仰卧的时候，抬起他的脚，又或者总是摇晃他的脚。父母如果将宝宝的双手握住，然后抬起宝宝的上半身，宝宝不仅可以跟地面垂直地坐起来，而且头部也不会向后仰。

◆信号三

侧着躺向一个方向是宝宝最喜欢做的事情，而这意味着他已经想要翻身，只不过还没能掌握好翻身的基本要领。

帮助宝宝学翻身的办法

◆第一步：仰躺过渡到侧卧

宝宝平躺的时候，父母用一只手轻轻地扶着他的肩膀，然后慢慢地抬高他的肩膀，帮宝宝学习翻身的动作。当宝宝的身体转过去一半的时候，再让宝宝恢复平躺的姿势。这样左右交替着让宝宝练习几次以后，宝宝就能较为顺利地从仰卧变成侧卧了。

一旦宝宝能够顺利侧卧，脸部以及手部都能顺利地转向另外一侧时，这时拖后腿的往往是他的双脚。这个时候父母应该移动宝宝的双脚成交叉姿势，从而方便宝宝自己将下半身翻过去。

◆第二步：侧卧过渡到俯卧或仰卧

当宝宝已经能够从仰卧翻身为侧躺，但是还不能自主翻身为仰卧时，父母可以从宝宝身后扶住他的肩膀和大腿来帮他翻回来。

假如宝宝没有办法翻身成趴着的姿势，父母一样可以在宝宝身后扶着他的肩膀和大腿来帮助他转身。值得注意的是，宝宝这个时候可能会有一只胳膊压在胸下面，这样会让宝宝感到不舒服或者不安。父母应该帮宝宝将胳膊抽出来，以后再慢慢让宝宝学会自己抽出胳膊来。

翻身需要注意的方面

父母常常会为因为自己宝宝每个阶段不同的成长而感到自豪，每个阶段父母也要教会宝宝做相应的动作。那么在教宝宝学习翻身的时候应该注意哪些事项呢？

1	要让宝宝在一个愉快的类似玩游戏的状态下完成学习过程。父母搬动宝宝时不要大力，也不要勉强宝宝，以免让宝宝留下心理阴影
2	要认识到这是个循序渐进的过程，一定不要心急。保证每天都有练习，每次几分钟即可
3	千万要注意床的位置。因为有时父母不在的时候，宝宝可能自己翻身过去，就容易发生意外。床最好选用有床栏的，防止他翻出去。床单被褥也要平整，不能放置不透气的塑料布。床上面也不要有坚硬的物品或者会让宝宝吞进去的东西

宝宝出现肠套叠要及时治疗

造成肠套叠的原因一般认为是婴儿时期发育迅速，需要添加辅食来保证营养摄入，而消化道发育不成熟，使消化系统处于超负荷工作状态出现的。

什么是肠套叠

肠道的一部分出现重叠，即一段套入另一段内，套叠的肠体缠绕在一起造成血液无法流通，最终坏死。治疗不及时很容易引起腹膜炎危及生命。目前致病原因尚不十分明确，但很可能是病毒感染或者感冒引起腹泻，肠道壁的淋巴结肿大不能正常进行消化工作所造成的。这种疾病常见于3～9个月的男婴，宝宝2岁以后随年龄增长发病率逐年减少，过了4岁基本不会再患此病。

肠套叠的治疗和护理方法

套叠的小肠如果血流不畅，很容易导致肠坏死，需要紧急救治。发病24小时内可以通过普通灌肠或高压灌肠（从肛门高压灌入空气）疏通套叠的肠道。疏通后需要在医院观察1天左右。如果发病超过24小时出现肠坏死，则需要手术切除坏死部分。另外在反复发生肠套叠后肠壁容易长息肉，根据检查结果可能需要进行手术治疗。

宝宝刷牙好处多

从小培养宝宝刷牙的习惯是非常重要的，要让宝宝自己明白好好刷牙的好处，每天早晚积极地刷牙。

长牙的顺序

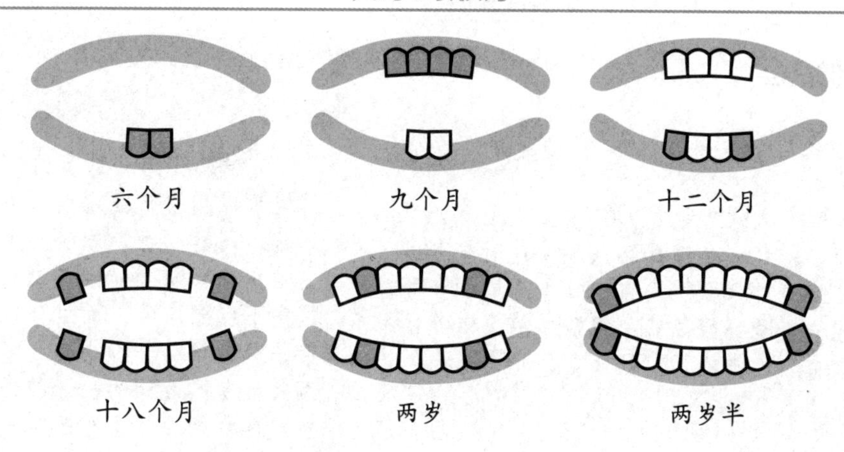

乳牙萌发的6～8月阶段

◆保健要点

吃完换乳食物后，喂白开水

随着宝宝的成长，逐渐可以坐甚至可以抓立，每天可以吃1～2次的换乳食物，牙床也可以磨碎些食物。下牙床的前齿会流出大量有杀菌功能的唾液，可以清除口腔中的脏物。在每次吃东西之后要用白开水冲洗口腔。

习惯牙刷或擦拭牙齿用的纱布

为使宝宝将手指或刷子放进口中也不感到惊慌，最初的时候可以用纱布或者湿巾擦拭宝宝嘴的周围及牙齿。当宝宝习惯了纱布以后，妈妈就可以边小心照看，边像跟宝宝游戏一样用宝宝专用牙刷刷牙。

◆纱布擦拭的步骤

将纱布缠绕到手指上

将妈妈的示指缠绕上纱布，其余的手指夹住纱布的末端。

擦拭嘴的周围

不要急于擦拭牙齿，首先为了使宝宝适应，可以先将嘴的周围及嘴唇擦拭干净。

擦拭牙齿

将手指伸进口中，轻轻地擦拭牙齿。

上下齿齐全的1岁阶段

◆保健要点

逐渐习惯牙刷或擦拭牙齿用的纱布

宝宝从抓立到站，在1周岁左右开始学迈步。对什么事情都感兴趣。这时候可以让宝宝拿着牙刷，当宝宝拿着牙刷刷牙的时候，爸爸妈妈要做出很赞许的表情并说“真棒”之类的话，让宝宝也觉得这是件很开心的事情。

用牙刷刷每颗刚萌发出来的牙齿

让宝宝自己练习刷牙的同时，妈妈也要用牙刷给宝宝刷牙。前齿的牙床附近容易残留脏物，而为了避免对牙床的强烈刺激，可以横着一颗颗地刷，同时不要忘记牙齿内侧的清洁。

◆刷牙的步骤

前提是宝宝对牙刷没有抵触情绪。当宝宝厌烦牙刷时，暂时不要给宝宝刷牙。

妈妈用手指掀起嘴唇

妈妈一边用手指轻轻地掀起上唇，一边用牙刷轻轻地摩擦露出的上齿，下齿同上齿一样操作。

从上牙床的臼齿开始

臼齿萌发以后，妈妈就可以给宝宝刷牙了。沿着右上、左上、左下、右下的顺序刷起。

◆刷牙的注意事项

乳牙萌出第一颗，指套牙刷最好用

宝宝萌出第一颗乳牙后，妈妈可以用纱布蘸水帮宝宝擦牙床。同时，可选用套在手指上的指套牙刷来为宝宝刷牙，这样不仅能洁齿，而且还能轻轻按摩齿龈。这种指套大多是为宝宝专门设计的咬牙胶做成的，有多种设计，有的突出沟槽，有的具有按摩牙龈的作用，有的还会发出奶香味或水果味，不仅宝宝会喜爱，而且还满足了宝宝想咬东西的欲望。

小贴士

宝宝20颗乳牙出齐时就应该学习刷牙。

刷牙要用竖刷法，将齿缝中不洁之物清除掉，刷上牙床，由上向下，刷下牙床，由下向上。选用两排毛束、每排4~6束、毛较软的儿童牙刷。

宝宝出牙期常见的症状

◆牙龈痒

在牙齿萌出的过程中，会对牙龈神经造成一定的刺激，宝宝会感觉有些不适，这时候父母不用担心，等到宝宝的牙齿都长出来，这些症状就会自然消失。

但是由于牙龈不适，宝宝可能会出现一些状况，比如咬嘴唇和舌头。有时可能会咬伤自己。而且长时间的咬合还会影响牙齿的正常生长，出现龅牙。

小贴士

商店里有专门为缓解宝宝出牙不适的牙胶和磨牙棒之类的产品，父母可以给宝宝准备一些。也可以每天用纱布蘸点凉水擦拭牙龈。天气热的时候可以用棉纱布包一小块冰块给宝宝冷敷一下。

◆烦躁

出牙的时候宝宝会有一些不适的症状，那么宝宝就会跟着出现啼哭、烦躁不安等情况。

小贴士

可以给宝宝咬磨牙棒，转移其注意力，磨牙棒刺激牙龈会使宝宝舒服一些，通常他就会安静下来。也可以轻轻地给宝宝按摩脸部，让他放松，同时也会缓解宝宝的情绪。

◆啃咬硬物

出牙期间，宝宝会感到牙龈痒痒，不自觉地找东西来咬，所以，父母要保持宝宝周围物品的卫生，还要给宝宝提供一些适合缓解牙龈痒的食物。

小贴士

妈妈还可以亲自制作一些手指粗细的胡萝卜条或西芹条，让宝宝啃咬。这些食物不仅能缓解宝宝的症状，还可以增加宝宝的营养摄入，让宝宝的身体健康成长。

◆腹泻

出牙时的身体不适，可能会引起宝宝腹泻。

小贴士

腹泻时应给宝宝进食容易消化的辅食，多补充水分，避免宝宝脱水。腹泻次数较多时应到医院医治。

◆哭闹、低热

出牙时的不适感常使得宝宝吃不好、睡不好，有些宝宝还经常发脾气、哭闹。各种情况加在一起还会使一部分宝宝在出牙时会出现低热现象。

◆流口水

出牙时，宝宝口腔的唾液分泌会随之增多，但由于宝宝的吞咽功能还不完善，所以，一部分唾液就会从口中流出，出现流口水的现象。

小贴士

宝宝经常流口水，口水很容易侵蚀嘴部周围的皮肤，使皮肤红肿出疹，父母应该用干净柔软的纱布轻轻地擦拭口水，再为宝宝涂上润肤霜。还要给宝宝围上围嘴，免得浸湿衣服。如果宝宝流口水的情况非常严重，父母要带宝宝去医院诊断，看看宝宝是否存在口腔异常病症，或者吞咽功能是否正常等。

如何选择适合宝宝的牙具

◆牙刷的选择

宝宝开始学刷牙时，妈妈应根据宝宝的具体情况进行选择。首先给宝宝选择一支合适的牙刷，此时的宝宝选择日常使用的普通牙刷的要求是：牙刷的全长以12～13厘米为宜；牙刷头的长度为1.6～1.8厘米、宽度不超过0.8厘米、高度不超过0.9厘米；牙刷柄要直且粗细适中以便于宝宝握持；牙刷头和柄之间称为颈部，应稍细；牙刷毛要软硬适中、富有弹性，毛太软不能起到清洁作用，毛太硬容易伤及牙龈及牙齿，同时毛面应平齐或呈波浪状，毛头应经磨圆处理。

◆牙刷的保护

牙刷使用得当，不仅可以使牙刷经久耐用，而且也符合口腔卫生要求。正确使用牙刷，不仅有利于牙刷，也能保护牙刷、延长牙刷寿命。分开家长和宝宝的牙刷，以防止疾病的传染。通常每季度更换一把牙刷，如果刷毛变形或牙刷头积储污垢，应及时更换。不要用热水烫、挤压牙刷，以防止刷毛起球、倾倒弯曲。

◆牙膏的选择

牙膏是刷牙的辅助卫生用品，它包含摩擦剂、洁净剂、润湿剂、胶黏剂、防腐剂、芳香剂和水等成分。牙膏虽不是清洁口腔的主要元素，但它有增强机械性去除菌斑（黏附于牙齿表面无色、柔软的物质）、抛光牙面、洁白牙齿、爽口除口臭等功能。在选择和使用牙膏时，应注意以下几个方面：

①选择宝宝喜爱的芳香型、刺激性小的牙膏；

②选择含粗细适中摩擦剂的牙膏；

③合理使用含氟和药物牙膏；

④选择产生泡沫不太多的牙膏；

⑤不要长期固定使用一种牙膏；

⑥不使用过期、失效的牙膏；

⑦选用性能稳定、使用保存方便的牙膏；

⑧宝宝尚未能掌握漱口动作时，暂不要使用牙膏，可改用淡盐开水。

六招让宝宝爱上刷牙

◆示范族：你刷刷，我刷刷

宝宝学会刷牙后，常会偷懒，在晚上宝宝睡觉前，爸爸妈妈可以和宝宝一起刷牙。宝宝看着爸爸妈妈一副认真的样子，也会煞有介事地刷牙了。

◆装备族：武装到牙

宝宝很早就对爸爸妈妈的刷牙行为感到有趣，还常常将小手比作牙刷，放进自己嘴里，上上下下地刷着。让宝宝自己刷牙前，爸爸妈妈可以挑选一些卡通图案的牙刷、颜色鲜艳的水杯、造型独特的牙膏，这样便可吸引他的注意力，让他对刷牙感兴趣。从此，刷牙成了宝宝最爱的一个游戏。

◆互助族：有人欢喜有人愁

在给宝宝刷牙时，允许他也给爸爸刷牙，这样，宝宝总闹着要帮爸爸刷牙。帮宝宝刷牙时，宝宝的注意力都集中在帮爸爸刷牙上面，自然就愿意刷牙了。

◆故事族：编编造造

爸爸妈妈可以编一些故事给宝宝听，刚开始可以讲宝宝不爱刷牙，成为了蛀牙大王，很多小朋友都不爱和他一起玩，后来，在医生的帮助下，蛀牙大王修好了牙齿，天天刷牙牙齿健康的故事。宝宝会很感兴趣，可能还会常要求再听。这样，宝宝就不敢不刷牙了。

◆反例震慑族：宝宝自觉去刷牙

在其他小朋友掉牙的时候或者面对爷爷奶奶牙齿稀疏的时候，宝宝会好奇地问："妈妈，他们的牙齿怎么了？"妈妈就可以说："他们不注意刷牙，牙就坏了。"以后宝宝刷牙不用再提醒，自己主动就会去，还不时地说：小朋友不刷牙，牙坏了，不能吃好东西了。虽然说了一点小谎，但能让宝宝认真刷牙，妈妈会觉得值得。

◆竞赛族：比比谁最棒

宝宝不爱刷牙，可以开展全家刷牙大赛：每天早上和晚上临睡前，一家三口争先恐后地来到卫生间刷牙，比比谁刷牙最积极、最认真、最彻底，获胜者能得到一朵小红花。这样，宝宝就会成为刷牙最积极的一位了。

哄逗宝宝开心的方法

唱歌

边背着宝宝边给他唱他喜欢的儿歌，这样宝宝烦躁的情绪就会得到缓解。

边背着边拍打屁股

宝宝烦躁时，可以边背着边轻轻拍打他的屁股，或者开心地摇晃。

去厨房

家长可以一边拿着各种蔬菜，一边告诉宝宝蔬菜名，宝宝就会表现的很高兴。

外出

4～5个月的宝宝，往往不愿意躺在床上了，他们喜欢大人抱着走出家门，这时大人可以每天抱宝宝到室外看看，保证宝宝2～3小时的户外活动时间。或者把宝宝抱到户外，看看更多的人，更多的新鲜的东西，高兴的时候还可以试着让宝宝“练习”一下新学的走路动作。也可以为他找些同龄小伙伴，增加他们活动的积极性。

警惕宝宝用品的危害

生活中，我们总会被一些安全概念所误导，如安全洗澡椅、防摔宝宝床等。所谓的安全宝宝用品，其实并不安全，一定要提高警惕，防止给宝宝带来危险。

安全防范措施：不要让洗澡椅等“宝宝安全用品”造成一种错误的安全感，认为有这些“安全用品”就万事大吉，进而疏于保护。宝宝在使用这些“宝宝安全用品”时一定要让宝宝在爸爸妈妈能保护的范围之内。

警惕小宠物危险

生活中很多家庭会养一些小宠物，而这些小宠物会因为无意的伤害，如咬伤、抓伤人类而带来一些危险，特别是小宠物身上携带的一些病毒、寄生虫等对家人的危害很大。而宝宝自护能力弱，抵抗力弱，所以家里如果养小宠物，首先会伤害到宝宝，危害有时是很严重的。

如何避免小宠物给宝宝造成伤害呢？最好的办法就是家里不要养任何小宠物，特别是从孕妇怀孕前3个月开始就停止饲养，并且小宠物的窝、用具等都要清理出去，房子可进行适当的物理消毒，并且要做通风、日晒等处理。

若一定要在家里养小宠物，必须要给小宠物注射防疫疫苗，并做好卫生保障，必要时可关在笼子里，或者采用其他办法与宝宝隔离。如果有小宠物在场时，父母一定要做好监护，避免宝宝被宠物抓伤、咬伤或受到小宠物对宝宝造成的其他伤害。

宝宝一旦被小宠物咬伤或抓伤应立即到医疗和防疫部门进行检查，切勿自行解决，或是觉得无所谓而耽误了治疗的最佳时机，将会造成难以估量的后果。

谨慎宝宝肥胖

如果宝宝体重超过同年龄、同性别、同身高小朋友的正常数值的20%，就应该属于肥胖了。导致宝宝肥胖的原因，主要是爸爸妈妈片面追求营养，导致营养过剩。宝宝进食量过多，特别是甜食、零食过多，主食超量，再加上运动量少，饮食中所含热量长期超过身体的正常需要，多余的热量就会以脂肪的形式储存起来，脂肪堆积过多，体重就会增加。所以，这种情况也称之为单纯性肥胖症或营养性肥胖症。

处理方法：如果为单纯性肥胖，需要从两个方面入手——饮食和运动，即控制饮食、增加运动量。运动的量和时间没有固定的数值，每个宝宝的性格体质都有所不同，以宝宝不累为宜。饮食方面不要因担心宝宝营养不足而不停地让宝宝吃，3个月以前每千克体重约需120～150毫升的奶量；4～6个月除维持原来的奶量外，可为宝宝增加米糊、麦糊或果汁等辅食，每天的量大约为半碗。这个数据只能作为参考，具体到每一个宝宝，需要的量肯定不同，爸爸妈妈应该多观察，感觉宝宝吃饱了，就没必要硬塞。除单纯性肥胖外，有些宝宝肥胖可能是由于内分泌疾病引起的肥胖症。这时，就需要在医生的指导下进行治疗。

如何防止宝宝鼻出血

避免鼻外伤

宝宝鼻出血不排除一些鼻腔局部的炎症所致，如急慢性鼻炎、鼻窦炎，剧烈活动等都会使鼻黏膜血管扩张，或者导致鼻腔发痒使宝宝抠挖而出现鼻出血。要让宝宝养成良好的习惯，在鼻痒时不要抠挖。

饮食要注意

秋冬物燥，饮食一定要注意。宝宝切勿多吃炸煎及肥腻的食物，多吃新鲜蔬菜和水果，并注意多喝水或清凉饮料，以补充水分，必要时可服用适量维生素C、维生素A、维生素B2。

预防感冒和其他呼吸道疾病

春秋季节是上呼吸道疾病的高发期，如果宝宝患了感冒、扁桃体炎、肺炎或腮腺炎等传染病，都会导致鼻黏膜的血管充血肿胀，甚至造成毛细血管破裂而出血。因此，一旦宝宝患上这些疾病应及时治疗。经常莫名其妙的鼻出血一定要去医院检查。

宝宝小手的卫生处理

在此阶段，宝宝有吮吸手指的习惯，这非常让爸爸妈妈们头疼。因为在很多父母看来，宝宝吸吮手指很不卫生，所以有些爸爸妈妈甚至会在宝宝的指头上涂抹辣椒酱或其他有异味的食品。

强迫宝宝不再吮吸手指，其实这种做法非常错误，因为宝宝吸吮手指可促使宝宝手眼协调行动，随着宝宝的成熟，自然会停止吮吸手指。只要保持宝宝手指的清洁，注意经常给他洗净小手，并且注意经常为他修剪指甲，可以不必过分关注、提醒和禁止宝宝吸吮手指，关键是要做一个勤快的爸爸妈妈，注意保持宝宝小手的卫生。

宝宝如何进行户外锻炼

宝宝如何进行户外锻炼，充分利用自然界的空气、阳光和水对宝宝进行体格锻炼，不仅对促进宝宝新陈代谢、体格发育大有好处，同时可增加宝宝对外界环境的适应能力。4～6个月的宝宝，只要天气适宜，每天都应抱到户外去活动，进行空气浴、日光浴、水浴等锻炼。每日1～2次，每次1小时左右，户外活动时，衣着不宜过多。有的爸爸妈妈每次外出时给宝宝穿上大衣，戴上帽子、口罩、围巾等，身体无法接触空气、阳光，并达不到锻炼的目的，反而容易受凉生病。

宝宝盆浴的方法

将浴缸清洗干净，水温适度，双手托住宝宝的胸腹部，放入浴缸中，可以让宝宝在水里玩耍。通过玩耍能使宝宝四肢和躯干灵活，促进肌肉发育，提高免疫力，调节神经功能，促进宝宝的生长发育，防止消化不良，培养宝宝的灵活性和勇敢精神。洗澡时间不宜过长，以10～20分钟为宜。

臀部护理

这时期的宝宝由于大小便次数较多，特别是母乳宝宝，有时候每天大便六七次，如果不注意臀部护理，极易出现红臀或者尿布疹。妈妈可以采取以下措施保护宝宝的小屁屁：

1	及时更换尿布，以免皮肤长时间受到刺激
2	若使用布尿布或者纱布尿布，质地要柔软，应用弱碱性肥皂洗涤干净并暴晒
3	不要在婴儿身下垫橡胶、塑料等材质的垫子
4	大便后要用清水冲洗臀部，用干爽的毛巾沾干水分，再让宝宝的臀部在空气中或阳光下晾一下，不要马上包上尿片，这样可以使皮肤更为干燥一些

不要给宝宝盖厚被子

如果宝宝在夜间睡着之后总是踢被子，爸爸妈妈应注意不要给宝宝盖得太多、太厚，特别是在宝宝刚入睡时，更要少盖一点，如果需要可以等到夜里冷的时候再加盖一层被。

稍微盖薄一些，并不会让宝宝着凉，如果盖得太厚，宝宝感觉燥热，踢掉了被子，反而更容易着凉感冒。

宝宝排便实用攻略

把尿姿势

最常用的姿势与把尿姿势基本相同。妈妈双脚分开端坐，双手兜住宝宝屁屁，分开双腿抱坐到妈妈的腿上。宝宝的头背自然依靠到妈妈的腹部。口中可做一些引导，如“嘘——嘘，嘘——嘘”，以便建立宝宝的条件反射。夜晚时，可继续使用纸尿裤，以免“久把不尿”影响到宝宝的睡眠。待宝宝真正适应把尿后，再开始夜间把尿也不迟。

夸奖

在协助宝宝排便的过程中，常常会碰到宝宝们不听话的情况，特别是刚开始的几次，宝宝不仅会发脾气，而且会大哭大闹，平常很听话的宝宝到了那个时候也突然变得不听话了。所以妈妈们要注意，如果成功了，一定要表扬宝宝。夸奖的时候应该说：“宝宝真乖，妈妈最喜欢这样的宝宝。”之类的，虽然妈妈们会觉得宝宝们不可能听懂我说的话，其实这是错误的，宝宝们虽然还不会说话，但是却能听懂很多语言了。不要看宝宝小，你眉飞色舞的表扬，会让他充满信心，喜欢上把尿这件事。

生活照顾Q&A

Q 4个月大宝宝睡觉该用什么姿势

A 创造安静舒适的睡眠环境，不要穿的太多，有规律的安排睡眠时间。睡觉时要避免宝宝饥饿，也不宜给宝宝喝太多水。

Q 4个月宝宝每日如何补钙

A 最好去医院给宝宝测一下微量元素，如果缺再补，最好是食补，多吃些含钙锌铁的蔬菜、食物。

Q 4个月宝宝贫血怎么办

A 可以给宝宝吃点硫酸亚铁，用来补血的。还可以给宝宝食补，吃点驴胶，这些都是补血的，方法很多，可以试试。

Q 4个月宝宝能吃零食吗

A 米粉、蛋黄都可以吃。也可以适当地喂点零食，比如小馒头。

Q 4个半月宝宝应睡多少个小时

A 4个多月的宝宝平均睡眠时间是每天16～18小时，其中白天的时候会睡2、3次觉，每次2～3小时。

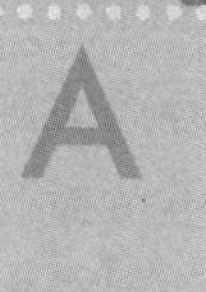

心情不好导致乳房有奶块怎么办

用热毛巾敷就很有效的，但错过第一时间热敷效果就不明显。他可以用木梳向朝乳头方向梳，再弄个仙人掌，除去刺和皮，捣成泥，用纱布敷上，消炎止痛。

5个月宝宝咳嗽怎么办

这种情况可能是感冒了，建议先口服护彤、头孢颗粒治疗，一定要多喝水。如果只是干咳，多给宝宝喝点开水。

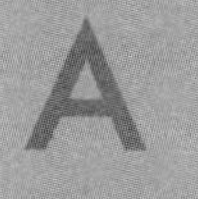

宝宝脖子歪怎么办

在宝宝睡觉的时候，爸爸妈妈可以有意识地将宝宝的头垫到另一边去，并让宝宝的这样的姿势睡觉，另外白天的时候多引逗他向另一边看，让宝宝尽量多次练习向另外一边转头的动作。

如果母乳喂养的话，侧躺着喂奶时可以选择到宝宝的另一侧去，使宝宝吃妈妈另一侧的乳房。等宝宝自己能爬，能翻滚了，他的活动方式更丰富了以后，宝宝自然就会找到适合自己的睡姿了。

如果纠正一段时间还是不好，爸爸妈妈要带宝宝到医院进行物理治疗，慢慢就会痊愈了。

如何培养宝宝正确的睡觉姿势

这个阶段的宝宝发育就是这样，他的腿部力量越来越大，活动力越来越好，经过自己的练习，肢体的协调力也越来越好。所以宝宝在睡觉的时候会经常蹬被子，爸爸妈妈要及时地给宝宝盖好被子，保证宝宝睡觉时不会着凉，这样爸爸妈妈就会感觉到很累，所以建议爸爸妈妈可以给宝宝买个睡袋，这样不仅不怕冻着宝宝，爸爸妈妈也可以踏实的睡觉了。

关于宝宝的睡姿，到了宝宝翻身很自如的时候，他会选择最舒服最适合自己的方式睡，但是现在宝宝的肢体协调能力还没发育良好，如果让宝宝独立翻身找到舒服的睡姿是很难的事情，所以爸爸妈妈应该帮助宝宝暂时保持仰卧的睡姿。

宝宝睡觉踢被子怎么办

这个阶段的宝宝是这样的，如果宝宝喜欢踹被就让他踹吧。如果怕宝宝着凉就给他穿上薄薄的、柔软的衣服，让宝宝自由自在地睡。在天气不冷的情况下，爸爸妈妈可以用薄薄的软布轻轻的缠在肚子的部位，这样宝宝怎么踢肚子也就不会着凉了。

宝宝经常抓耳朵正常吗

这种情况是正常的，大多数宝宝都会有。但也要注意：

1.一般长牙的时候宝宝的耳朵会痒。

2.宝宝吐的乳汁，也容易通过咽鼓管进入中耳。但洗澡时肮脏的水流入耳道内，会引起痛痒，也能引起中耳炎。患中耳炎的宝宝有发热、耳痛、哭闹，不肯吃东西等现象。待脓液积到一定程度穿破耳膜，脓液向外耳道流出，有臭味，听力也会减退。妈妈一定要及早发现，带宝宝进行治疗。如果急性期治疗不彻底，或细菌耐药，此病可反复发作变成慢性中耳炎。

妈妈要注意：

1.避免小儿呼吸道经常感染，一旦得病应及时就医。

2.保持宝宝口腔、鼻咽部清洁卫生。

5个月宝宝换乳后不喝奶粉怎么办

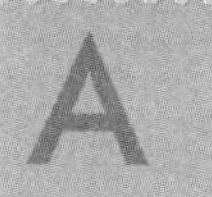

如果宝宝辅食吃得好的话，不喝奶粉也可以，可以给宝宝喂点牛奶或豆浆，只要保证宝宝所需的营养充足就可以。

5个月宝宝可以直接吃整个鸡蛋吗

最好不要给宝宝吃整个鸡蛋，鸡蛋的蛋白质宝宝不好消化，可以整个煮，然后用一点开水把蛋黄调稀就可以给宝宝吃了。

刚开始吃辅食的时候宝宝学着怎样才能用舌头把食物推到口腔的后方，所以在吃东西的时候会弄得一塌糊涂。要在每天固定的时间喂宝宝吃东西，在这个阶段有些宝宝会长出第一颗牙，可以让他尝试半固体的食品了。

换乳后乳房阵痛怎么办

这样的情况属于乳汁淤积，建议喝些大麦水来调节。

6个月宝宝不吃骨头汤煮的粥怎么办

宝宝刚6个月就给他喝骨头汤煮的粥有点早，宝宝肠胃比较弱，过早食用油不是很好，最好给喝不加油的粥。

蛋清过敏可以注射疫苗吗

建议一定要做一下过敏源的测试，看看宝宝对哪些东西或药物过敏，乙肝疫苗每针的功能不一样，如果过敏不可以随意注射。

宝宝喝普通牛奶可以吗

现在不可以，1岁以后可以喝鲜牛奶。有的宝宝会对鲜奶有过敏反应。

宝宝体温35.5℃左右应该吃药吗

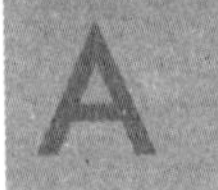

体温低不是低热，低热是指不高于38℃的低热，一般是长牙等情况引起的。只要宝宝精神好，吃得好，睡得好，一般就没有问题。

冬日里宝宝有皮屑怎么办

建议多给宝宝吃些水果补充维生素，多喝水，洗完澡在宝宝的小脸蛋上和身上擦点保湿霜。

6个月宝宝辅食如何搭配

奶粉，水果，蔬菜汁等是不能缺少的。宝宝吃了辅食之后，如果大便正常，可以继续添加。只要宝宝精神好，胃口好，就不用担心。

宝宝长湿疹了，哭闹不止怎么办

这种情况下爸爸妈妈平时要多注意给宝宝清洁，用干净的温水轻轻擦拭，宝宝如果流口水弄到脸上要及时弄干净，建议再给宝宝擦点婴儿霜。

6个月宝宝可以停止喂母乳吗

出生后的8～12个月时，可以给宝宝换乳。不要过早，因为宝宝消化功能很弱，过早添加辅食，会引起消化不良、腹泻等等。

对宝宝能力的训练

培养宝宝的语言及视听能力

宝宝到了8个月大时，爸爸妈妈可以人为地扩大宝宝与周围人的接触和对话，以培养宝宝的语言及视听能力。

宝宝语言能力培养

◆扩大宝宝交流范围

8个月时，爸爸妈妈要经常带宝宝外出去玩，到公园和邻居家里都可以。可把变化的环境指给宝宝，并且，要尽量争取邻里的大人和儿童跟宝宝“交流”和做游戏的机会。随着接触面的扩大，听到和感受到的内容也在不断增多，不但创造了宝宝语言能力发展的条件，也对增强宝宝的交往能力有益。

◆模仿声音

在这个时期，爸爸妈妈可以教宝宝模仿大人说话和咳嗽的声音，还可以训练宝宝发“da—da”或相当于它的音。经过练习一段时间后，宝宝能明确连接两个或两个以上的辅音，但发音内容无所指。

培养宝宝的视听能力

8个月是宝宝视听能力发展的良好时期，应注意培养。

◆听力训练

爸爸妈妈要定时用DVD给宝宝放一些儿童乐曲，提供一个优美、温柔和宁静的音乐环境，以训练宝宝的听力，并提高对音乐歌曲的语言理解能力。

◆辨认颜色

将准备好的各色雪花纸片放在盒子里。过一会儿，妈妈从纸盒里任意取出一片雪花纸片，让宝宝说出其颜色。或者妈妈说出雪花纸片颜色，让宝宝在纸盒里找出，并交给妈妈。刚开始玩游戏时，最好以红、黄、蓝、绿这四种基本颜色为主。通过这个训练，不仅可以提高宝宝的语言理解能力、语言表达能力，也帮助其建立颜色感官。

跟宝宝讲话时，要注意以下几点	
1	讲话时声音清晰，语调抑扬顿挫，不能用平铺直叙的低调子
2	少许夸张地做着手势，多多提问，如“肚子饿了吗？”“尿湿了吧？”
3	这时宝宝会因为你的提问而做出回应，喉咙里会发出“咕噜咕噜”的响声，这是宝宝会说话的第一步
4	此时，妈妈还要注意，要一边对宝宝说话，一边温柔地注视着他的双眼，等待着他的回答。不管从他的嘴里说出什么来，也马上学着他的样子跟着说

◆将宝宝的声音融入游戏

5个月的宝宝会从身边的事物开始记起，外界发生的事情最能引起他的兴趣，并能从中体验快乐感觉。尤其是音乐，因此应多让宝宝听各种音乐，以感受声音的不同。

这时，一定要多给宝宝一些他喜欢的视听享受。比如，多给宝宝唱他喜欢的歌，当看到他喜欢的节目开始时，宝宝就会显现出高兴的样子。如果能将宝宝喜欢的歌或音乐带到游戏中，就可以加强他的能力。因为，这是他熟悉的，一定会玩得很高兴，这对身心发展是极有益处的。

健身操锻炼健康的宝宝

他们很少表现强烈的情绪，无论是积极的还是消极的。他们总是缓慢地适应新环境，开始时有点“害羞”和冷淡，但一旦活跃起来，就会适应得很好。

第一节

两手胸前交叉

爸爸妈妈两手握住宝宝的腕部，让宝宝握住大人的拇指，两臂放于身体两侧。

动作要点

第一拍将两手向外平展，与身体成90°，掌心向上；第二拍两臂向胸前交叉，重复共2个8拍。

第二节

转体、翻身

宝宝仰卧并腿，两臂屈曲放在胸腹部，左手垫于宝宝背颈部。

动作要点

第1～2拍轻轻将宝宝从仰卧转为左侧卧，第3～4拍还原，第5～8拍大人换手，将宝宝从仰卧转为右侧卧，后还原，重复共2个8拍。

爬出一个健康的宝宝

爬行是一种极好的全身运动，能够为日后的站立与行走创造良好的基础。爬行扩大了宝宝的认识范围，这就有利于宝宝听觉、视觉、平衡器官以及神经系统的发育，同时也为宝宝建立、扩大和深化对外部世界的初步认识创造了条件。所以，爸爸妈妈应利用多种条件让宝宝练习爬行。

宝宝爬行锻炼

宝宝成长到8个月时，每天都应该做爬行锻炼。爬行对宝宝来说，并不是轻而易举的事情，对于有些不爱活动的宝宝，更要努力训练。

◆先练用手和膝盖爬行

为了拿到玩具，宝宝很可能会使出全身的劲向前匍匐地爬。开始时可能并不一定前进，反而后退了。这时，爸爸妈妈要及时地用双手顶住宝宝的双腿，使宝宝得到支持力而往前爬行，这样慢慢宝宝就学会了用手和膝盖往前爬。

◆再练用手和脚爬行

等宝宝学会了用手和膝盖爬行后，可以让宝宝趴在床上，妈妈用双手抱住腰，把小屁股抬高，使得两个小膝盖离开床面，小腿蹬直，两条小胳膊支撑着，轻轻用力把宝宝的身体向前后晃动几十秒，然后放下来。每天练习3～4次为宜，会大大提高宝宝手臂和腿的支撑力。当支撑力增强后，妈妈用双手抱宝宝腰时稍用些力，促使宝宝往前爬。一段时间后，可根据情况试着松开手，用玩具逗引宝宝往前爬，并同时用“快爬！快爬！”的语言鼓励宝宝，逐渐宝宝就完全会爬了。

练习独立爬行	
爬行小路	爸爸妈妈将不同质地的东西散放在地板上，让宝宝爬过去。如把一小块地毯、泡沫地垫、麻质的擦脚垫、毛巾等东西排列起来，形成一条有趣的小路。这样，就诱导宝宝沿着“小路”去爬，体会不同质地的物质。但是这些东西用过后爸爸妈妈要将其放起来收好，过些天可以将它们以不同的顺序排列成另一条小路，让宝宝继续学爬
自由爬	妈妈要先整理一块宽敞干净的场地，拿开一切危险物，四处放一些玩具，任宝宝在地上抓玩。但要注意的是，必须让宝宝在妈妈的视线内活动，以免发生意外
定向爬	宝宝趴着，妈妈把球等玩具放在宝宝面前适当的地方，吸引他爬过去取。待宝宝快拿到时，再放远一点
转向爬	妈妈先把有趣的玩具给宝宝玩一会儿，然后当着宝宝的面把玩具藏在他的身后，引诱宝宝转向爬

聪明宝宝爬行注意事项

宝宝会爬了，看到自己的宝宝一天天长大，又学会了新的本领，会激起爸爸妈妈喜悦的心情，但是，此时爸爸妈妈更应该注意宝宝爬行的安全和卫生问题。

宝宝的爬行运动有赖于骨骼肌肉的发育。动作发育的规律之一是由正向反的发展，如先学会抬头，再学会低头，先学会向后爬，再学会向前爬；动作发育的规律之二是由不协调到协调，如当婴儿要去抓一个东西时，一开始他又瞪眼，又使劲，费很大力气才抓住，抓住后又不会放开手指，以后便会很自如地完成这些动作。8个月的宝宝往往是见了什么东西都要抓一把，往往稍一疏忽，就会造成很严重的后果。

宝宝学爬的场地要安全

为了让宝宝安全地爬行，爸爸妈妈应当把屋子地面打扫干净，铺上干净的地毯、棉垫或塑料地板块，创造一个有足够面积的爬行运动场，这是防止宝宝坠落地上的好方法。这么大的宝宝往往会把碰到的东西往嘴里塞，万一把纽扣、硬币、别针、耳钉，小豆豆等吞下去，就会有危险，因此，屋子里各个角落都要打扫干净，注意卫生清洁，任何对宝宝的安全有威胁的东西都要收拾起来。

◆确保宝宝的身体安全

有的宝宝爬行时，往往出现用一腿爬行带动另一腿的方式，而且两只脚的灵活度也不一样，这时爸爸妈妈往往会担心宝宝两腿发育不一。其实，这种情况属于正常现象，不需过度担忧。但是，当这种状况维持太久没有改变时，就要考虑宝宝是否发生了肌肉神经或脑性麻痹等异常状况，要及时带宝宝去医院就诊。

此外，爸爸妈妈还应注意，爬行最容易发生头部的外伤，当宝宝撞到头时，不管当时是否出现不舒服的情形，妈妈都要仔细观察宝宝。在爬行后，如果宝宝的睡眠时间太长，中间要叫醒他，看看是否有异状；如果宝宝在训练爬行后的3天内出现严重的头痛、呕吐、昏睡、抽搐等症状就要立即送医院医治。

◆其他注意事项

1.在宝宝刚饮食后，不宜立即练习爬行。

2.每次练习爬行的时间不宜过长，10分钟左右为宜，贵在坚持。

3.让宝宝学爬，要有足够大的爬行空间。

4.要培养宝宝学爬的兴趣。教爬时要选择宝宝情绪好的时候，可以用宝宝非常喜欢的玩具逗引他向前爬，避免宝宝感到厌倦。

培养宝宝的交往能力

9个月大的宝宝在人际交往上，会与成人一起做游戏，而且会很高兴地主动参与游戏；在情绪与社会行为方面，如果在宝宝面前出示两物，故意将其不要的东西给他，宝宝会用手推掉自己不要的东西，并且在模仿成人动作时，听到表扬会重复刚才做的动作。

握握手，交朋友

为了培养宝宝的交往能力，爸爸妈妈可以有意识地让宝宝和同龄宝宝接触，通过以下方式，训练他和同伴相处的能力。

欢迎欢迎	当与小朋友们相互见面的时候，让宝宝对小伙伴点点头或拍拍手表示欢迎对方
握握手	刚与小朋友见面后，爸爸妈妈应鼓励两个宝宝相互握握手，以示友好
谢谢	引导小宝宝们相互交换自己的玩具，并让他们点点头，以表示谢意
一起玩耍	让宝宝们一起在地毯上或床上互相追逐，嬉闹
再见	与小伙伴们分手时，让宝宝挥挥手，表示再见
通过宝宝与小伙伴们的玩耍，培养他的社会交往能力，减缓宝宝的怯生程度	

拓展宝宝社交范围

培养宝宝的交往能力，爸爸要拓展宝宝的交往范围，有空多陪宝宝玩耍，不要只顾自己看电视，而让宝宝自己玩。要让宝宝多与人接触，如阿姨、叔叔、爷爷、奶奶或公园的小朋友等等，都可以成为宝宝交往的对象。

第四章

宝宝7～9个月

身体发育标准

7个月宝宝成长标准

养育重点

1	不要把危险的东西放在宝宝能够得到的地方
2	训练宝宝学坐便盆
3	帮助宝宝逐渐建立起语言与动作的联系
4	鼓励宝宝的模仿行为
5	用玩具逗引宝宝翻滚，锻炼宝宝的综合感觉，促进大脑和前庭系统的发育
6	预防宝宝贫血
7	帮助宝宝适应陌生的人和陌生的环境

体格发育监测标准

7个月时		
	男宝宝	女宝宝
身长	58.4～74.7厘米，平均为70.1厘米	63.6～73.2厘米，平均为68.4厘米
体重	6.9～10.7千克，平均为8.6千克	6.4～10.1千克，平均为8.2千克
头围	42.4～47.6厘米，平均为45.0厘米	42.2～46.3厘米，平均为44.2厘米
胸围	40.7～49.1厘米，平均为44.9厘米	39.7～47.7厘米，平均为43.7厘米

接种疫苗备忘录

乙型肝炎：乙肝疫苗第三剂........日

流行性脑膜炎：A群流脑疫苗（6~18个月） 第一剂、第二剂........日

宝宝智能发育记录

◆大动作发育：能坐稳并连续翻身

❶这个月龄的宝宝会翻身，如果扶着他，能够站得很直，并且喜欢在扶立时跳跃。

❷7个月的宝宝已经开始会坐，但还坐不太好，由于刚刚学会坐姿，腰部力量还不够大，因此不要长时间坐着。

◆精细动作：对击玩具发展感知觉

这个月龄的宝宝抓东西时目的更加明确，可用双手同时抓两个物体。

◆视觉发育：较长时间注视物象

❶远距离知觉开始发展，能注意远处活动的东西，如天上的飞机、小鸟等。这时的视觉和听觉有了一定的细察能力和倾听的性质，这是观察力的最初形态。

❷周围环境中新鲜的和鲜艳明亮的活动物体都能引起宝宝的注意。拿到东西后会翻来覆去地看看、摸摸、摇摇，表现出积极的感知倾向，这是观察力的萌芽。

◆听力发育：能区别简单的音调

宝宝过了6个月，听力比以前更加灵敏了，可以连续发出简单的声音，能区别简单的音调。

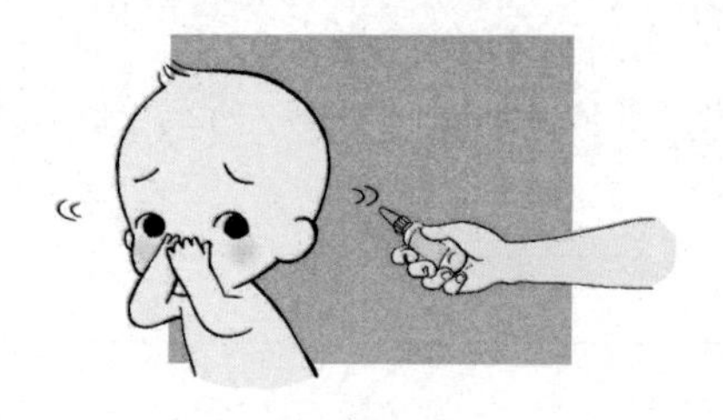

◆作息时间安排：规定吃辅食的时间

这个月龄的宝宝一天中多了吃辅食的时间，活动量就应增加一些。

◆睡眠原则：白天睡眠减少

从本月起，宝宝的睡眠时间会有明显变化，白天的睡眠减少了，玩的时间延长了，晚上睡觉时间也向后推迟。

◆提升免疫力：母乳与辅食并行

这个月龄的宝宝大都已经添加辅食了，但不应忽视母乳喂养，母乳与辅食并行，从而提高宝宝的免疫力。

8个月宝宝成长标准

养育重点

1	让宝宝尽情地爬行、玩耍
2	让宝宝养成良好的进餐习惯
3	多和宝宝交谈，有意识地教宝宝发音
4	尽早让宝宝使用杯子喝水
5	宝宝的辅食不要加过多的盐
6	训练宝宝坐便盆
7	预防宝宝感冒
8	防止宝宝吮吸手指
9	培养宝宝的独立意识，如自己吃饭、自己玩玩具

体格发育监测标准

8个月时		
	男宝宝	女宝宝
身长	66.5～76.5厘米，平均为71.5厘米	65.4～74.6厘米，平均为70.0厘米
体重	7.1～11.0千克，平均为9.1千克	6.7～10.4千克，平均为8.5千克
头围	42.5～47.7厘米，平均为45.1厘米	42.3～46.7厘米，平均为44.1厘米
胸围	41.0～49.4厘米，平均为45.2厘米	40.1～48.1厘米，平均为44.1厘米

接种疫苗备忘录

麻疹：麻疹疫苗第一剂........日

流行性乙型脑炎：乙脑减毒活疫苗第一剂........日

乙脑灭活疫苗：第一剂、第二剂.........日

宝宝智能发育记录

◆大动作发育：开始学习匍行

❶开始时需要用手撑扶着坐立，在将满8个月的时候，背部扩展挺直，可以独自坐立并抓着玩具玩耍了，能够独自由坐立的姿势变换成趴着的姿势。

❷这个月龄的宝宝不会匍行的也有很多，每个宝宝发育的时间都不同。

◆精细动作：训练捏取小物体

❶这个月龄的宝宝手指的活动能力进一步增强，会把纸揉成一团，会捏取体积小的物体。

❷这时宝宝的手如果攥住什么，则不会轻易放手，妈妈抱着他时，他就攥住妈妈的头发、衣带。

◆视觉发育：能更有目的性地视物

这个月龄的宝宝除睡觉以外，最常出现的行为就是一会儿探望这个物体，一会儿又探望那个物体，简直就像永远探望不尽似的。

◆听力发育：能辨别说话的语气

❶这个月龄的宝宝对于话语以及语气非常感兴趣，由于宝宝现在日渐变得通情达理，所以，你会觉得他越来越招人喜欢。

❷当宝宝首次了解话语的时候，他在这段时间内的行为会顺从。慢慢地，你叫他的名字他就会反应出来；你要他给你一个飞吻，他会遵照你的要求表演一次飞吻；你叫他不要做某件事情，或把东西拿回去，他都会照你的吩咐去办。

◆语言能力发育：肢体语言同样重要

这个月龄的宝宝能听懂妈妈的简单语言，他能够把语言与物品联系起来，这时妈妈可以教他认识更多的事物。

◆作息时间安排：父母生活也要有规律

这个月龄的宝宝对周围的环境非常感兴趣，每天和人交流的时间增多。要培养宝宝有规律的生活，父母首先要建立的生活规律。

◆大小便训练：大小便要定时把

宝宝对大小便还没有形成概念，随时会排便，家人要注意定时把便，不要着急，也不要责怪宝宝。

◆睡眠原则：睡眠差异更加明显

宝宝睡眠时间和踏实程度有了更明显的个体差异。大部分宝宝在这个月里，白天只睡两次，每次1～2个小时。

◆提升免疫力：均衡营养提高免疫力

这个月龄的宝宝已经适应了辅食，全面的营养对于提高免疫力至关重要，但同时也不能减少奶量。

9个月宝宝成长标准

养育重点

1	不要给宝宝吃糖块，避免发生危险
2	给宝宝吃新鲜的、软的水果，不必再喝果汁
3	每天带宝宝到户外活动3个小时
4	训练宝宝自己动手吃饭
5	训练宝宝的自控能力，按照家长的指令行事
6	训练宝宝用简单的语言回答问题
7	训练宝宝认识五官
8	多让宝宝听音乐，随音乐有节奏地摇摆

体格发育监测标准

9个月时		
	男宝宝	女宝宝
身长	67.9～78.0厘米，平均为72.8厘米	66.8～76.9厘米，平均为71.8厘米
体重	7.3～11.2千克，平均为9.3千克	6.8～10.3千克，平均为8.7千克
头围	42.8～48.0厘米，平均为45.3厘米	42.4～46.9厘米，平均为44.5厘米
胸围	41.4～49.6厘米，平均为45.5厘米	40.3～48.2厘米，平均为43.6厘米

宝宝智能发育记录

◆大动作发育：学会了扶物横跨

这个月龄的宝宝不仅会独坐，而且能从坐位躺下，扶着床栏杆站立，并能由立位坐下，俯卧时用手和膝趴着挺起身来。

◆精细动作：建立滚动概念

这个月龄的宝宝可以用拇指和示指抓住小物体，有目的地将手中的东西扔向地面。

◆视觉发育：眼疾要早发现

这个时期，父母要注意宝宝看人待物的表现，通过对眼睛的观察及早发现问题。

◆听力发育：能听懂常用指令

这个月龄的宝宝喜欢双手拿东西敲打出声，能听懂日常指令。有的宝宝对陌生人的声音感到害怕。

◆语言能力发育：教宝宝身体部位名称

这个月龄的宝宝能模仿父母发出单音节词，有的宝宝发音早，已经能够发出双音节“ma–ma”“ba–ba”了。

◆作息时间安排：保证良好的睡眠环境

这个月龄的宝宝可以开始有规律地做体操，促进他运动能力的发展，更要保证睡眠质量。

◆大小便训练：秋季腹泻要及时补水

❶基本上宝宝每天都能够按时排大便，形成了一定的规律，每天定时给宝宝把大便，成功的机会也多起来。有的宝宝已经可以不用尿布了。

❷宝宝患秋季腹泻时，妈妈要及时给他补充水和电解质。

❸宝宝此时还不会说话，不能表达自己的需求，还要靠父母多观察，掌握宝宝的规律。比如有的宝宝在排尿前会打个哆嗦。

◆睡眠原则：午前不再睡觉

这个月龄的宝宝每天需要睡14～16个小时，白天可以只睡两次，每次2小时左右，夜间睡10个小时左右。夜间如果尿布湿了，但宝宝睡得很香，不必不马上更换。如果宝宝患上尿布疹或屁股已经淹红了，要随时更换尿布。如果宝宝大便了，也要立即换尿布。

◆提升免疫力：多锻炼增强免疫力

这个月龄的宝宝会到处爬，四处活动。父母应经常带他外出锻炼，以提高免疫力。

科学喂养方法

添加中期辅食的信号

阶段		牙齿和舌头的发育	食物状态	喝吃比例	说明
第二阶段 7～8个月	7个月	这时的宝宝开始真正吃泥糊状食物了	肉泥 蒸蛋 豆腐 手指饼 烤馒头片 胡萝卜条	4：1	如果宝宝在吃泥糊状食物时，还想吃母乳，可以给宝宝以汤代之
	8个月			3：2	

6个月后添加中期辅食

一般说来在进行初期的辅食后一两个月后才开始进行中期辅食，因为此时的宝宝基本已经适应了除配方奶、母乳以外的食物。所以初期辅食开始于4个月的宝宝，一般在6个月后期或者7个月初期开始进行中期辅食添加较好。但那些易过敏或者一直母乳喂养的宝宝，还有那些一直到6个月才开始换乳的宝宝，应该进行1～2个月的初期辅食后，再在7个月后期或8个月以后进行中期辅食喂养。

◆较为熟练咬碎小块食物时

当把切成3毫米大小的块状食物或者豆腐硬度的食物放进宝宝嘴里的时候，留意他们的反应。如果宝宝不吐出来，会使用舌头和上牙龈磨碎着吃，那就代表可以添加中期辅食了。如果宝宝不适应这种食物，那先继续喂更碎、更稠的食物，过几日再喂切成3毫米大小的块状食物。

◆长牙开始，味觉也快速发展

此时正是宝宝长牙的时期，同时也是味觉开始快速发育的时候，应该考虑给宝宝喂食一些能够用舌头碾碎的柔软的固体食物。食物种类可以更多，用来配合咀嚼功能和肠胃功能的发育，同时促进味觉发育。注意不要将大块的蔬菜、鱼肉喂给宝宝，应将其碾碎后喂给宝宝。

对食物非常感兴趣时

宝宝一旦习惯了辅食之后，就会表现出对辅食的浓厚兴趣，吃完平时的量后还会想要再吃，有时吃完后还会抿抿嘴，或者看到小匙就会下意识地流口水，这些都表明该给宝宝进行中期辅食添加了。

辅食添加中期的原则

7~9个月的宝宝已经开始逐渐萌出牙齿，初步具有一些咀嚼能力，消化酶也有所增加，所以能够吃的辅食越来越多，身体每天所需要的营养素有一半来自辅食。

食物应由泥状变成稠糊状

辅食要逐渐从泥状变成稠糊状，即食物的水分减少，颗粒增粗，不需要过滤或磨碎。喂到宝宝嘴里后，需稍含一下才能吞咽下去，如蛋羹、碎豆腐等，逐渐再给宝宝添加碎青菜、肉松等，让宝宝学习怎样吞咽食物。

七八个月开始添加肉类

宝宝到了7~8个月后，可以开始添加肉类。适宜先喂容易消化吸收的鸡肉、鱼肉。随着宝宝胃肠消化能力的增强，逐渐添加猪肉、牛肉、动物肝等辅食。

让宝宝尝试各种各样的辅食

通过让宝宝尝试多种不同的辅食，可以使宝宝体味到各种食物的味道。但一天之内添加的两次辅食不宜相同，最好吃混合性食物，如把青菜和鱼做在一起。

给宝宝提供练习吞咽的食物

这一时期正是宝宝长牙的时候，可以提供一些需要用牙咬的食物，如胡萝卜去皮让宝宝整根地咬，训练宝宝咬的动作，促进长牙，而不仅是让他吃下去。

开始喂宝宝面食

面食中可能含有可以导致宝宝过敏的物质，通常在6个月前不予添加。但在宝宝6个月后可以开始添加，一般在这时不容易发生过敏反应。

食物要清淡

食物仍然需要保持味淡，不可加入太多的糖、盐及其他调味品，吃起来有淡淡的味道即可。

养成良好的饮食习惯

7~9个月时宝宝已能坐得较稳了，喜欢坐起来吃饭，可把宝宝放在儿童餐椅里让他自己吃辅食，这样有利于宝宝形成良好的进食习惯。

辅食添加中期的方法

每天应该喂两次辅食，辅食最好是稠糊状的食物。7~9个月主要训练宝宝能将食物放在嘴里后会动上下腭，并用舌头顶住上腭将食物吞咽下去。

添加过程	用量
蛋羹	可由半个蛋羹过渡到整个蛋羹
添加肉末的稠粥	每天喂稠粥两次，每次一小碗（6~8汤匙）。一开始可以在粥里加上2~3汤匙菜泥，逐渐增至3~5汤匙，粥里可以加上少许肉末、鱼肉、肉松、豆腐末等
馒头片或饼干	开始让宝宝随意啃馒头片（1/2片）或饼干，训练咀嚼及吞咽动作，刺激牙龈以促进牙齿的发育。母乳（或其他乳品）每天喂2~3次，吃辅食之前应该先喂母乳或配方奶，母乳吸尽了再喂辅食，中间最好隔开一点儿时间，以免添加的半固体辅食影响母乳中的铁吸收

让宝宝爱上换乳食物的方法

品尝各种新口味

换乳食物富于变化，能刺激宝宝的食欲。在宝宝原本喜欢的食物中加入新鲜的食物，添加的量和种类要遵循由少到多的规律，逐渐增加换乳食物的种类，让宝宝养成不挑食的好习惯。宝宝讨厌某种食物，妈妈应在烹调方式上多换花样。

示范如何咀嚼食物

有些宝宝因为不习惯咀嚼，会用舌头将食物往外推，妈妈在这时要给宝宝做示范，教宝宝如何咀嚼食物并且吞下去。

不要喂太多或太快

按宝宝的食量喂食，速度不要太快，喂完食物后，应让宝宝休息一下，不要有剧烈的活动，也不要马上喂奶。

小贴士

7~9个月食物由稀到稠和由细到粗的变化，可表现在由易于吞咽的稀糊状食物向较稠的糊状食品的转变，比如10倍粥到7倍粥；从细腻的糊状向略有颗粒的食物的转变，比如菜泥至菜末，肉泥至肉末的变化。

锻炼宝宝的咀嚼能力

咀嚼的本质

宝宝生来就有寻觅和吸吮的本领，但咀嚼动作的完成需要舌头、口腔、面颊肌肉和牙齿彼此协调运动，必须经过对口腔、咽喉的反复刺激和不断训练才能获得。因此，习惯了吸吮的宝宝，要学会咀嚼吞咽是需要一个过程的，逐渐增加换乳食物是锻炼宝宝咀嚼能力的最好办法。

咀嚼食物对宝宝的影响

咀嚼食物可以使宝宝的牙齿、舌头和嘴唇全部用上，有利于语言功能的发展。为宝宝1岁半时发声打好基础，这更要求充分利用换乳期，锻炼宝宝的咀嚼与吞咽能力。

咀嚼训练的关键期

从宝宝4个月开始就可通过添加换乳食物来训练其咀嚼吞咽的动作，让宝宝学习接受吮吸之外的进食方式，为以后的换乳和进食做好准备。从宝宝满4个月后（最晚不能超过6个月）就应添加泥糊状食物，以刺激宝宝的口腔触觉，训练宝宝咀嚼的能力，并培养宝宝对不同食物、不同味道的兴趣。

6～12个月是宝宝发展咀嚼和吞咽技巧的关键期，当宝宝有上下咬的动作时，就表示他咀嚼食物的能力已初步具备，妈妈要及时进行针对性锻炼。一旦错过时机，宝宝就会失去学习的兴趣，日后再加以训练往往事倍功半，而且技巧也会不够纯熟，往往嚼三两下就吞下去或嚼后含在嘴里不愿下咽。

防止宝宝偏食有益无害

很多宝宝都有偏食的不良饮食习惯，尤其爱吃肉的宝宝居多。爱吃肉，不一定就健康，太偏好肉类而不爱吃其他食物，容易导致营养缺乏。

产生偏食的几种可能

1	因为父母工作忙或者随意惯着宝宝的饮食习惯，从而导致宝宝进食的时间混乱，引起了宝宝的偏食挑食
2	父母在宝宝成长的过程中表现出来的态度也会导致宝宝挑食。如果父母本身就怂恿宝宝吃这个不吃那个，自然会让宝宝养成挑食的坏习惯
3	没有及时给宝宝在需要添加换乳食品时候添加，从而导致宝宝仍旧是母乳和配方奶粉一起进食。这样的宝宝咀嚼能力较差，更会拒绝需要咀嚼的食物
4	如果父母曾经用强制或者粗暴的手段让宝宝吃东西，从而产生了逆反心理。不良的情绪除了减低食欲、影响消化以外，还能让宝宝产生对立意识，增加了宝宝挑食的可能性
5	食物的种类、做法都较为单一，吸引不了宝宝的食欲
6	不是进食时间，宝宝已经吃了巧克力、蛋糕之类的零食，就会出现偏食的坏毛病。可以适当吃零食，而多吃零食只会影响宝宝的胃口

偏食给宝宝带来的危害

1	宝宝偏食之后并不是不吃东西，而是爱吃的就吃得多，不爱吃的就少吃甚至不吃，这样很容易饱一顿饿一顿，从而影响胃肠消化吸收，造成功能性紊乱。长期下去，可能导致宝宝成长发育变缓，甚至停止
2	偏食也会促使宝宝食欲下降，长此以往会导致营养不良甚至贫血，抵抗力下降，患上感染性疾病或消化道疾病的概率大大增高
3	偏食还会引起各种维生素缺乏性疾病。假如宝宝不吃蛋黄、豆类、全脂乳品、肝等食物，或者胡萝卜、番茄、绿色蔬菜也不吃，那么很容易因为缺乏这些食物中含有的维生素A而导致夜盲症，严重起来会发展到角膜浑浊、软化、溃疡甚至穿孔，导致最终失明
4	如果宝宝只爱吃荤菜而不愿吃新鲜的绿叶菜、番茄或者水果，可能就因为缺乏维生素C而引起坏血病。程度较轻会出现牙龈出血，严重的会导致骨膜下、关节腔内以及肌肉内出血。宝宝会出现肢体疼痛，不愿意被抱着，发展到最严重的时候会出现骨折
5	假如宝宝不吃鱼虾、蛋黄、冬菇等富含维生素D的食物，会因为缺乏维生素D而导致宝宝出现多汗、夜啼等症状

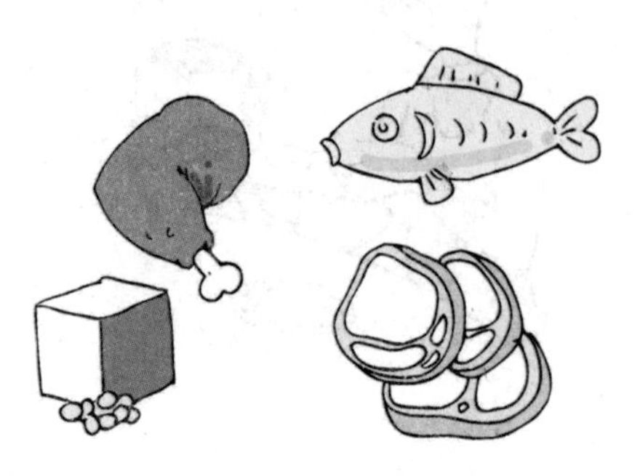

中期辅食食材

大麦

不建议在辅食添加初期食用这种坚硬并且易过敏的食物。可以在6个月大后适当喂大麦茶，但是至少要7个月后再食用大麦煮的粥。

大枣

富含维生素A和维生素C。因为新鲜的大枣容易引起腹泻，所以要在宝宝1岁后再喂食。用水泡后去核后捣碎再喂食。等到泡水后煮开食用，剩余的要扔掉。

玉米

富含维生素E，对于易过敏的宝宝，等到1岁以后喂食则较稳妥。去皮磨碎后再食用。食用前，先用开水烫一下会更安全。

鳕鱼

最常见的用于辅食制作的海鲜类，富含蛋白质和钙，极少的脂含量，味道也清淡。食用时用开水烫一下后蒸熟去骨捣碎后喂食。

洋葱

因其味道较浓，宜在中期后食用。熟了的洋葱带有甜味，所以可在辅食中添加。富含蛋白质和钙。食用前切碎后放水泡去其辣味。

香瓜

富含维生素A、维生素B_1、维生素B_2。适合在多汗的夏季食用的水分高的碱性食物。去掉不易消化的籽后去皮捣碎，一般可放粥里煮，8个月大的宝宝可生食。

鸡蛋

蛋黄可以在宝宝7个月后喂食，但蛋白还是在1岁后喂食为佳。易过敏的宝宝要在1岁后再喂食蛋黄。每周喂食3个左右。为了去除蛋黄的腥味，可以和洋葱一起配餐食用。

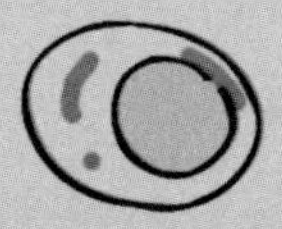
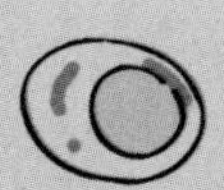

加吉鱼

不仅含有丰富蛋白质，而且容易消化吸收，腥味还少，是常用的换乳食材。蒸熟或煮熟后去骨捣碎后食用。注意去骨时戴卫生手套，既方便又保护自己。

黄花鱼

富含易消化吸收的蛋白质，是较好的换乳食材。若是腌制过的可在一岁后喂食。为防营养缺失，宜蒸熟后去骨捣碎食用。

海带、莼菜

富含促进新陈代谢的有机物。适合冬季食用的易吸收食材。因为含碘较高，故控制在一天一食。去掉表面盐分，浸泡1小时后切碎放榨汁机搅碎后食用。

刀鱼

避免食用有调料的刀鱼，以免增加宝宝肾的负担。喂食宝宝的时候注意那些鱼刺。使用泡米水去其腥味，然后配餐。蒸熟或者煮熟后去刺捣碎食用。

大豆

富含蛋白质和碳水化合物，有助于提高免疫力。易过敏的宝宝还是宜在1岁后喂食。不能直接食用，应在水中浸泡半天后去皮磨碎再用于制作辅食的配餐。

松子

对大脑发育有益的富含脂肪和蛋白质的高热量食品。丰富的软磷脂对身体不适的宝宝很有帮助。易过敏的宝宝要在1岁以后食用。

绿豆

具备降温、润滑皮肤等作用，对有过敏性皮肤症状的宝宝特别有益。先用凉水浸泡一夜后去皮，或煮熟后用筛子更易去皮。若买的是去皮绿豆，可直接磨碎后放粥里食用。

哈密瓜

富含钾、无机物、维生素和水。鲜嫩的果肉吃起来味道香甜可口。9个月大的宝宝就可以生吃了。挑选时应选纹理浓密鲜明的，下面部位摁下去柔软，根部干燥的。

豆腐

辅食里常见的材料，具有高蛋白、低脂肪、味道鲜的特点。易过敏的宝宝要在满1岁后再喂食。用麻布滤水后再使用。捣碎后和蘑菇或其他蔬菜一起使用。也可不放油煎熟后食用。

黑米

长期食用后可以提高身体免疫力，也适合便秘的宝宝。因为它的营养素是来自黑色素中的水溶性物，所以使用前要用水泡。简单冲洗后放入榨汁机里搅碎食用。

牡蛎

各种营养成分如钙、维生素、蛋白质等含量都高，对于改善贫血非常有效。煮熟后肉质鲜嫩。冲洗时用盐水，然后用筛子筛后滤水放入粥内煮。

酸牛奶

选用无糖的酸牛奶或者无脂奶粉。虽然奶粉本身没有食品添加剂，但如果宝宝过敏，也要在满周岁后再喂食。宝宝嫌味道淡的话，可添加西瓜或者哈密瓜等水果后再喂食。

葡萄干

富含抗氧化成分和促进肠蠕动的果胶成分。但含糖较高，所以要适量喂食。因为它可能呛入气管，所以要切碎后喂食。用凉水泡一段时间后喂食，不仅可去除食品添加剂还能增添口感。

芝麻

食用芝麻有助于大脑发育。野芝麻有益于咳嗽或者体质弱的宝宝。宝宝可能拒绝芝麻那浓浓的味道，所以开始时可少量添加。洗净后放锅内炒熟，然后研碎放入粥内食用。

婴儿用奶酪

富含蛋白质、维生素和脂肪。尤其是钙的含量高，蛋白质也容易被消化吸收。1岁前喂食的应该是含盐低，不含人工色素的婴儿用奶酪。若是极易过敏的，则要1岁后再喂食。

不要给宝宝吃刺激性的食物

咖啡、可乐等饮料会影响宝宝神经系统的发育。

糯米等不易消化的食物会给宝宝消化系统增加负担。

刺激性大的食物不利于宝宝的生长，如辣的、咸的。

不宜给宝宝吃冷饮，这样容易引起消化不良。

不要给宝宝吃过多的鱼松

有的宝宝很喜欢吃鱼松，喜欢把鱼松混合在粥中一起食用，妈妈也喜欢喂给宝宝鱼松，认为鱼松又有营养又美味。虽然鱼松很有营养，但是也不能食用过量。这是因为鱼松是由鱼肉烘干压碎而成的，并且加入了很多调味剂和盐，其中还含有大量的氟化物，如果宝宝每天吃10克鱼松，就会从中吸收8毫克的氟化物，而且宝宝还会从水中和其他食物中吸收很多氟化物。然而，人体每天吸收氟化物的安全量是3～4.5毫克，如果超过这个值，就无法正常代谢而储存在体内，若长时间超过这个值，就会导致氟中毒，影响骨骼、牙齿的正常发育。

不要给宝宝吃太多菠菜

有的家长害怕宝宝因为缺铁而贫血，所以，就让宝宝多吃菠菜补充铁。实际上，菠菜含铁量并不很高，最关键的是菠菜中含有的大量草酸，容易和铁结合成难以溶解的草酸铁，还可以和钙形成草酸钙。如果宝宝有缺钙的症状，吃菠菜会使佝偻病情加重。所以，不要为了补充铁而给宝宝吃大量的菠菜。

不要给宝宝吃过量的西瓜

到了夏天，适当地吃点西瓜对宝宝是有好处的，因为西瓜能够消暑解热。但是如果短时间内摄取过多的西瓜，就会稀释胃液，可能造成宝宝消化系统紊乱，导致宝宝腹泻、呕吐、脱水，甚至可能出现生命危险，肠胃不好的宝宝，更不能吃西瓜。

不宜给宝宝的食物加调料

对于月龄较小的宝宝，食物中依然不要添加盐之类的调味品，因为月龄较小的宝宝肾脏功能依然没有完善，如果吃过多的调味料，会让宝宝肾脏负担加重，并且造成血液中钾的浓度降低，损害心脏功能。所以，月龄较小的宝宝尽量避免食用任何调味品。

美味食谱

酸奶粥

食材

已泡好的大米30克，酸奶20克，水3/4杯。

做法

1.将已泡好的大米洗干净沥干，研磨成末。
2.锅中加入适量水煮开，放入大米末续煮至滚时稍搅拌，改小火熬煮30分钟。
3.再加入酸奶续煮片刻即可。

鸡汁粥

食材

鸡胸脯肉10克，干香菇3个，油菜1棵，已泡好的大米适量。

做法

1.将已泡好的大米用粉末机打成末状；鸡胸脯肉用水煮，撇去汤里的油，保留汤汁备用，取10克胸脯肉切成0.3厘米大小的粒状。
2.干香菇泡发后，用沸腾的水煮一会，切成小丁。油菜洗净后，取嫩叶部分用沸水焯一下，再切碎。
3.把大米末和鸡汤汁放入锅里煮。
4.当水开始沸腾时，把火调小，将鸡胸脯肉粒和香菇末放入锅里煮，用小火煮5分钟，再放入油菜末煮一会儿，直到大米熟烂为止。

核桃小米粥

食材

核桃末20克，小米50克，砂糖各适量。

做法

1.将小米淘洗干净，研磨成末，放入锅中加水煮至快熟时加入洗净的核桃末。
2.再煮至烂熟，调入砂糖即可。

牛肉粥

食材

牛肉25克，已泡好的大米30克，水1/2杯，盐适量。

做法

1.将已泡好的大米打成粉末。
2.把洗净的牛肉剁成茸，加入盐拌匀。
3.把大米、牛肉茸、水放入锅里用大火煮，直到大米熟为止，然后熄火即可。

鳕鱼香菇粥

食材

已泡好的大米20克，鳕鱼20克，香菇15克，水2/3杯。

做法

1.将已泡好的大米用粉末机打成末状。
2.将鳕鱼洗净蒸一会儿，去掉鱼刺只取鱼肉部分，再切碎。
3.把香菇的根部去掉，洗净以后切成小粒。
4.把大米和水放入锅里用大火煮。
5.当水开始沸腾时把火调小，把鳕鱼粒、香菇粒放入锅里边搅边煮，一直到大米熟烂为止。

鸡肝胡萝卜粥

食材

鸡肝2个，胡萝卜10克，已泡好的大米20克，高汤4杯，盐少许。

做法

1.将已泡好的大米研成末后，加入高汤，小火慢熬成粥状。
2.鸡肝及胡萝卜洗净后，蒸熟捣成泥，加入粥内，加盐少许，煮熟即可。

鱼肉松粥

食材

鱼泥25克，鸡蛋1个，砂糖少许，酱油适量。

做法

1.将鱼蒸熟刮取半两鱼泥（注意剔除小刺），用砂糖和少许酱油拌匀。
2.鸡蛋去壳，搅匀。
3.坐锅点火，锅内加入清水，然后加入煨好的鱼泥，再用小火煮一会儿即可。

油菜粟米粥

食材

油菜50克，粟米50克，盐少许，香油1小匙。

做法

1.将油菜去杂，连根洗净，入沸水锅中焯一下，捞出，码齐后将油菜切成小碎段（0.5厘米以内），盛入碗中备用。
2.将粟米磨碎放入沙锅，加水适量，大火煮沸后，改用小火煨煮1小时，待粟米酥烂，加入油菜小碎段，拌和均匀，加少许盐再煮至沸，淋入香油，搅拌均匀即可。

三文鱼粥

食材

三文鱼肉20克，粳米20克，葱花、盐各少许，清水适量。

做法

1.将三文鱼切碎成泥，放入碗内，加少许盐、拌匀稍腌一会。
2.粳米淘洗干净，浸泡1小时，用粉末机打成末状。
3.锅内放入清水和粳米末，当水沸腾时，加入鱼泥煮沸即可。

芹菜牛肉粥

食材

已泡好的粳米50克，牛里脊20克，芹菜末2大匙，牛骨高汤1杯，盐1小匙。

做法

1.将已泡好的粳米洗净沥干，牛里脊洗净切成细丝待用。
2.牛骨高汤加热煮沸，放入粳米和牛里脊续煮至滚时稍微搅拌，改中小火熬煮30分钟，加盐调味。在粥上撒上熟芹菜末即可。

核桃仁糯米粥

食材

核桃仁10克，已泡好的糯米30克。

做法

1.将泡好的糯米研磨成末状。
2.将核桃仁放入锅中微炒。
3.放凉后碾碎并剥去皮，和糯米末一同煮成烂粥即可。

芝麻粥

食材

黑芝麻10克，大米30克，砂糖适量。

做法

1.先将黑芝麻炒熟后，放入研磨器中研成细末备用。
2.大米淘洗干净用开水浸泡1小时，用粉末机打成末状，再加入适量开水煮至米酥汤稠。
3.在粥中加入研碎的黑芝麻粉，继续煮一小会儿，加入砂糖拌匀即可。

蛋黄奶酪粥

食材

已泡好的大米20克，鸡蛋1个，婴儿专用奶酪1/2片，水2/3杯。

做法

1.将鸡蛋煮熟后取出蛋黄并放入研磨器中捣碎。
2.将已泡好的大米搅碎成末放入锅内加适量水置火上煮粥，煮至七成熟时，将捣碎的蛋黄倒入锅内用小火煮，并不时地搅动，呈稀糊状时加入婴儿专用奶酪，搅拌均匀即可喂食。

番茄土豆鸡末粥

食材

番茄1/2个，土豆泥适量，鸡蛋黄1个，熟鸡肉末20克，软米饭、香油各适量。

做法

1.将番茄洗净，用开水汆烫后去皮榨成汁。
2.将蛋黄、软米饭、土豆泥、适量清水放入锅内煮烂成粥。
3.再将番茄汁、熟鸡肉末拌入蛋黄粥中，加少许香油即可。

豆苗碎肉粥

食材

豆苗20克，肉末10克，已泡好的大米20克，盐少许。

做法

1.将大米洗净，研磨成末，加入250毫升水，煲成粥。
2.把肉末煮烂后，放入研磨器中研成糊状，加入粥内混匀。
3.然后将豆苗煮烂研成泥状，放入粥内，加入少许盐调味即可。

苹果麦片粥

食材

苹果1/3个，麦片20克。

做法

1.将水放入锅内烧开，下入麦片煮2~3分钟。
2.把苹果用匙子背研碎，然后放入麦片锅内，边煮边搅。

鲜虾肉泥

食材

鲜虾肉（河虾、海虾均可）50克，香油1克，盐适量。

做法

1.将鲜肉洗净，放入碗内，加水少许，上笼蒸熟。
2.加入适量的盐和香油，搅拌均匀后即可。

杏仁饼

食材

杏仁150克，白糖适量，鸡蛋6个，面粉50克。

做法

1.将杏仁去皮打碎，加入2~3个蛋清、白糖，搅匀。
2.加入剩余蛋清，再加入面粉做成小饼，放烤盘上入烤箱烤，烤好的饼也可夹果酱。

马铃薯芹菜糊

食材

马铃薯、芹菜、植物油、盐各适量。

做法

1.将马铃薯、芹菜洗净，切成丁加水煮。
2.水滚的时候加植物油，汤汁快收干的时候加点盐。
3.汤汁收干后将马铃薯、芹菜捞出，碾碎，晾凉即可食用。

豆角泥

食材

豆角150克，芝麻酱10克，葱花、盐、白糖、植物油各少许。

做法

1.豆角去筋，洗净，用锅蒸熟。
2.取出豆角，切碎成泥，将芝麻酱加入少许凉开水调成糊备用。
3.油入锅烧热，放入葱花炝锅，再放入豆角泥，炒至水分稍干时，放入少许盐、白糖炒匀，盛出后拌入芝麻酱即可。

椰汁奶糊

食材

椰汁1/2杯，鲜奶1小杯，白糖1小匙，栗粉5小匙，金丝枣4粒。

做法

1.椰汁、栗粉拌均匀，金丝枣去核洗干净。
2.将白糖、鲜奶、金丝枣加入清水同煮开，慢慢加入栗粉，不停搅拌成糊状至锅开，盛入碗中，晾凉即可食用。

豆腐糊

食材

豆腐1/8块，面糊2匙，肉汤1/2杯，盐少许。

做法

1.将豆腐切成碎状。
2.将面糊、肉汤、豆腐、水加入锅内煮沸，边煮边用匙研碎。
3.煮好后放入碗内，研至光滑、黏稠，加一点点盐调味即可。

菠菜泥

食材

菠菜叶15 0克，面粉10克，牛奶100毫升，香油、盐各少许。

做法

1.将菠菜叶洗净，焯熟，捞出后沥干水分，切成碎末。
2.油入锅烧热，再放入面粉炒至浅黄色，倒入牛奶搅拌均匀，烧开后加入菠菜末翻炒，放入盐、香油拌匀即可。

鸡蛋羹

食材

鸡蛋1个，盐5克，香油2滴，温开水适量。

做法

1.将鸡蛋打入盆内，加入温开水、盐调匀备用。
2.锅内加水，放在大火上烧开，把装鸡蛋的碗放入屉内，上锅蒸至成凝固状即熟。
3.出锅后滴入香油，待适温即可。

鲤鱼汁粥

食材

鲤鱼25克，大米30克，姜末、葱花各少许，盐1小匙。

做法

1.将活鲤鱼剖开肚子，去除内脏、鳃，保留鱼鳞，洗干净后，加入姜末、葱花，用小火煮汤，一直煮到鱼肉脱骨为止，去骨留汤汁备用，把大米淘洗干净。
2.将锅放置到火上，加入适量清水、大米煮粥。等粥汁黏稠时，加鱼汤和盐搅匀，稍煮片刻即可。

鳕鱼香菇粥

食材

泡好的大米20克，鳕鱼15克，香菇2朵。

做法

1.将已泡好的大米用粉末机打成末状。
2.将鳕鱼洗净蒸一会儿，去掉鱼刺只取鱼肉部分，再切碎，把香菇的根部去掉，洗净以后切成小粒。
3.把大米末和水一起倒入锅里用大火煮。
4.当水开始沸腾时把火调小，把鳕鱼粒、香菇粒放入锅里边搅边煮，一直到大米熟烂为止。

番茄鱼粥

食材

白鱼肉5克，番茄10克，5倍粥1/2碗。

做法

1.将白鱼肉放入微波炉加热8秒，捣碎。
2.将番茄去皮，捻碎，和鱼肉一起放入5倍粥中，用小火煮一会儿，边搅边煮，煮熟，晾凉即可食用。

松仁豆腐

食材

豆腐1块，松仁、盐各少许。

做法

1.将豆腐划成薄片，放置盘中，撒上少许盐上锅蒸熟。
2.将松仁洗净，用微波炉烤至变黄，放到研磨器中研成粉末撒在豆腐上即可。

生活上的贴心照料

开始训练宝宝坐便盆

每天定时让宝宝坐在便盆上排便，久而久之就形成了习惯。但是，在这个时期里绝不能强迫宝宝坐便盆。

训练宝宝学会在便盆上排便

能够自己学会在便盆上排便，对于宝宝而言，这是一个相当重要的成长阶段和学习过程。因为这样不仅可以让宝宝养成良好的卫生习惯，还能培养宝宝的自信心和自尊心，对于宝宝未来的心理发育和成长具有正面积极的作用。

需要注意的是在对宝宝进行排便培训的时候也要注意方式方法，一定要以宝宝的具体情况为主，按照循序渐进的过程来进行。首先要摸清宝宝的具体情况，做好各项先期的准备工作，然后依据宝宝自己在训练过程中的表现，一点点地反复实践，要留意宝宝的接受程度以及进展的速度，还有他表现出来的兴趣爱好，依据这些做好逐步安排，让宝宝一点点地喜欢上坐便盆排便。

训练宝宝坐便盆的相应步骤

◆留心观察宝宝排便的规律

开始培训宝宝定时排便的时候，首先就是搞清楚宝宝每天大概在哪个时间段排便次数较多，然后等到这个时间段的时候，父母就该留心宝宝是否出现了脸红、瞪眼、凝视等神态，如果出现了就把宝宝抱到便盆前，并且配合以“嗯嗯”的声音帮助宝宝形成条件反射。过一段时间，宝宝到点就会有便意了。假如宝宝的大便较为干燥，他在排便时表情也会与往日不同，父母也该留意到这些症状。

◆去除宝宝对便盆的抗拒感

一个原则是绝对不能强迫宝宝坐便盆。如果宝宝出现一坐上便盆就打挺，或者吵闹着不肯，即使勉强坐上去，过了5～7分钟仍然没有排便的话，不要继续勉强下去，可以帮他垫上尿布。但是还要每天坚持让宝宝坐便盆，因为反复刺激后，时间长了，宝宝也会坐上便盆就开始排便了。但是坐便盆每次时间不宜过长，否则容易引起脱肛。

◆培养宝宝对便盆的亲和感

一旦宝宝长到8个月大已经能坐稳的时候，就能开始培养他坐便盆了。开始的时候，可以把便盆放在宝宝身边当做玩具一样，也可以让他当成小凳子使用。可以选用带有卡通图案的内裤让宝宝穿上再玩假装上厕所的游戏，同时提醒宝宝“若是不想弄脏你喜爱的卡通人物，就得脱了内裤，在便盆上排尿才行”。每天都安排一些时间让宝宝坐在便盆上，平时把宝宝纸尿裤上的大便放入便盆里给宝宝看，让他知道大便就该在便盆里的概念。

◆多多鼓励宝宝，常常强化

一开始宝宝坐便盆的时候，往往需要父母帮忙托着或者扶着，因为宝宝太小，坐在便盆上不稳，容易疲劳甚至摔倒。父母应该具有耐心和信心，因为只有长期坚持，才能让宝宝养成定时排便、便盆排便的习惯。

训练宝宝坐便盆的注意事项

◆注意便盆的温度

天气冷了之后，父母一定要注意便盆的温度，不能太凉，免得宝宝坐在上面冻屁股、拉肚子。

◆要持之以恒

爸爸妈妈在训练宝宝排便上一定要耐心细致、持之以恒。每隔一段时间把一次尿，每天早上或晚上把一次大便，让宝宝形成条件反射，逐渐形成良好的排便习惯。

◆便盆高度要合适

要根据宝宝的身高等情况，调整便盆的高度，不能过低或过高。若过低，便盆还不到调整高度时可在便盆的底部垫上些东西，以保持合适的高度。

◆时间不能过长

训练宝宝坐便盆时，不能让宝宝久坐，开始时每次不能超过5分钟。每次宝宝排便后，要立即把宝宝的小屁屁擦干净，并用流动的清水给宝宝洗手。为减少细菌感染的机会，每天要给宝宝清洗小屁屁，以保持宝宝臀部和外生殖器的清洁。

不要给宝宝穿得太暖

俗话说，“要想宝宝安，三分饥和寒。”也就是说，要想让宝宝平安不生病，只需要吃七分饱，穿七分暖就可以，若吃得过饱，穿得过多，反而容易生病。穿得太少，宝宝的手、脚都会发凉，容易生病；穿得太多，活动起来不方便，一运动就会出汗。出汗之后，再一受风就更容易着凉。

宝宝不适宜过早多“坐”

宝宝的骨骼柔软，所含钙盐与成人相比要少。作为人体中轴的脊柱甚为柔软，不具备成人特有的4个弯曲，几乎都是直的；肌肉也缺乏力量，支持能力不足。出生6个月以内的宝宝，如果坐的时间过长，负担加重，可引起脊柱变形，发生驼背或脊柱侧弯，影响外观及活动能力，以至影响内脏器官发育。有的宝宝久坐便盆，甚至可发生脱肛。此外，宝宝固定坐于一处，视野狭小，与周围接触减少，容易变得呆板、迟钝，影响智力发育。因此，宝宝不宜过早坐，过多坐。

当然，这并不意味着可以不加训练，消极等待宝宝自然发育。正常宝宝，出生后4个月，在成人扶持下可短时间维持坐的姿势；5个月时能抱坐于大人膝盖之上；6个月时，如独立坐着身体会向前倾，须用手支撑；大约7个月时才可以独立地坐一会儿。根据此发育规律，适当对宝宝进行坐的训练，不仅可以促进各种动作发展，还可以促进颈椎、胸、背等部位骨骼肌肉健康生长发育。

趴着睡觉

这个月龄的宝宝有的喜欢趴着睡觉，这是宝宝的个人喜好，并不是什么疾病。他只是在自由翻身后，感觉趴着睡觉更舒服才会选择这种睡觉方式的，而且这样的睡觉方式一般不会因为压迫胸部造成呼吸困难，因此爸爸妈妈不必担心。多数宝宝过一段时期后都会变回原来的仰卧姿势。

慎防宝宝吞食异物

宝宝的乳牙发育不全，不能细嚼食物；宝宝喜欢将物体或玩具放入口中玩耍；进食时喜欢边吃边玩；咳嗽反射不健全，这些均可造成气管异物。爸爸妈妈如果给宝宝吃不恰当的食物，如瓜子、豆类，或在喂食时戏逗或打骂宝宝，很可能使食物呛入气管，造成气管异物。

1.注意小物件：爸爸妈妈要当心微小物品对宝宝的伤害，如纽扣、硬币、别针、玻璃球等，一定要避免宝宝吞食入口，为了让宝宝能自由自在地在房间内玩耍，满足宝宝的好奇心和探索的欲望，爸爸妈妈要做到家居安全，以避免不幸事件的发生。

2.注意有核的水果：当给宝宝喂食有核的水果时要特别当心，应先把核取出后再喂食。

3.急救方法：当发现宝宝吃了什么异物或有些不太正常时，爸爸妈妈可以用一只手捏住宝宝的腮部，另一只手伸进他的嘴里，把异物掏出来；若发现已将异物吞下去时，可刺激他的咽部，促使宝宝呕吐，把吞下去的异物吐出来；如果宝宝翻白眼，则可施行“哈姆立克”急救术，即爸爸妈妈站在宝宝的背后，形成弓步，一脚置于宝宝两脚之间，一手拳头状放在他肚脐上方，另一只手用毛巾包住拳头用力按到异物使之排出。因为异物梗塞有窒息的危险，发现时须立即处理，及时带宝宝就诊。

防止会爬的宝宝出意外

安全防范措施：在宝宝初练爬行时，大人不要把宝宝放在床上爬，可以让宝宝在地上爬。可在地板上铺上地毯、棉垫或塑料地板块，创造一个有足够面积的爬行运动场，这是防止宝宝坠落地上的好方法。

另外，在宝宝爬行的空间内，要收起一切小东西，如纽扣、硬币、别针、耳钉、小豆豆等，因为这个时期，幼小的宝宝会不分好歹地把碰到的东西往嘴里塞，万一吞下这些东西是很危险的。因此，屋子里各个角落可能发生意外的东西都要收拾起来。

如何预防宝宝脊柱侧弯

引起脊柱侧弯的原因很多，有先天性的，也有后天的。妈妈妊娠4～7周时，是胚胎脊柱发育形成的时期。此时，孕妇体内外环境变化的刺激，都可导致胎儿发生脊柱畸形。另外，宝宝学坐学得过早，或刚学坐时坐的时间过长，宝宝坐的姿势不正确，都易导致脊柱侧弯。

早期发现宝宝脊柱侧弯征象

①当宝宝以立正姿势站立时，两肩不在一个水平面上，高低不平。

②两侧腰部皱纹不对称。

③双上肢肘关节和身体侧面的距离不等。如果发现以上情况，爸爸妈妈应及早带宝宝到医院诊治。

预防宝宝脊柱侧弯要注意

①宝宝不要坐得过早，长时间的坐盆，宝宝容易疲劳，也容易造成脊柱侧弯。

② 幼儿坐的姿势要正确，桌、椅的高低要合适；写字、看数时要坐正，不要歪着趴在桌面上，同时应适当地变换体位与休息，以免造成脊柱侧弯。

训练宝宝喝水要从用奶瓶开始

1.先给宝宝准备一个不易摔碎的塑料杯或搪瓷杯。带吸嘴且有两个手柄的练习杯不但易于抓握，还能满足宝宝半吸半喝的饮水方式。应选择吸嘴倾斜的杯子，这样水才能缓缓流出，以免呛着宝宝。

2.在开始训练宝宝独立喝水时，应在杯子里放少量的水，让宝宝两手端着杯子，同时妈妈帮助他往嘴里送，但要注意让宝宝一口一口慢慢地喝，都喝完之后再继续添水。但一定要注意千万不能一次性给宝宝杯里放过多的水，这样可以避免宝宝呛着。当宝宝能够较稳地握住杯子时，妈妈可逐渐放手让宝宝端着杯子自己往嘴里送，这个时候杯子里的水也可以逐渐增多。

3.宝宝练习用杯子喝水时，妈妈要用赞许的语言给予鼓励，如“宝宝会自己端杯子喝水了，真能干！”这样能增强宝宝的自信心。妈妈不要因为怕水洒在地上或怕弄脏了衣服等而不让宝宝用杯子喝水，这样会挫伤宝宝的积极性。

4.当宝宝第一次能够独立地喝水时，爸爸妈妈一定要抓住这个机会，发自内心地夸奖宝宝，而且应该多让宝宝试几次，巩固技巧。这样反复锻炼，相信宝宝一定能够让爸爸妈妈放心的，并且独立地自己喝水。

训练宝宝用杯子喝水

宝宝自己用杯子喝水，可以训练其手部肌肉，发展其手眼协调能力。但是，这阶段的宝宝大多不愿意使用杯子，因为以前一直使用奶瓶，所以会抗拒用杯子喝奶、喝水。即使这样，爸爸妈妈仍然要适当地引导宝宝使用杯子。

首先给宝宝准备一个不易摔碎的塑料杯或搪瓷杯。杯子的颜色要鲜艳、形状要可爱，且要易于宝宝拿握。可以让宝宝拿着杯子玩一会，待宝宝对杯子熟悉后，再放上奶、果汁、或者水。将杯子放到宝宝的嘴唇边，然后倾斜杯子，将杯口轻轻放在宝宝的下嘴唇上，并让杯子里的奶或者水刚好能触到宝宝的嘴唇。

如果宝宝愿意自己拿着杯子喝，就在杯子里放少量的水，让宝宝两手端着杯子，爸爸妈妈帮助他往嘴里送，要注意让宝宝一口一口慢慢地喝，喝完再添，千万不能一次给宝宝杯里放过多的水，避免呛着宝宝。

如宝宝对使用杯子显示出强烈的抗拒，家长就不要继续训练宝宝使用杯子了。如果宝宝顺利地喝下杯子里的水，爸爸妈妈要表示鼓励、赞许。

睡姿VS头型

为什么头型可以被塑造

即使是胎位正，头位正的自然产宝宝，因为经过产道的挤压，宝宝的头型或多或少会有所变形，通常头型比较尖。有关专家表示：“宝宝的头颅是由多块头骨组合而成，宝宝的骨缝尚未闭合，所以经过产道时因压力而变形的同时，也意味着出生后可以修复或被塑形。”

留意宝宝头部是否变形

生产时宝宝若以真空吸引或产钳等方式产出，必须特别留意以下两种状况；一是头皮下水肿，消肿的速度较快，1～2天即可消退；另一种是头皮下血肿，即有明显的“长苞生角”，可能变形的程度比较严重，需要1～2个星期甚至3个月才可慢慢恢复。

最好的头型塑造法

长期仰睡会导致后脑头型扁平，长期俯睡会导致脸长额凸；长期同一侧睡会导致头型歪偏。因此宝宝头型的美观与否，完全取决于宝宝本身睡觉的习惯，以及爸爸妈妈对宝宝的用心程度。

掌握黄金塑造期

4～6个月是宝宝头型的黄金塑造期，通常10个月大以后，头型就会完全固定。因此爸爸妈妈要掌握黄金塑造期，以经常变换姿势的睡眠方法来改造宝宝头型。之后若仍无法改善，可带宝宝到医院咨询医生，考虑以头型矫正帽或者矫正头盔来协助矫正。

流口水加重怎么办

这个阶段的宝宝流口水可能加重了，这也许和宝宝出牙有关，也可能饰因为添加辅食后，宝宝的唾液腺分泌增加，所以爸爸妈妈不用担心。

布置爬的空间

用塑料软垫或拼板布置出一个提供宝宝爬行的空间，并准备一些色彩鲜艳的玩具。

安全措施：桌角最好是圆形或贴上护衬，插座使用插头盖，除去所有危险物品，包括剪刀、小弹珠、筷子、铜板等。另外，爸爸妈妈应在旁边保护并适当地配合宝宝爬行，可能会得到意想不到的结果，从而更好地帮助宝宝爬行。

鼻部的清洁与保养

擦鼻涕时清理流出来的部分

在平时耳朵主要用水清洗即可。在洗澡的时候，要用起泡的香皂仔细地清洗耳后及耳周围，用浸湿的纱布或者浴巾小心地擦拭。特别要注意用纱布或浴巾仔细地擦洗耳沟或耳孔。

操作步骤

1.拿住棉签的根部小心操作。

2.看清鼻孔，仅清除流出的鼻涕即可。棉签伸到鼻孔里是很危险的，一定不要这样做。

宝宝使用学步车要注意安全

市场上销售的学步车为宝宝学习走路提供了便利和安全。那么，宝宝使用学步车要注意哪些问题呢?

学步车自身要安全

1	学步车上宝宝双手能触摸到的地方必须保持干净，防止“病从口入”
2	学步车的各部位要坚牢，以防在碰撞过程中发生车体损坏、车轮脱落等事故
3	高度要适中
4	车轮不要过滑

环境要安全

①首先要为宝宝创造一个适合练习走路的空间，这一空间与宝宝不应该去的地方应有一障碍物阻挡。地面不要过滑，不要有坡度。

②因为宝宝的腿已经很有力量，速度过快，学步车碰到物体上会伤害宝宝。要把四周带棱的物体拿开，避免学步空间内家具凹进凸出。宝宝双手能够到的小物品也要拿走，以防宝宝将异物放入嘴里。

家长自身注意的问题

①不要把学步车当成宝宝的“临时保姆”，在宝宝学步期间爸爸妈妈切不可掉以轻心，要随时保护宝宝。宝宝学步的时间不宜过长，这是因为宝宝骨骼中含钙少，胶质多，故骨骼较软，承受力弱，易变形。

②不要给宝宝穿得过多。

③宝宝排尿后再练习，可撤掉尿布，减轻下身负担。

④佝偻病患儿、过胖儿、低体重儿不要急于学步，即使用学步车，时间也应适当缩短。

打理宝宝头发5妙法

给宝宝勤洗头发

经常保持宝宝头发的清洁， 可使宝宝头皮得到良性刺激，从而促进头发的生长。如果总是不给宝宝洗头发，头皮上的油脂、汗液以及污染物就会刺激宝宝头皮，引起头皮发痒、起疱，甚至发生感染。这样会使宝宝的头发更容易脱落。

值得妈妈注意的是，给宝宝洗头时应选用纯正、温和、无刺激的宝宝洗发液，最好泡沫丰富。并且，洗头发时要轻轻用手指肚按摩宝宝的头皮，切不可用力揉搓头发，以防弄伤宝宝脆弱的头皮及脱落的头发纠结在一起难以打理。

给宝宝勤梳头发

妈妈要经常带一把宝宝的专用梳子，只要方便时，就给宝宝梳几下头发。因为经常梳理头发能够刺激头皮，促进局部的血液循环，有助于头发的生长。但是，不要使用过于硬的梳子，最好选用橡胶梳子,橡胶梳子既有弹性又很柔软,不容易损伤到宝宝稚嫩的头皮。

在此提醒一点，妈妈梳理宝宝头发时，一定要顺着宝宝头发自然生长的方向梳理，动作和力度要保持一致，不可按照自己的意愿，强行把宝宝的头发梳到相反的方向。

给宝宝补充丰富的营养

全面而均衡的营养，对于宝宝的头发生长发育极为重要。因此，一定要按月龄给宝宝添加辅食，及时纠正偏食、挑食的不良饮食习惯。饮食中保证肉、鱼、蛋、水果和各种蔬菜的摄入和搭配，含碘丰富的紫菜、海带也要经常给宝宝食用。

这样，丰富而充足的营养素，可以通过血液循环供给毛根，使头发长得更结实、更浓密。

让宝宝多晒太阳

适当的阳光照射和新鲜空气，对宝宝头发的生长非常有益。因为紫外线的照射不仅有利于杀菌，而且还可以促进头皮的血液循环。

然而不可让宝宝的头部暴露在较强的阳光下，阳光强烈的时候外出，一定要给宝宝的戴一顶遮阳帽，避免头皮晒伤。

保证宝宝充足的睡眠

宝宝的大脑尚未发育成熟，因此，很容易疲劳，如果睡眠不足，很容易发生生理紊乱，从而导致食欲不佳。经常哭闹及容易生病，从而间接地导致头发生长不良。通常，刚刚出生的宝宝，每天要保证睡眠20小时；1～3个月时每天保证睡眠16～18个小时；4～6个月时每天保证睡眠15～16个小时；7～9个月时每天保证睡眠14～15个小时；10个月以上每天保证睡眠10～13个小时。

宝宝学走路妈妈选好鞋

当宝宝迈出人生的第一步时，妈妈肯定会欣喜不已。但是妈妈应为宝宝选一双怎样的鞋子呢？如何做到既保护宝宝幼嫩的脚脚，又美观舒适呢？

拒绝“二手鞋”

俗话说：“若要宝宝长得好，宝宝要穿百家衣，宝宝要吃百家饭。”这句话正道出了我国对宝宝的传统的养育法。

虽然，旧衣物与新衣物相比质地更柔软，更适合宝宝幼嫩的肌肤，但宝宝是不是也要穿旧鞋子呢？是不是旧鞋更舒适呢？答案是否定的。因为每个宝宝的脚形是完全不同的，穿过的鞋子会随着宝宝的脚形而变形。所以爸爸妈妈如果让宝宝穿已经变形的旧鞋，宝宝会感到不舒服。而且宝宝双脚的骨骼还处于发育阶段，尚未定型，穿“二手鞋”不利于宝宝脚的发育。

拒绝厚底鞋

宝宝会蹒跚的走路了，鞋底厚是不是可以让宝宝的脚能更有力的支撑自己，不让幼嫩的脚底受伤呢？这也是一种错误的想法。其实，刚学会走路的宝宝，需要足底与地面更紧密地接触，需要感觉地面的软硬度和斜度，在感受地面的反射过程中学会脚趾的配合活动，保持身体的平衡。最好是赤脚练习走路。

拒绝大鞋和小鞋

宝宝在他生命里的第一年，无论是他的身体骨骼还是心理发育的生长速度都是很惊人的。看到宝宝的脚长势迅速，妈妈总想为宝宝选一双大一点的鞋子。实际上，宝宝穿太大的鞋，并不利于学步。如果鞋子不跟脚，对尚未完全学会走路的宝宝而言，容易摔倒，也不利于宝宝脚的发育，脚在大鞋的空间里摩擦容易造成对脚的伤害。同样，宝宝穿顶脚的鞋，危害更大。一方面因为挤脚，宝宝走路会感到疼痛，从而失去学习走路的兴趣；另一方面太小的鞋子会阻碍宝宝脚的正常发育，使宝宝脚的血脉不通，严重时还会引起“脚沟炎”。

禁用成人痱子粉

爸爸妈妈经常会给宝宝身上扑些痱子粉，但如果误用成人痱子粉，会损害宝宝健康。因为成人痱子粉与宝宝痱子粉中所含的药物、剂量都不相同。成人痱子粉中所含的薄荷脑、樟脑（或冰片）比宝宝痱子粉多3～4倍；升华硫多10倍；而且对皮肤刺激较大的水杨酸则多1倍。特别是成人痱子粉中含有硼酸，而在宝宝痱子粉中它是禁用的。如果给宝宝误用成人痱子粉，会发生中毒现象，引起恶心呕吐、皮肤起红斑。所以爸爸妈妈的正确做法是给宝宝使用婴幼儿专用痱子粉。

旅行前事项准备

安排最佳出行时间

有的宝宝在汽车、火车、飞机上睡得很好，然而醒来后却会因空间狭小而不停地烦闹妈妈。因而搭乘飞机或乘车的时间最好选在宝宝容易入睡的时候，夕发朝至的软卧火车或短时间飞行的飞机都适合较小的宝宝搭乘。

国外旅行准备

需先了解目的地的卫生情况，若有疫情，应怎样预防。并听从医生的指导带上保健药盒，如准备一些祛热止痛药、防晕药、抗菌消炎药，防蚊虫药和外用绷带等。

订票时要求适当座位

订票要声明与宝宝同行，搭乘飞机时最好预定各区段第一排的座位，不要选长排座中间的座位。因为无论对妈妈本人还是对旁边的旅客都不方便；乘坐火车时要预定下铺。这样妈妈和宝宝就会有较大的活动空间，并可让宝宝在妈妈的腿边玩耍。

预定目的地宾馆

尽可能预定到有宝宝床的房间，这样会使你在照料宝宝时十分方便。最好让丈夫或朋友与你一起出行，这样可使妈妈多一个帮手，如果遇到问题也可以帮助妈妈出主意或协助妈妈照料宝宝。

有效避免晕吐

出发前让宝宝喝一小杯加醋的温水，可有效地避免宝宝晕吐；如果皮肤被蚊虫叮咬，涂抹醋还可以消毒止痒；若宝宝因不适应新环境而难以入睡，在宝宝睡前喝一杯加醋的温水便能使宝宝很快入睡。

宝宝摔倒如何提供帮助

爸爸妈妈要给宝宝锻炼的机会，从小养成战胜困难的顽强性格，如果一摔倒，爸爸妈妈马上把宝宝扶起来，会削弱宝宝克服困难的决心。不要小看这一小小的举动，培养宝宝就是从点滴开始的。现在有许多年轻妈妈因为不知道如何正确教宝宝走路而万分苦恼。

幼儿早期教育专家说，宝宝的每一步、每一个走路姿势，以及应如何在他走路的过程中做好保护，妈妈都要特别关注，而不当的学步过程会使宝宝骨骼、脊椎变形。

宝宝晒伤后妈妈巧护理

日光性皮炎是可以预防的。最好的方法是避免直接日光照射，外出游玩时要戴好遮阳帽或遮阳伞，皮肤敏感的宝宝要穿透气性好的长袖衣、裤，要选择适合儿童的防晒霜，应注意避免在上午10点到下午2点光照强烈时外出。如果宝宝已经出现皮肤受损，妈妈也不要着急，可针对症状选择以下办法：

1.局部红斑明显水肿者，可以用冰配方奶湿敷，能起到明显的缓解作用，一般每隔2～3小时湿敷20分钟，直到急性红肿消退；也可用3%硼酸水冷敷，并外用儿童适用的激素类霜剂，如肤乐霜、尤卓尔等，有明显减轻局部红、肿、热、痛的作用。

2.对暴露部位的红斑，可以外擦炉甘石洗剂，也可用鲜芦荟的汁液涂抹（使用前应确定宝宝不对芦荟过敏），如果没有这些药物也可用冰块或冰水敷在红斑处。

3.如果有水疱或破溃出水的皮损，可以用1：2000的黄连素水清洗局部后外涂抗生素软膏，如百多邦、达维邦等。

4.如果红肿消退并伴有脱屑时应避免衣物摩擦，外涂硅霜或参皇霜。

5.如果宝宝有明显发热、恶心、头晕等症状应及时去医院就诊，在医生的指导下，口服抗组织胺药物或镇静剂，重症者则需给予输液。

快乐出游宝宝乘车有4忌

忌背宝宝上车

当你抱宝宝上车时，宝宝应在前、你在后。千万不要背宝宝上车，否则，当气门关上时，容易将宝宝的头夹在两扇门之间，造成头部夹伤。

忌坐前排

上车后，如有座位可选，不要坐在第一排。因为急刹车时，由于惯性作用会使身体向前冲，第一排座位前面没有阻挡物的话，惯性冲力可将宝宝摔出去而造成外伤。

如果只能坐在第一排，一定要拉住宝宝，并叮嘱宝宝用双手抓住周围的栏杆。不宜让宝宝单独坐在第一排。

忌坐左侧座位

上车后尽量让宝宝坐在驾驶员的右侧。从车祸调查情况来看，一般汽车“外档”车祸发生率较高，而“内档”较少。相对来说，坐在驾驶员的右侧比较安全。

忌将头、手伸出车外

宝宝的头和手不能伸出车外，否则很可能被迎面飞驰而来或后面超速行驶的车子碰伤，造成骨折、轧伤，甚至头部外伤。因此乘车时宝宝的头、手一定不能伸出车外。

给宝宝拍照不用闪光灯

由于室内光线的问题，为宝宝拍照时一般要借助于闪光灯。然而，频繁用闪光灯给宝宝拍照，会损伤宝宝的眼睛，致使宝宝发生视网膜疾病。

人眼的结构犹如一架相机， 眼球前边的角膜和晶状体相当于一组镜头，虹膜相当于光圈，眼球周围的巩膜和脉络相当于暗箱，而眼球最后面的一层视网膜相当于感光底片，对光线反应最为敏感。刚出生不久的宝宝其眼球发育不完善，特别是视网膜里的感光细胞很娇嫩，非常怕强光的刺激。

宝宝的眼球尚未发育成熟，强烈的光束会损害他们的眼睛。如果用闪光灯对准他们拍照，闪光灯闪光的一刹那，即便是五百万分之一秒的闪光灯的光束也会损伤宝宝视网膜。而且，闪光灯与眼睛的距离越近，对视网膜的损害就越大。

因此，爸爸妈妈在为小于6个月的宝宝拍照时，一定要采用自然光，不能用闪光灯。同样，宝宝的卧室灯光也不宜过强，否则同样会造成对宝宝眼睛的损害。

刮风不宜给宝宝围纱巾

一些爸爸妈妈在狂风天会给宝宝脸上蒙一层纱巾。虽然这样做能避风尘、阳光，但对健康不利。据测定，宝宝的脑组织耗氧量占全身耗氧量的50%。纱巾透气性较差，给宝宝脸上蒙纱巾会给宝宝面部区域制造一个供氧不足、二氧化碳滞留的小环境，进而对宝宝脑组织的新陈代谢造成不良影响。

7个月宝宝较瘦弱怎么办

宝宝不爱吃饭可能是缺锌，缺锌的情况下会导致宝宝的味觉障碍、厌食、偏食或异食；皮肤疾患、易患口腔溃疡、受损伤口不易愈合、青春期痤疮等；生长发育不良、免疫力下降、易感冒发热、智力发育迟缓等症状。

这时应及时补充锌元素，锌是仅次于铁的需要量较大的微量元素，是200多种含锌酶的组成成分。未满周岁的宝宝每天需锌量为3～5毫克，1～10岁儿童每天需锌量为5～10毫克。婴幼儿在锌供给不足的情况下导致影响宝宝的生长和智力发育，同时也会影响味觉和免疫功能，缺锌是引起厌食症的主要原因。另外，爸爸妈妈也要注意，不要在宝宝不愿意吃饭，没有食欲的情况下就给宝宝盲目地补充锌，要在确定宝宝是因为缺锌而导致食欲下降甚至厌食的情况下才可以给宝宝补充锌元素，否则也会影响宝宝的身体健康。

7个月宝宝可以吃奶酪吗

对于宝宝来说，不要给他吃太过于成人的奶酪，买些儿童的比较好。注意不要买带各种口味的，如草莓、巧克力之类的。这些带口味的奶酪，完全是厂商为了满足中国人既想要营养，又吃不惯奶酪的味道而使用的商业手段，这并不好。给宝宝买原味的奶酪即可。每天的喂量也不可以太多，宝宝现在还小，还在吃奶阶段，所以差不多1天不超过1小盒。

7个月宝宝每天应该睡几小时

此时宝宝的睡眠时间为14～16个小时。保证充足的睡眠，宝宝才能健康发育。建议爸爸妈妈营造一个温馨安静的睡眠环境，提高宝宝的睡眠时间。

宝宝睡觉时，家里最好关电视、关灯，其他人都安静下来，不要到处走动，让房间变得昏暗、宁静，这样有助于宝宝入睡。

1.睡前最好能洗个澡。

有条件的话，尽量在睡前给宝宝洗个温水澡。如果是冬天家里比较冷时，要谨慎，避免宝宝着凉。睡前给宝宝热一杯牛奶，而且热牛奶对宝宝的胃有好处。

2.睡觉不要穿太多。

宝宝睡觉时穿衣一定要适当，穿得太热或太冷都会影响宝宝入睡。父母可以将自己的手探入宝宝的后背，温热没有汗即可。最好给宝宝穿透气宽松的衣服。

宝宝睡觉常醒怎么办

爸爸妈妈可以考虑换一种纸尿裤试试，买那种吸水量大的，并且给宝宝勤换。如果不是尿不湿的问题，应带宝宝去医院检查。

7个月宝宝夜里常醒并且哭闹得厉害怎么办

如果是肚子痛引起的，爸爸妈妈可以给宝宝按摩肚子，绕着肚挤顺时针按摩，看他会不会好点，有时候也可能是因为肠道消化能力差。

宝宝夜里小便时大哭怎么办

大多数时间，宝宝是用哭来表示自己要小便的。爸爸妈妈只要掌握这个规律，为宝宝把过尿后，宝宝便会继续入睡。

7个月宝宝经常搓脚正常吗

春季皮肤可能会产生各种不同状况，所以导致脚不舒服，这种情况可以看看宝宝是不是脚上有脱皮状况。

8个月宝宝经常焦躁不安怎么办

这种现象多半是宝宝的牙床痒，等乳牙长出来就好了，建议给食用宝宝磨牙棒或磨牙饼干。另外应多喝开水。

8个月宝宝流鼻涕喉咙有痰怎么办

可能是上呼吸道感染，这是需要一段时间恢复的。可以喝些止咳化痰的糖浆进行调节。

宝宝衣物可否机洗

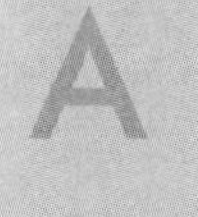

可以用洗衣机洗宝宝衣物，不过定时要清洁洗衣机的内胆，大部分家庭都不会清洁，或清洁不彻底，建议妈妈还是选择手洗，这样做比较安全，以免细菌感染。

8个月宝宝腹泻呕吐，咳嗽长久不愈怎么办

他如果还呕吐，每次可给他吃1/4片胃复安，每天3次。才用按摩加饮食调理，大蒜煮水略加冰糖，煮开后小火煮10分钟，每天3～5次，大蒜要每天煮一次，每次50毫升，每天晚上用热水泡脚15分钟，注意水温别烫着宝宝，按揉脚心，每只脚50下，力度要适中，按完给宝宝喝杯温开水，出微汗最好，再按揉宝宝的肚脐，给他按揉前，把你的双手搓热或用热水泡热，掌心贴在肚脐上以逆时针方向按揉300～500下，按揉完用鲜姜片贴在肚脐上拿纱布和医用胶布固定。

饮食要注意，若母乳喂养，妈妈不要吃寒凉的食物，勤喂白开水，水果尽量不吃，如果一定要给他吃，只能吃煮熟的苹果加胡萝卜，水可以喝，果肉打糊喂他。你们若能坚持给他按摩，他很快就能恢复的。

大人嚼过的东西喂宝宝可以吗

大人嘴里细菌很多，如果把已经嚼过的东西喂宝宝，或者嘴对嘴喂宝宝，这样都不好。如果对硬度不放心，那就煮软之后用匙子背部仔细碾碎，再加入少量水调得滑溜溜的就可以了。

另外，妈妈在喂宝宝吃饭时，往往还存在一个弊端，那就是很多妈妈认为细软的食品有助于宝宝的消化和吸收，所以只给宝宝吃细软的食品。可是如果宝宝长期吃这样的食物，咀嚼的时候用力小，时间也短，会影响牙齿及上下颌骨的发育，会引起咀嚼肌发育不良、牙齿排列不齐、牙颌畸形和颜面畸形等症状。为了避免以上情况的发生，要提高宝宝的咀嚼能力，就要喂宝宝吃些粗糙耐嚼的食物，这样有利于宝宝颌骨的发育和恒牙的萌出。

9个多月宝宝不爱吃奶粉该如何保证营养

不用担心，吃蛋、宝宝面、蔬菜、水果都是可以的，只要宝宝不挑食就不会缺乏营养了。

宝宝睡眠浅怎么办

A

很多宝宝6个月左右都会开始一段频繁夜醒的时期。因为这个阶段宝宝的大脑正在飞速发育，身体也正在学习翻身、坐起、爬行等更多动作，还有很多宝宝开始长牙，都会让宝宝夜间更容易醒来。

另外，宝宝的睡眠模式和成年人不一样，他们浅睡时间多，也就是所谓的“快速眼动睡眠”时间长，而深度睡眠时间少，睡觉时就比较容易醒来。

而且宝宝多数还没有学会自己入睡，所以他们需要帮助才能重新入睡。吃奶是辅助入睡的最好方式，妈妈不要吝于提供。

如果以上情况都不是，那么就要考虑你的宝宝有无其他症状，可以带宝宝去查一下血钙，如果是缺钙、血钙降低，引起大脑植物性神经兴奋性增高，导致宝宝夜醒、夜惊、夜间烦躁不安，睡不安稳；应给宝宝补钙和维生素D并多晒太阳。

宝宝坚持让妈妈抱着睡怎么办

这里给妈妈们提供一个好办法，把宝宝放在婴儿车里面睡。因为婴儿车空间较小，有点像妈妈怀抱的感觉，妈妈们不妨试试。

宝宝嗓子有炎症怎么办

这种情况可能是嗓子炎症所致，建议先口服宝宝止咳化痰颗粒、头孢颗粒治疗，多喝水。咳嗽、喉咙有痰，说明是风热感冒，风热感冒一般都是上火引起的。给宝宝吃些去火的药和治疗风热感冒的药。

宝宝仰头睡姿势正确吗

如果仰睡能使宝宝熟睡的话就不需要特意纠正他的睡姿。但是要注意以下几点：

1.仰睡的宝宝切忌使用枕头，以免因头部抬高而使颈部弯曲，此种姿势会使咽喉处曲折，呼吸会比较困难。宝宝正确的头颈姿势应是伸张的，所以需要在颈肩部稍垫高些，而不是将头枕部垫高。

2.由于重力的关系，口内的舌头易向后掉，卡在后咽喉部，阻挡呼吸气流自由进出气管口。一旦气流阻力增大，在仰睡时呼吸有杂音（鼾音）或困难，对原本呼吸就不顺畅的婴幼儿而言较不适合。如果宝宝没有呼吸系统疾病的话就没有太大关系。

蜂蜜可以直接加在奶粉里喝吗

不可以，1岁以内的宝宝最好不要食用蜂蜜，因为蜜蜂在采蜜的过程中，花粉中含有很多细菌，对宝宝肠道不利。

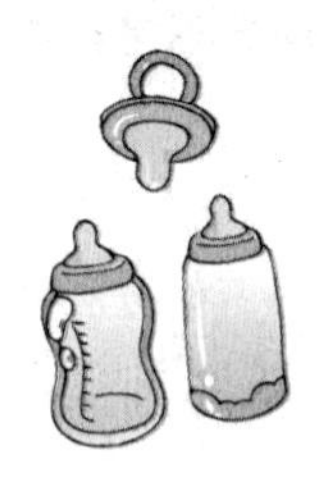

Q 怎样给宝宝补充维生素A

A

小于6个月母乳喂养的宝宝，妈妈应当多给吃富含维生素A的食物；人工喂养或混合喂养的宝宝，应选用母乳化或婴儿配方乳，其中的维生素A可满足宝宝的需要。另外，对于大于6个月的宝宝，爸爸妈妈可适当多添加肝脏、蛋黄、胡萝卜等富含维生素A的食物。1岁以上的宝宝除了摄入充足的肉、奶、蛋外，富含β－胡萝卜素的深色水果和蔬菜在感冒期间必不可少，建议在烹调此类蔬菜时应使用适量的食用油翻炒，有利于β－胡萝卜素的吸收。最后，注意不要擅自给宝宝服用维生素A补充剂。

宝宝吃什么食物对呼吸道疾病好

A

扁桃体发炎很容易复发。加强宝宝的抵抗力才是根本，合生元、牛初乳等都可以增强宝宝的抵抗力，可以尝试一下。

换乳后宝宝喂养的注意事项有哪些

换乳后宝宝营养的摄取需依靠尚未发育成熟的消化器官，因而容易引起代谢功能紊乱，所以在换乳时宝宝的喂养中需要注意很多问题。如换乳后宝宝依旧需要较多的热量和蛋白质，故不宜进食固体食物，应在原有辅食基础上，逐渐增添新品种，逐渐由流质、半流质饮食改为固体食物，首选为质地软、易消化的食物。换乳后宝宝进食次数一般一日可在4～5餐，分别为早、中、晚餐及午前点、午后点。在正餐外，不要再给宝宝喂食零食，特别是巧克力，以免影响宝宝食欲和进餐质量，如果宝宝进食过多的零食，反而容易引起营养失调或营养缺乏症。

宝宝吃鸡蛋黄，脖子后面就起小疹疹怎么办

宝宝很可能是对鸡蛋过敏，暂停给宝宝吃鸡蛋，等长大点再说。

宝宝指甲泛白怎么办

指甲可以反应健康状况，观察指甲的变化，可以了解身体有哪些病症，来及时的应对。

指甲过白：慢性贫血或肝、肾有问题。

指甲白斑：缺乏锌，可由海产类、菠菜、菇类、五谷类、葵花子等摄取补充。

另外，爸爸妈妈最好带宝宝去医院看看是不是缺少微量元素或某些营养物质。

如何让宝宝爱吃饭

1.妈妈可以做些宝宝易吃的，如用米粉做些东西给宝宝吃。

2.做些颜色很漂亮的食物，先吸引宝宝注意，再慢慢哄他吃。

3.把各种颜色的蔬菜搭配一下，颜色搭配很重要，这样宝宝就会慢慢喜欢吃饭了。

4.可以把菜拼成宝宝感兴趣的形状，诱惑一下他。也可把味道做得多样化点，

对宝宝能力的训练

语言能力训练

发声训练

继续训练发音，如叫爸爸、妈妈、拿、打、娃娃、拍拍等，在引导他模仿发音后，要诱导他主动地发出单字的辅音。观察宝宝是否见到爸爸叫“爸爸”，或见到妈妈叫“妈妈”。平常多与宝宝说话，多引导他发音，扩大他的语言范围。继续训练宝宝理解语言的能力，引导宝宝用动作来回答，如欢迎、再见、谢谢、虫子飞，以及听儿歌时做1～2种动作表演等。

对“不”的理解

这个阶段应抓住机会让宝宝理解“不”的意思，如宝宝要碰热水杯时，妈妈要对宝宝严肃地说：“烫，不许碰！”也可以拉着宝宝的手轻轻触摸杯子，然后把他的手离开物品，或轻轻拍打他的手，示意他停止动作。对于宝宝不该拿的东西要明确地说“不”，并要摇头、摆手，让他懂得“不”的意义。

读儿歌

平常生活中，父母可以给宝宝念儿歌、读故事，并且要有亲切而又丰富的面部表情、口型和动作，给宝宝念的儿歌应短小、朗朗上口。在每晚睡前给宝宝读一个简短的故事，最好一字不差，一个故事记住了，再换别的，以便加深宝宝对故事的印象和记忆。每天坚持念儿歌、讲故事、看图书，并采取有问有答的方式讲述图书中的故事，耳濡目染，宝宝就会对图书越来越感兴趣，这对宝宝学习语言很有帮助。养成喜欢读书的习惯，对他的一生具有重要的意义。但是，这么大的宝宝注意力集中时间很短，一般几十秒到1分钟，要在宝宝有兴趣、很高兴时，与他一起念儿歌、讲故事、看图书，否则就没有意义了。

四肢爬行训练

宝宝成长到8个月时，每天都应该做爬行锻炼。爬行对宝宝来说并不是轻而易举的事情，对于有些不爱活动的宝宝，更要努力训练。

先练习用手和膝盖爬行

为了拿到玩具，宝宝很可能会使出全身的劲儿向前匍匐地爬。开始时可能不一定前进，反而后退了。这时，爸爸妈妈要及时地用双手顶住宝宝的双腿，使宝宝得到支持力而往前爬行，这样慢慢宝宝就学会了用手和膝盖往前爬。

再练用手和脚爬行

等宝宝学会了用手和膝盖爬行后，可以让宝宝趴在床上，爸爸妈妈用双手抱住腰，把小屁股抬高，使得两个小膝盖离开床面，小腿蹬直，两条小胳膊支撑着，轻轻用力把宝宝的身体向前后晃动几十秒，然后放下来。每天练习3～4次为宜，这些会大大提高宝宝手臂和腿的支撑力。当支撑力增强后，妈妈用双手抱宝宝腰时稍用些力，促使宝宝往前爬。一段时间后，可根据情况试着松开手，用玩具逗引宝宝往前爬，同时用“快爬！快爬！”的语言鼓励宝宝，逐渐宝宝就完全会爬了。

小贴士

很多父母都和宝宝做过的一个游戏——枕头路，是非常适用这个阶段的宝宝的。父母用枕头拼成一条路，宝宝在一边，父母在另一边，宝宝爬过枕头的时候，父母要为宝宝加油。

手部训练

宝宝在8个月时就能随心所欲地抓起摆在他面前的小东西了。抓东西时，也不再是简单地抓起来握在手里，而且会摆弄抓在手里的东西，还会把东西从一只手传递到另一只手，出现了双手配合的动作。宝宝在摆弄物体的动作过程中，能够初步认识到一些物体之间的简单联系，比如敲击东西会发出声音，所以他才会不厌其烦地反复去敲，这是宝宝最初的一些“思维”活动，同时也是宝宝心理发展的一大进步。对此，爸爸妈妈应该提供机会让宝宝做一些探索性的活动，而不应该去阻止他或限制他。

训练宝宝拇指、示指对捏

训练宝宝的拇指和示指对捏能力，首先是练习捏取小的物品，如小糖豆、大米花等。在开始训练时，可以用拇指、示指扒取，以后逐渐发展至用拇指和示指相对捏起，每日可训练数次。在训练时，爸爸妈妈最好陪同宝宝一起，以免他将这些小物品塞进口或鼻腔内，进而发生危险。

学习挥手和拱手动作

爸爸妈妈可以经常教宝宝将右手举起，并不断挥动，让宝宝学习“再见”动作。

当爸爸上班要离开家时，要鼓励宝宝挥手，说“再见”。如此每天反复练习，经过一段时间，宝宝见人离开后，便会挥手表示再见。

宝宝认生了

有的父母突然发现本来见人就笑的宝宝突然变得见人就哭了，这是因为宝宝进入了认生的时期，过段时间自然就会好了，父母不必担心。

正确看待认生的现象

宝宝认生、怕生，这是一种很常见的现象，因为宝宝的认知能力不强，有生人在场时，他们会缺乏安全感。为此，帮助宝宝克服认生的情况，首先要培养宝宝独立勇敢的性格。

怎样解决宝宝认生的问题

◆性格外向宝宝的安抚法

通常，性格外向的宝宝在遇到陌生人向其示好的时候，往往反应比较强烈，会大哭着挣脱陌生人的怀抱，希望得到妈妈的“救援”。

联谊活动

父母可以经常带着宝宝去别人家做客，或者邀请亲朋好友到自己家里来，最好有与宝宝年龄相仿的小朋友，这样同龄之间的沟通障碍要小得多，渐渐让宝宝习惯于这种沟通，提升交际能力。

环境安全

遇到宝宝认生时，妈妈要马上让宝宝回到安全的环境，比如抱到自己怀里，放回到婴儿车里，不要勉强或强迫他接受陌生人的亲热，这样只会让他更加紧张，认为妈妈不要他了，所以，要及时安抚。

◆性格内向宝宝的激励法

性格内向的宝宝，往往更怕生，害怕陌生的环境与事物，对此，爸爸妈妈一定要多加开导。

多接触陌生人

抱着宝宝，主动地跟陌生人打招呼、聊天，让宝宝感到这个陌生人是友好的，是不会伤害他的。

慢慢接近

想要接近宝宝，最好拿着他最熟悉、最喜欢的玩具，这样他就会慢慢地转移注意力，缓解认生的恐惧心理。

给宝宝增加与人接触的机会

父母平常要多给宝宝创造和其他小朋友、当陌生人在一起玩的机会，刚开始时，最好父母在场，多给予宝宝鼓励性的话语，当宝宝渐渐的和生人接触多了，也就不再认生了。但有时，即使给宝宝提供了和其他人交往的机会，宝宝仍然不愿意。对这种情况，父母最好先尊重宝宝，不要勉强宝宝，给宝宝一个自然发展的过程，不要急于求成，不要让宝宝感觉到任何的压力，随着宝宝年龄的增长，宝宝接触的人多了，自然也就不怕生人了。要知道，宝宝心情舒畅，拥有一个快乐的童年生活，这才是最重要的。

小贴士

有人说宝宝认生是聪明，其实宝宝认生和他平时见的人太少有关，也与宝宝的性格有关，这样的宝宝长大后可能不太喜欢与人交往，因此父母要从小丰富宝宝的生活环境，多和宝宝做些亲子游戏，让宝宝慢慢开朗起来。

第五章
宝宝10～12个月

身体发育标准

10个月宝宝成长标准

养育重点

1	不要过多地干预宝宝活动
2	多给宝宝提供模仿的机会
3	此时宝宝会很淘气，爸爸妈妈要控制自己的情绪，不要随便发脾气
4	不要频繁地对宝宝说“不”
5	慢慢纠正宝宝吮吸入睡的习惯
6	多向宝宝介绍家中的日常用品
7	积极训练宝宝迈步行走，要保证宝宝的安全
8	收起家里的小颗粒状物品，如药丸等

体格发育监测标准

10个月时		
	男宝宝	女宝宝
身长	68.9～78.9厘米，平均为73.9厘米	67.7～77.3厘米，平均为72.5厘米
体重	7.5～11.5千克，平均为9.5千克	7.0～10.9千克，平均为8.9千克
头围	43.2～48.4厘米，平均为45.8厘米	42.5～47.2厘米，平均为44.8厘米
胸围	41.9～49.9厘米，平均为45.9厘米	40.7～48.7厘米，平均为44.7厘米

宝宝智能发育记录

◆大动作发育：扶站能蹲下捡物

❶宝宝能够坐得很稳，能由卧位坐起而后再躺下，能够灵活地前、后爬行，爬得非常快，能扶着床栏站着并沿床栏行走。

❷这段时间的运动能力，宝宝的个体差异很大，有的宝宝稍慢些。

◆精细动作：亲子共玩套环游戏

这个月龄的宝宝会抱娃娃、拍娃娃，模仿能力加强。双手会灵活地敲积木，会把一块积木搭在另一块积木上。

◆视觉发育：手眼配合完成活动

宝宝能手眼配合完成一些活动，如：把玩具放进箱子里，把手指头插到玩具的小孔中，用手拧玩具上的螺丝等。

◆听力发育：对细小声音做出反应

这个月龄的宝宝能对细小的声音作出反应，怕巨响，能听懂一些简单的词语。

◆语言能力发育：教宝宝各种称谓

能模仿发出双音节词，如“爸爸”“妈妈”等。女宝宝比男宝宝说话早些。学说话的能力强弱并不表示宝宝的智力高低，只要宝宝能理解父母说话的意思，就说明他很正常。

◆作息时间安排：勿让节日影响作息

这个月龄的宝宝活动范围进一步增多，如果白天醒着的时间增多，晚上又不想睡觉，就会造成睡眠不足。

◆大小便训练：耐心解决“事故”

有的宝宝即使此时有了坐盆习惯，可是等自我意识有了萌芽之后，有的宝宝可能又不坐了，遇上这种情况，父母不能对宝宝失去耐心，大吵大嚷。如果父母能以宽容、耐心的态度面对并解决“事故”，则有助于宝宝形成健康的身体意识。

◆睡眠原则：睡眠习惯逐渐定型

这个月内宝宝的睡眠和上个月差不多。每天需睡14～16个小时，白天睡两次。正常健康的宝宝在睡着之后，应该是嘴和眼睛都闭得很好，睡得很甜。

◆提升免疫力：无菌宝宝免疫力低

这个月龄的宝宝基本上已经行动自如了，父母要明白适当与“细菌”接触也可提高宝宝的免疫力。

11个月宝宝成长标准

养育重点

1	宝宝进入了语言学习阶段，及时发现舌系带是否过短
2	不要和宝宝长时间分开，以免引起宝宝的分离焦虑
3	根据宝宝的情绪，训练宝宝排便
4	不断更换宝宝的用物，避免宝宝依赖安抚物
5	当宝宝摔倒时，让他自己爬起来，锻炼宝宝克服困难的能力
6	不要在三餐后喂奶，以免影响正餐的进食

体格发育监测标准

11个月时		
	男宝宝	女宝宝
身长	70.1～80.5厘米，平均为75.3厘米	68.8～79.2厘米，平均为74.0厘米
体重	7.7～11.9千克，平均为9.8千克	7.2～11.2千克，平均为9.2千克
头围	43.7～48.9厘米，平均为46.3厘米	42.6～47.8厘米，平均为45.2厘米
胸围	42.2～50.2厘米，平均为46.2厘米	41.1～49.1厘米，平均为45.1厘米

宝宝智能发育记录

◆大动作发育：能自己由坐位站起来

这个月龄的宝宝能稳稳地坐较长的时间，能自由地爬到想去的地方，能扶着东西站得很稳。

◆精细动作：翻书有益手指灵活

拇指和示指能协调地拿起小的东西。会招手、摆手、翻书等动作。

◆视觉发育：喜欢看图画书了

宝宝看的能力已经很强了，从这个月开始可以让宝宝通过看画书来认图、认物，读正确的名称。

◆听力发育：能理解简单语句

这个月龄的宝宝能听懂简单的语句，有的宝宝可以重复别人的声音。

◆语言能力发育：多做口腔运动

❶这个月龄的宝宝能模仿父母说话，说一些简单的词。

❷这个月龄的宝宝已经能够理解常用词语的意思，并会做一些表示词意的动作。

❸喜欢和成人交往，并模仿成人的举动。当他不愉快时他会表现出很不满意的表情。

◆睡眠原则：防止睡前吮吸癖

这个月龄的宝宝睡眠习惯不会有太大改变，睡眠时间有了显著的个体差异。宝宝大了，可能会边睡边吃手指或吮吸其他物品，应慢慢纠正，不能顺其自然，一旦养成吮吸癖是很难改的。

◆提升免疫力：感冒后免疫力低下

这个月的宝宝安全事故的发生率会相对较高，偶尔也会患小感冒。这对于提高宝宝的免疫力有弊无利。

12个月宝宝成长标准

养育重点

1	定期对宝宝的玩具进行消毒，减少病从口入的机会
2	培养宝宝阅读的好习惯
3	对宝宝下达简单的指令，使宝宝获得满足感，增强自信心
4	选择合适的时机断母乳，保证断奶后的营养
5	营造一个愉快的进餐环境
6	不要打击宝宝的探索欲望
7	训练大小便要循序渐进

体格发育监测标准

12个月时		
	男宝宝	女宝宝
身长	71.9～82.7厘米，平均为77.3厘米	70.3～81.5厘米，平均为75.9厘米
体重	8.0～12.2千克，平均为10.1千克	7.4～11.6千克，平均为9.5千克
头围	43.9～49.1厘米，平均为46.5厘米	43.0～47.8厘米，平均为45.4厘米
胸围	42.5～50.5厘米，平均为46.5厘米	41.4～49.4厘米，平均为45.4厘米

宝宝智能发育记录

◆大动作发育：会扶物来回走

这个时期的宝宝坐着时能自由地左右转动身体，能独自站立，扶着一只手能走，推着小车能向前走。

◆精细动作：从小学习涂鸦

能用手捏起扣子、花生米等小东西，并会试探地往瓶子里装，能从盒子里拿出东西然后再放回去。双手摆弄玩具很灵活。

◆语言能力发育：亲子共读画册

这个时期的宝宝喜欢“嘟嘟叽叽”地说话，听上去像在交谈。能把语言和表情结合起来，他不想要的东西，他会一边摇头一边说“不”。这时宝宝不仅能够理解父母很多话，对父母说话的语调也能理解。宝宝还不能说出他理解的词，常常用他的语言说话。

◆视觉发育：提高宝宝注意力

要注意培养宝宝的注意力，训练方法是给宝宝看一些他感兴趣的东西，这样他就能很好地集中注意力，达到学习的目的。

◆听力发育：对指令做正确反应

听力进一步增强，会对指令做正确的反应，能准确地说出说“爸爸”“妈妈”“滴滴”等双音节词语。

◆作息时间安排：增加早教时间

这个时期的宝宝喜欢和父母在一起玩游戏、看书画，听父母给他讲故事。喜欢玩藏东西的游戏，喜欢认真仔细地摆弄玩具和观赏实物，因此应增加亲子早教时间。

◆睡眠原则：睡觉程序尽量不变

❶这个月龄的宝宝白天睡两次，每次睡眠时间不超过两个小时。

❷到了1岁，让宝宝平静下来上床睡觉变得越来越难。但是还是要坚持以往的就寝习惯，这对培养宝宝良好的睡眠习惯很重要。

◆大小便训练：大小便后要及时清洗

由于尿便中的酶会侵蚀皮肤，引起感染。所以大小便完了之后要及时清洗。

◆提升免疫力：好习惯维护免疫系统

宝宝即将满1岁，此时的行为习惯培养非常关键。要维护宝宝的免疫系统，从小就让他养成良好的卫生习惯。

科学喂养方法

添加后期辅食的信号

对成人食物有浓厚的兴趣

很多宝宝在10个月大后开始对成人的食物产生了浓厚的兴趣，这也是他们自己独立用小匙吃饭或者用手抓东西吃的欲望开始明显的时候了。一旦看到宝宝开始展露这种情况，父母更应该使用更多的材料和方法，来喂食宝宝更多的食物。在辅食添加后期，可以尝试喂食宝宝过去因过敏而未食用的食物了。

正式开始抓匙的练习

开始表现出独立欲望，自己愿意使用小匙。也对成人所用的筷子感兴趣，想要学使筷子。即使宝宝使用不熟练，也该多给他们拿小匙练习吃饭的机会。宝宝初期使用的小匙应该选用像冰激凌匙一样手把处平平的匙。

加快添加辅食的进度

宝宝的活动量会在10个月大后大大增加，但是食量却未随之增加。所以宝宝活动的能量已经不能光靠母乳或者配方奶来补充了，这个时候应该添加一定块状的后期辅食来补充宝宝必需的能量。

出现异常排便应暂停辅食

宝宝的舌头在10个月大后开始活动自如，能用舌头和上腭捣碎食物后吞食，虽然还不能像成人那样熟练地咀嚼食物，但已可以吃稀饭之类的食物。但即便如此，突然开始吃块状的食物的话，还是可能会出现消化不良的情况。如果宝宝的粪便里出现未消化的食物块时，应放缓添加辅食进度。恢复喂食细碎的食物，等到粪便不再异常后再恢复原有进度。

添加后期辅食的原则

1岁大的宝宝在喂食辅食方面已经省心许多了，不像过去那样脆弱，很多食物都可以喂了，但是妈妈也不可大意，须随时留意宝宝的状态。

这时间段仍需喂乳品

宝宝在这个时期不仅活动量大，新陈代谢也旺盛，所以必须保证充足的能量。喝一点儿母乳或者配方奶就能补充大量能量，也能补充大脑发育必需的脂肪，所以这个时期母乳和配方奶也是必需的。配方奶可喂到1岁，母乳的时间可以更长。建议母乳喂养可到两周岁。即使宝宝在吃辅食也不能忽视喂母乳，一天应喂母乳或者配方奶3～4次，共600～700毫升。

每天3次的辅食应成为主食

若是中期已经有了按时吃饭的习惯，那现在则是正式进入一日三餐按时吃饭的时期。此时开始要把辅食当成主食。逐渐增加辅食的量以便得到更多的营养，一次至少补充两种以上的营养群。不能保障每天吃足5大食品群的话，也要保证2～4天均匀吃全各种食品。

添加后期辅食的方法

要养成宝宝一日三餐的模式，每天需要进食6次左右：早晚各两次奶，辅食添加4次。不仅要喂宝宝糊状的食物，也要及时喂固体食物，以便能及时锻炼宝宝的咀嚼能力，从而更好地向成人食物过渡。

先从喂食较黏稠的粥开始

宝宝一天2～3次的辅食已经完全适应，排便也看不出来明显异常，足以证明宝宝做好了过渡到后期辅食的准备。从9个月大开始喂食较稠的粥，如果宝宝不抗拒，改用完整大米熬制的粥。蔬菜也可以切得比以前大些，切成5毫米大小，如果宝宝吃这些食物也没有异常，证明可以开始喂食后期辅食了。

食材切碎后再使用

这个阶段是正式开始练习咀嚼的时期。不用磨碎大米，应直接使用。其他辅食的各种材料也不用再捣碎或者碾碎，一般做成3～5毫米大小的块即可，但一定要煮熟，这样宝宝才能容易用牙床咀嚼并且消化那些纤维素较多的蔬菜。使用那些柔嫩的部分给宝宝做辅食，这样既不会引起宝宝的抵抗，也不会引起腹泻。

使用专用餐椅

宝宝除了使用专用的儿童餐具以外，还要在固定的位置进餐。

后期辅食食材

面粉

10个月大的宝宝就可以喂食用面粉做的疙瘩汤。为避免过敏，过敏体质的宝宝应该在1岁后开始喂食。做成面条剪成3厘米大小放在海带汤里，宝宝很容易就会喜欢上它。

西红柿

水果中含的维生素C和钙最为丰富。但不要一次食用过多，以免便秘。去皮后捣碎然后用筛子滤去纤维素，然后冷冻。使用时可取出和粥一起食用或者当零食喂。

虾

富含蛋白质和钙，但尤其容易引起过敏，所以越晚喂食越好。过敏体质的宝宝则至少1岁大以后喂食。去掉背部的腥线后洗净，煮熟捣碎喂食。

葡萄

富含维生素B_1和维生素B_2，还有铁，均有利于宝宝的成长发育。3岁以前不能直接喂食宝宝葡萄粒，应捣碎以后再用小匙一口口喂。

鹌鹑蛋黄

含有3倍于鸡蛋黄的维生素B2，宝宝10个月大开始喂蛋黄，1岁以后再喂蛋白。若是过敏儿，则需等到1岁后再喂。煮熟后则较为容易分开蛋白和蛋黄。

红豆

若宝宝胃肠功能较弱，则应在1岁以后喂食。一定要去除难以消化的皮。可以和有助于消化的南瓜一起搭配食用。

猪肉

应在1岁后开始喂食油脂含量高的猪肉。它富含蛋白质、维生素B1和矿物质。肉质鲜嫩，容易消化吸收。制作辅食时先选用里脊，后期再用腿部肉。

鸡肉

有益于肌肉和大脑细胞的生长。可给1岁以后的宝宝喂食鸡的任意部位。但油脂较多的鸡翅尽量推迟几岁后吃。去皮、脂肪、筋切碎后，加水煮熟后喂食。

面包

由于制作原料里的鸡蛋、面粉、牛奶等都容易导致过敏，所以1岁前最好不要喂食。过敏体质的宝宝更要咨询医生意见再食用。面包去掉边缘后烤熟再喂。不烤直接喂食容易使面包黏到上腭。

黄油

易敏儿应在其适应了牛奶后再尝试喂食黄油。购买时选用天然黄油，才不需担心摄入脂肪过多。选择白色无添加色素的。用黄油制作的辅食尤其适合体瘦或发育不良的宝宝。

后期辅食中粥的煮法

泡米熬粥

原料：30克泡米，90毫升水。

做法：

1.把水和泡米放入锅中用大火烧开。

2.水开后再换用小火熬。

3.一边用木匙搅拌一边小火熬至粥熟。

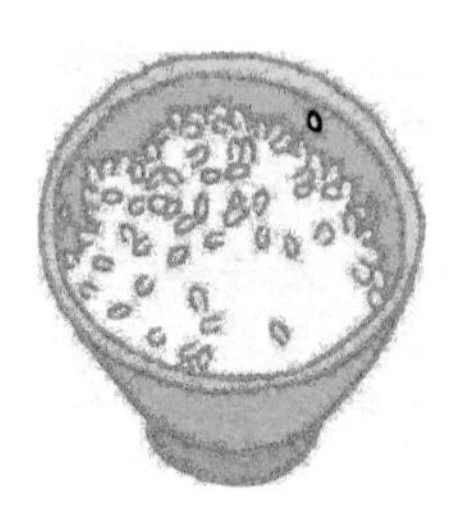

大米饭熬粥

原料：20克熟米饭，50毫升水。

做法：

1.把水和米饭放进小锅。

2.开始用大火煮，水开后再用小火熬熟。

不可强行断奶

断奶过程中，宝宝吵着要吃奶的时候，妈妈一定要注意辨别宝宝到底是因为肚子饿想要吃奶，还是宝宝对妈妈的依赖感太强。

强迫断奶不可取

究竟如何正确断奶？这是纠缠在很多妈妈心头的一个问题。其实，只要方法得当，断奶基本上是一件很容易的事情。但是首先妈妈自己就要有信心，同时也得有恒心。不过要注意千万别狠心地走所谓的捷径。妈妈应该采取科学的断奶方法。

正确选择断奶时机

宝宝一旦断母乳而改喝牛奶和辅食后，消化功能需要有一个适应过程，此时宝宝的抵抗力有可能略有下降，因此断奶要考虑宝宝的身体状况，生病期间更不宜断奶。因此，必须选择宝宝身体状况良好时断奶，否则会影响宝宝的健康。

尽可能采用自然断奶法，逐步减少喂母乳的时间和量，代之以牛奶和辅食，直到完全停止母乳喂食。不要用药物或辛辣品涂在乳头上，迫使宝宝放弃母乳，以免给宝宝心理上造成不良影响。断奶最好选择气候适宜的季节，避免在夏季炎热时断奶，选择春、秋、冬三季较为理想，宝宝不易生病。

如果母乳充足，宝宝的体质又不够好，那么迟一些断奶也是可以的，可以延迟到两岁。

不得不断奶情况下的正确方法

逐渐断奶的方法。从一天喂乳的次数6次，逐渐减少到5次，然后等宝宝和妈妈都适应以后，再逐渐减量到最后完全戒掉。

少喂母乳，多喂牛奶	刚开始断奶的时候，可以每天都给宝宝喂一些配方奶粉，也可以直接用新鲜的全脂牛奶喂食。需要注意的是，尽量让宝宝多喝牛奶，但是宝宝想喝母乳的时候，还是不要拒绝
逐步断掉临睡前和夜间的奶	可以先把夜间的奶断掉，然后再开始断临睡前的奶。宝宝睡觉的时候，可以让其他人代为哄睡，妈妈应有意识地回避
减少宝宝对妈妈的依赖	爸爸的作用也是不可忽视的，断奶前，要有意识地减少妈妈和宝宝的见面接触时间，尽量让爸爸多多出现，从而给宝宝一个心理上的适应过程
养成宝宝良好的习惯行为	因为断奶，出于心理的愧疚，妈妈总是很容易纵容宝宝，也不管宝宝的要求是否合理。可是，越是骄纵，越是让宝宝离不开妈妈，影响断奶

7招应对宝宝厌食

适当降温

夏天宝宝常一顿奶喝完就满头大汗，热得没有食欲。为改善这种情况，妈妈可以在喂奶时，在宝宝的脖子下垫一块毛巾，隔热吸汗，或选择在25℃～27℃的舒适空调房里给宝宝喂奶。

腹部按摩

宝宝肠胃消化功能弱，容易发生肠胀气。适当的腹部按摩可以促进宝宝肠蠕动，有助于消化。具体步骤为：宝宝进食1小时以后，让宝宝仰卧躺下；手指蘸少量宝宝油抹在宝宝肚子上作润滑；右手并拢，以肚脐为中心，用四个手指的指腹按在宝宝的腹部，并按顺时针方向，来回划圈100次左右。

补充益生菌

这个阶段的宝宝，在高温的影响下容易发生肠道菌群的紊乱。

此时，适量地给宝宝补充一些益生菌，有助于肠道对食物的消化吸收，以维持正常的运动，从而增进食欲。

少吃多餐

对食欲不佳的宝宝不要勉强。每次喝奶的量变少了，那就适当增加一两顿午间餐，尽量保证每天的总奶量达标就可以。

正确添加辅食

辅食添加要循序渐进，过早或过多都会影响宝宝的肠胃功能，从而加剧宝宝的厌食情况。

准备清火营养粥

宝宝萌牙时，咀嚼能力尚弱。熬一些消暑、健脾的粥给宝宝吃，可以营养、训练两不误，如绿豆红枣粥、红豆薏米粥等。

食物补锌

宝宝在夏天容易出汗，易导致锌元素的流失，缺锌会引起厌食。此时可为宝宝补充一些含锌量高的食物，如把杏仁、莲子一类的干果磨成粉，做成辅食给宝宝食用。缺锌情况严重的宝宝，也可适当服用一些补锌的保健品。

美味食谱

蒸南瓜粥

食材

鸡胸脯肉30克，南瓜1小块，软米饭1/2碗。

做法

1.将洗干净的鸡胸脯肉放入淡盐水中浸泡半小时，然后将其剁成泥，放入锅中加入一大碗水煮。
2.将南瓜去皮后洗净放入另外一锅内蒸熟后再放入研磨器中用勺子碾成泥。
3.当鸡肉汤熬成一小碗的时候，用消过毒的纱布将鸡肉颗粒过滤掉，将鸡汤倒入南瓜泥中，加入软米饭再稍煮片刻即可喂食。

豆腐鱼泥汤

食材

鱼泥25克，鸡蛋1个，豆腐50克，砂糖、葱末各适量。

做法

1.将鱼蒸熟刮取鱼泥（注意剔除小刺），用酱油、砂糖和少许植物油拌匀。
2.鸡蛋去壳搅匀。
3.用适量水和盐把豆腐煮熟，然后加入煨好的鱼泥，待熟时撒蛋花、葱末，煮熟便成。

鸡肝软饭

食材

鸡肝20克，已泡好的大米30克，水2/3杯，植物油、盐各少许。

做法

1.将已泡好的大米入锅蒸熟。
2.将鸡肝切成片，用开水焯一下，捞出后剁成泥。
3.锅内放点油，下鸡肝泥煸炒，加入适量的植物油和盐，炒透入味。
4.把已煸炒过的鸡肝泥和水放锅里煮，当水开始沸腾时把火调小，再把蒸过的米饭放入锅里边搅边煮，收汁一半即可喂食。

黑芝麻糙米粥

食材

糙米60克，黑芝麻2大匙，水适量，糖1小匙。

做法

1.糙米洗净后沥干，浸泡30分钟。
2.锅中加清水煮开，放入糙米，搅拌一下，待煮滚后再改中小火熬煮45分钟，放入黑芝麻续煮5分钟，加入糖煮溶即可喂食。

黄瓜鸡肉粥

食材

大米30克，熟鸡胸肉1小块，黄瓜2片。

做法

1.黄瓜去皮洗净，鸡胸肉剁至极烂。大米洗净，加入浸过米面儿的清水浸1小时（米浸软能加速煲烂）。
2.把3/4杯或适量的水放入小煲内煲滚，放入大米及浸米的水，黄瓜也放入煲内煲滚，小火煲成稀糊。
3.取出黄瓜压成蓉放回粥内，鸡肉也放入，煲成稀糊，加入极少的盐调味。待温度适合时即可喂食。

花生红枣粥

食材

花生仁50克，糯米100克，红枣50克，冰糖适量。

做法

1.将花生仁浸泡2小时，红枣去核洗干净。
2.将花生仁、红枣和洗干净的糯米一起下锅熬成粥。
3.等到粥黏稠后加入冰糖，稍微煮一下即可。

参味小米粥

食材

人参5克，淮山50克，大枣10枚，里脊肉50克，小米50克，精盐1小匙。

做法

1.将里脊肉切成薄片，用开水烫熟后晾凉。
2.人参煮水取出参汁，加入大枣、淮山，把小米熬成粥，再加入里脊肉煮1分钟。
3.加入精盐调味即可。

荠菜肉馄饨

食材

馄饨皮50克，荠菜20克，肉末10克，香油、酱油、海米末、紫菜少许。

做法

1.将荠菜洗净，烫熟，用凉水内过凉，沥干水分，切碎。
2.肉末放入碗内，加香油及清水，拌搅后，加入荠菜调和成馅。
3.将馄饨皮放在左手掌上，挑入馅心，折成馄饨生坯。
4.将海米末、香菜末、紫菜、酱油放入锅内，再将馄饨也一起放入沸水锅内煮熟。
5.捞入碗内，待适温即可5 食用。

猪血粥

食材

猪血100克，大米50克，葱花、盐各适量。

做法

1.将米煮成粥，再将猪血糕切块，放清水中浸泡。
2.粥快熟时加入猪血，煮开，撒入葱花、盐调味。

柏子仁粥

食材

柏子仁15克，大米50克，冰糖1小匙。

做法

1.柏子仁和大米洗净备用。
2.坐锅点火，锅里放适量的水，加入柏子仁、大米，用中火煮开，再转小火煮30分钟至熟烂。
3.最后加入冰糖调匀即可。

鸡肉软饭

食材

已泡好的大米50克，鸡胸脯肉20克，鸡汤1/2杯。

做法

1.将已泡好的大米上锅蒸熟。
2.鸡胸脯肉清洗干净用水煮熟，然后捞出来切成小块，鸡汤撇去油后盛到另一个碗里。
3.把蒸熟的饭、鸡胸脯肉放到锅里，再倒一些做好的鸡汤，边搅边煮。

虾皮菜包

食材

虾皮5克，小白菜50克，鸡蛋1个，自发面粉适量。

做法

1.用温水把虾皮洗净泡软后，切碎，加入打散炒熟的鸡蛋。
2.小白菜洗净略烫一下，切得极碎，与鸡蛋调成馅料。
3.自发面粉和好，略饧，包成提褶小包子，上笼蒸熟即可。

沙丁鱼粥

食材

沙丁鱼20克，软米饭50克，香油1/2小匙，盐1小匙。

做法

1.将活沙丁鱼剖开腹部，去除内脏、鳃，保留鱼鳞，洗干净后，用小火煮汤，一直煮到鱼肉脱骨为止，去骨留汤汁备用。
2.将锅放置到火上，加入适量清水、软米饭煮粥。
3.等粥汁黏稠时，加鱼汁和盐搅匀，稍煮片刻。
4.食用时加入香油调好口味。

鸡肉菜粥

食材

大米粥1/2碗，鸡肉末1/2匙，碎青菜1匙，鸡汤、植物油各少许。

做法

1.锅内放入少量植物油，起火把油烧热。
2.鸡肉末放入锅中煸炒后，再放入碎青菜煸炒。
3.鸡肉末和碎青菜炒熟后，再放入大米粥、鸡汤一起煮开即可。

黄鱼小馅饼

食材

洗净黄鱼肉50克，鸡蛋1个，牛奶3大匙，淀粉2小匙，葱头少许。

做法

1.黄鱼肉切成泥，葱头去皮，洗净切末。
2.将鱼泥放入碗内，加入葱头末、牛奶、淀粉，搅成稠糊状有黏性的鱼肉馅备用。
3.将平锅置火上，放入油，把鱼肉馅制成8个小圆饼入锅内，煎至两面呈金黄色即可。

法国吐司

食材

南瓜1片，米50克，白菜叶1片，盐、植物油和高汤各适量。

做法

1.面包切成3等份。
2.在钵里加入鸡蛋、牛奶、白糖混匀，浸泡面包。
3.在平底锅上加热黄油，然后倒入步骤2的食材两面煎，盛在碗里，添加一些草莓等季节性的水果。

南瓜拌饭

食材

南瓜1片，米50克，白菜叶1片，盐、植物油和高汤各适量。

做法

1.将南瓜切成碎粒。
2.把米洗净，用淘米水浸泡30分钟后，放在电饭煲内，待水沸后，加入南瓜粒、白菜叶煮至米、瓜熟烂，略加油、盐调味即可。

马铃薯糊

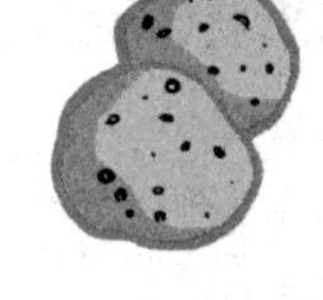

食材

新鲜马铃薯1个，肉汤或者鱼汤适量。

做法

1.马铃薯削去皮，洗净切薄片，当大人的饭煲至大滚时，把马铃薯放在饭上煮。饭熟后马铃薯变黏稠，将马铃薯搓成马铃薯泥。
2.大人的汤是适合宝宝食用的，除去汤面的油及渣汤，马铃薯泥放入小煲内，加入适量的汤拌匀。
3.可以放入极少量的盐煮成糊状，待温度适合时便可喂宝宝。

蔬菜粥

食材

牛肉20克，软米饭1/2碗，胡萝卜25克，洋葱、香油各适量。

做法

1.牛肉、胡萝卜、洋葱切碎。
2.用香油把牛肉末在锅里炒一下。
3.把软米饭和牛肉末加水放入锅里用大火煮，沸腾后把火调小，加入胡萝卜末边搅边煮。

莲藕粥

食材

藕50克，大米60克，白糖少许。

做法

1.将藕刮净，切成薄片，大米洗净，两者同时下锅，用水煮成粥。
2.将熟时加入白糖，熬至黏稠即可。

生活上的贴心照料

培养宝宝良好的睡眠习惯

要有良好的卧室环境

卧室最好朝南，阳光要充足，空气要流通，环境要干燥整洁，温度要适宜。冬天最理想的室温是16℃～18℃，一般能达到15℃就可以了。此外，小儿在睡前半小时，最好能开窗换气，以保持室内空气新鲜。开窗睡时不要让风直接吹在孩子身上，以免受凉。

睡前饮食要清淡

晚饭后至少要过一两小时才能去睡。睡前也不要给他玩新的或有趣的玩具，更不要从他手中夺下玩具或做其他容易使他引起强烈反应的事，以免影响入睡。在睡前，家长可用单调的声音给孩子讲一个平淡而短小的故事。若在一段时间内，每晚都重复讲述，对宝宝可有催眠的作用。

培养宝宝正确的睡眠姿势

一般来说，小儿以右侧卧睡姿势较好，这样能使内脏处于自然位置，保持呼吸通畅，并使胃中食物顺利向肠道输送，还可使全身肌肉放松，利于消除疲劳和生长发育。但在较长时间的睡眠中，睡姿应有适当的变换。因为小儿比较娇嫩，特别是颅骨尚未定型，所以枕头要松软，床垫也要软硬适度。

做好宝宝情绪护理

不要过分溺爱

有时候，父母的精心呵护反而会“伤”了宝宝。比如有些父母，总怕宝宝走着会摔倒，会累着，于是喜欢用车推着宝宝或是抱着宝宝。这样一来，宝宝活动量小，协调能力、大肌肉的锻炼都不够，活动能力就特别差。宝宝吃饭、穿衣、收拾玩具，家人总是包办代替，会造成孩子的动手能力和自理能力差。

正确做法是放开手，让宝宝自己收玩具、自己吃饭、摔倒后自己爬起来，能让宝宝体会更多的快乐和成就感。

不要完全照书本养育

许多年轻父母多数以书为标准喂养孩子，有的过分认真地执行书本上的要求，认为这样才是科学的。比如书上说8个月会爬，1岁半会串珠子，如果自家的宝宝不会，就非常着急，会认为是宝宝的智力发育有问题。

其实，书本上的知识和要求不一定与孩子的实际情况相符。每个宝宝的成长路线都是不一样的。正确做法是把书作为参考，一旦觉得宝宝与书上说的哪点不一样时，不要着急，要全面综合的考虑宝宝的发展情况，比如不会爬是不是因为穿得多啦，不会说话是不是因为没给他说话的机会。

不要过分专制

有的父母认为管教宝宝，就要从小做起，让宝宝绝对服从自己的意愿。宝宝想要红色的玩具，妈妈却认为绿色的好看，于是买下绿色的，一切都是家长做主，宝宝没有任何可选择的余地。时间长了，宝宝就会变得畏畏缩缩，从而局限了宝宝的智力发展。正确做法是当宝宝提出的要求合理时，尽量尊重宝宝的选择，而不要把成人的思维强加给宝宝。

宝宝出汗的护理

出汗时毛孔张开，而汗在蒸发时，又会带走很多热量，反而容易让孩子着凉，所以出汗时的护理要得当。

生理性出汗和病理性出汗

所谓生理性多汗，是指宝宝发育良好，身体健康，无任何疾病引起的睡眠中出汗。

而一些病理性出汗是在宝宝安静状态下出现的，如佝偻病的出汗，表现为入睡后的前半夜，宝宝头部明显出汗。由于枕部受汗液刺激，宝宝经常在睡觉时摇头与枕头摩擦，结果造成枕部头发稀疏、脱落，形成典型的枕部环状脱发，医学上称之为“枕秃”，是佝偻病的早期表现。假如宝宝不仅前半夜出汗，后半夜及天亮前也出汗，多数是有病的表现，最常见者是结核病。结核病的宝宝白天活动时易出汗称为虚汗，夜间的出汗称为盗汗。

出汗怎么办

比较容易出汗的宝宝可以争取洗两到三次澡，无须每次都用沐浴露。容易出汗的头部及头发也最好能够每天用清水洗一遍。衣服也要勤换洗。

◆穿纯棉的短袖T恤

宝宝的新陈代谢非常活跃，在颈部周围、腋下及后背很容易出汗，所以适宜穿纯棉的短袖之类的衣服。

◆抱宝宝时可以在腕部垫毛巾

在抱着宝宝的时候，在宝宝的颈部及妈妈的腕部会出大量的汗液。这时可以在妈妈的腕部垫一块毛巾。

找到适合宝宝的枕头

选择一款好的宝宝枕头，不仅对宝宝颈椎起到很好的保护作用，还可以对宝宝的头部起到定型的作用。

什么时候用枕头

新生儿无须枕头。为了防止吐奶，婴儿上半身可略垫高1厘米（垫个毛巾）。

宝宝出生后3个月就要开始使用枕头，因为宝宝3个月后开始学抬头，脊柱颈段出现向前的生理弯曲。因此，就需要用枕头来维持生理弯曲，保持体位舒适。

安全使用宝宝枕

数据	特点
长度	与宝宝两肩的宽度相等为宜，或稍宽些
宽度	大约比宝宝的头部宽度稍宽一些
高度	一般三四个月的宝宝，枕头高约1厘米；6个月以后的宝宝，3～4厘米；儿童为6～9厘米
每周晒一次	枕芯一般不易清洗，所以要定期晾晒
每年换一次	最好每年更换一次枕芯，确保宝宝使用安全健康

应挑选什么材质的枕芯

市场上的枕头有以下几种，但是无论选择哪种枕头，最好是要有品质的保证，购买时一定要仔细检查，不要因为小小的过失害了孩子。

◆颗粒状材质

植物籽或植物壳。这种材质由于因为可以自由滑动，不会给宝宝的颈部造成压迫感，并可以任意地固定宝宝头部睡姿，防止宝宝呕奶。天然的材质具有吸湿性、透气性好的特性，而且对宝宝头部有按摩作用，还可以促进宝宝脑部的发育。

◆化纤棉

这种材质的枕头往往比较柔软。如果有质量保证的产品能让宝宝睡觉时舒适感倍增。为了固定宝宝头部姿势，这种枕头的中间缝制出一个凹坑，可以保证宝宝的睡眠健康。

◆混合材质

柔软材质配合颗粒状材料。这种枕头就兼具了前两种枕头的特点。

对宝宝能力的训练

培养宝宝的专注力

好动，注意力不能集中，是很多宝宝存在的问题，也是父母和老师比较头痛的问题。其实只要找到宝宝专注力不强的原因，还是能解决问题的。

宝宝专注力的发展规律

0～3个月	对人物的脸型有了初步的印象，喜欢直线和对称性的物体，对活动的物体感兴趣
3～6个月	喜欢注视常见到的人，对喜欢的玩具表现突出，对数量多而小的物体感兴趣
6～12个月	喜欢抓、握物体，开始在运动和操作方面表现积极
12～36个月	专注力开始形成，注意力表现在语言的表达上

什么是专注力

就是我们平时说的注意力。宝宝学习好坏的先决条件就是专注力的强弱。宝宝注意力好，学习效果就好，能力提高也快。专注力是感知、记忆、学习和思维等不可缺的先决条件。3岁前的宝宝专注力的发展是非常快速的，也是宝宝成长的重要时期，父母应该根据宝宝的发育特点、环境因素来促进宝宝大脑的发育，从而提高宝宝的专注力。

宝宝专注力不集中的表现

1	当与宝宝说话时，他表现出不认真听，目光游离的状态
2	不愿意做一些需要持续用脑的事情
3	会被周围一些非常小的事情影响，注意力分散
4	在幼儿园不能专心的上课，一会儿就会站起来走动
5	记不清老师留的作业，也不记得老师上课讲了什么
6	中午难以入睡

专注力不集中怎么办

如果宝宝在专注力方面的问题超过3项，那么父母就该注意了。宝宝的大脑还在发育阶段，即使出现注意力不集中，也是可以改正的。但是如果父母不注意，那么对今后升学成绩以及智力发展都会带来很大的负面影响。所以，父母要了解宝宝专注力不集中的原因，还要找到合适的方法解决这一问题。

提高专注力的有效方法

◆和宝宝一起玩

父母参与到宝宝的游戏中，就会引起宝宝对游戏的关注。

◆与宝宝保持一致

如果父母在和宝宝游戏的时候，宝宝突然好像发现了什么，很专注地去看，那么这时候父母一定不要去阻止他。

◆选择合适的时间玩耍

训练宝宝的专注力，要选择合适的时间，不能在宝宝困倦、饥饿的时间进行。

◆换种方式玩玩具

如果宝宝对某种玩具反感了，也不见得就是专注力不够，也可能是玩腻了，爸爸妈妈可以换一种玩法给宝宝试试，也许他又会喜欢玩了。

◆跟着兴趣走

每个宝宝对物体都会有自己的偏好，父母不要过多的干预，尤其是在婴儿时期，宝宝会将东西放进嘴里，这是他们探索世界的一种方式，只要保证这些东西的卫生就好。

◆跟着兴趣走

训练宝宝的专注力，要選擇合適的時間，不能在寶寶困倦、饑餓的時間進行。

◆观察宝宝对哪些活动进行的时间长

如果寶寶對某種游戲感興趣，那么就讓他去玩，鼓勵他去玩。

宝宝注意力分散的原因

◆身体不舒服

在宝宝睡眠不足或感到劳累、闷热、口渴、生病或某种原因引起的情绪不安等都会影响专注力。

◆外界干扰引起的

环境繁杂、喧闹等都会使宝宝的注意力不集中。

◆不善于转移注意力

有的时候不是宝宝专注力不强，而是他可能还沉浸在之前的事情、故事或者游戏之中，没有注意到之后发生的事情。

◆教育内容、方法不符合宝宝的年龄特点

父母要充分地了解宝宝各个年龄段的心理和生理发育特点，根据不同的阶段开发宝宝的大脑，故事或者游戏的难易程度不符合宝宝的特点，那就起不到作用，也无法让宝宝集中精力。

宝宝的记忆力训练

宝宝的记忆一般要经历感知、认识和再现三个阶段。所以，爸爸妈妈要有目的、有计划地训练宝宝，挖掘宝宝的记忆潜力。

宝宝记忆延续

对于小宝宝来说，记忆主要是来自感官感受到的东西。在宝宝熟悉的场景中，他的记忆力能够得到更加广泛的锻炼和延续。

比如带着宝宝一同到花园去玩，宝宝便会觉得非常开心，而如果你在此时给宝宝一些小礼物，就能让宝宝更加容易记住这次愉快的旅行。你们再去花园的时候，一看到花园绿色的门，宝宝马上就会高兴起来，这是因为他想起了上次在这里的美好时光。公园里的嬉笑玩闹的声音、色彩缤纷的颜色和大家兴高采烈的气氛，都是宝宝感官能够最直接感受到的东西，这些，很容易变成他产生记忆的原因。

头三年的记忆无比重要

宝宝出生后的最初三年，是人“潜意识教育”的积累时期。而正是由于这样的积累，才能使得这些记忆在日后变化成“显意识教育”。而一个人的心理成长，往往就是通过与周围环境之间相互影响而发展起来的，这个发展的前提，就是这些潜意识教育的记忆。据调查研究，人的潜意识教育相对于显意识的功能强50倍以上。所以，潜意识决定了人类头脑的好与坏。

◆宝宝第1年的短期记忆

这个时期的宝宝记忆保持的时间很短，比如，即使你和你的小宝宝经常在一起，偶尔因工作等原因离开几天，再回来抱宝宝时，他却表现出了极度的不乐意。

◆宝宝第2～3年的整体记忆

在这个阶段，宝宝的记忆时间明显延长，只是宝宝对于记忆的灵活运用度还是很差。比如，他可能只是对特定地方的物体有记忆，一旦这个物品发生位置的转移，他可能就把它忘记了。

宝宝的最初的记忆是可以储存的，只不过宝宝的记忆更加脆弱而已。而这一论断引发了许多对宝宝记忆的新发现。比如，很多的宝宝能够慢慢区分先后的两个物品的不同。而且随着宝宝的成长，他的记忆力保存时间会越来越长。

第六章
宝宝1～1.5岁

身体发育标准

1~1.5岁宝宝成长标准

养育重点

1	给宝宝创造一个安全的学步环境
2	给宝宝一个匙子，让宝宝学习自己吃饭
3	同宝宝玩耍，寓教于乐，提高宝宝的语言能力
4	时刻注意宝宝患病的信号
5	宝宝长出第一颗乳牙
6	不要人为加快乳类食物结构向普通食物结构转化的速度，一定要让宝宝慢慢接受固体食物
7	可以直接给宝宝吃剥了皮的水果

体格发育监测标准

1~1.5岁时		
	男宝宝	女宝宝
身长	76.3~88.5厘米，平均为82.4厘米	74.8~87.1厘米，平均为80.9厘米
体重	9.1~13.9千克，平均为11.5千克	8.5~13.1千克，平均为10.8千克
头围	46.2~49.5厘米，平均为47.4厘米	45.9~48.5厘米，平均为46.2厘米
胸围	46.6~47.6厘米，平均为47.0厘米	46.2为~47.2厘米，平均为46.8厘米

接种疫苗备忘录

麻疹：麻疹疫苗（18～24个月）　第二剂........日
流行性乙型脑炎：乙脑减毒活疫苗（18～24个月）　第二剂........日
乙脑灭活疫苗（18～24个月）　第三剂.........日
百日咳、白喉、破伤风：百白破疫苗　第四剂........日

宝宝智能发育记录

◆大动作发育：从爬到站的练习

开始时，他尝试用双手抓住什么来支撑身体，保持平衡；也可能在学站时，宝宝会不放开你的手或者哭着让你帮忙，因为他自己不敢坐下去。先别急着抱他或扶他坐下，此时他需要你来告诉他如何弯曲膝盖，这是学习站立，继而学习走路的一个重要环节。

◆精细动作：用手指做动作

用匙吃东西时需要帮助，会用手掌握笔涂涂点点，会拿蜡笔在纸上乱画，会翻书页(也许是两三页一翻)，能搭起两块积木。手指能握杯，但握得不稳有倾斜，常常把杯子里的东西洒出。

◆语言能力发育：用动作表达语言

可以引导挥手表示再见。也可以给他一些简单的指令，如摇手、点头等，让他做出动作。父母可以先做给他看，让他模仿，也可以直接带着他做。

◆大小便训练：巩固训练成果

1岁以后宝宝一天小便约10次。可以从1岁后培养宝宝表示要小便的卫生习惯。妈妈首先应掌握宝宝排尿的规律、表情及相关的动作，如身体晃动、两脚交叉等，发现后让其坐盆，逐渐训练宝宝排尿前会表示，在宝宝每次主动表示以后给予积极的鼓励和表扬。

1岁以后，宝宝的大便次数一般为一天1～2次，有的宝宝两天一次，如果很规律，大便形状也正常，父母就不必多虑。

◆睡眠原则：养成自然入睡好习惯

宝宝上床后，晚上要关上灯，宝宝入睡后，成人不必蹑手蹑脚，但不要突然发出大的声响，如“砰”的关门声或金属器皿掉在地上的声音。要培养宝宝上床后不说话、不拍不摇、不搂不抱、躺下很快入睡，醒来后不哭闹的习惯。并且不要安抚性地给宝宝含乳头、咬被角、吮手指，让他靠自己的力量调节入睡状态。更不要用粗暴强制、吓唬的办法让宝宝入睡。

科学喂养方法

添加结束期辅食的信号

臼齿开始生长

臼齿一般在宝宝1岁后开始生长，这是宝宝已经可以咀嚼吞咽一般的食物了。类似熟胡萝卜硬度的食物，就完全能够消化了，稀饭也可以喂食了。随着消化器官的逐渐成熟，各种过敏性反应也开始消失。不能吃的食物也越来越少，能够品尝各式各样的食物了。这时期接触到的食物会影响到宝宝一生的饮食习惯，所以应该让宝宝尝试各类不同味道的食物。

独立吃饭的欲望增长

自我意识逐渐在这个时期的宝宝身上显现，自立和独立的心理也开始增强。要求自己独立吃饭的欲望也开始增强。肌肉的进一步发育，使得宝宝自己用小匙放入嘴中的动作变得越来越轻松，开始对小匙有了依恋。若是抢走宝宝手中的小匙，宝宝会哭闹。这一段时期的经历会影响到宝宝的一生，所以即使宝宝吃饭会很邋遢，但还是要坚持让宝宝练习自己吃饭。

添加结束期辅食的原则

大多1岁大的宝宝已经长了6～8颗牙，咀嚼的能力有了进一步加强，消化能力也好了很多。所以食物的形式上也可以有更多的相应变化。

最好少调味

盐跟酱油等调味品在宝宝1岁后已经可以适量使用了，但在15个月以前还是尽量吃些清淡的食物。很多食材本身已经含有盐分和糖分，没必要再调味。宝宝若是嫌食物无味不愿意吃时，可以适量加一些大酱之类的调料，尽量不要食用盐、酱油，如非必要也不要使用。给汤调味时可以用酱油或者鱼、海带来调味。因为宝宝一旦习惯甜味就很难戒掉，所以尽量避免在辅食中使用白糖。

不要过早喂食成人的饭菜

宝宝所吃的食物也可以是饭、菜、汤，但是不能直接喂食成人的食物。喂给宝宝吃的饭要软、汤要淡，菜也要不油腻、不刺激才可以。若是单独做宝宝的饭菜不方便的话，也可以利用成人的菜，但应该在做成人食物时，放置调料之前先取出宝宝吃的量。喂食的时候弄碎再喂以免卡到宝宝的喉咙。

不必担心进食量的减少

即使以前食量较好的宝宝，到了1岁时也会出现不愿吃饭的现象。饭量是减少了，体重也随之不增加，尤其是出生时体重较高的宝宝更易提早出现这种情况。不必太担心宝宝食欲缺乏和成长减缓，这是因为骨骼和消化器官发育过程中出现的自然现象，只需留意是否因错误的饮食习惯造成的即可。

添加结束期辅食的方法

宝宝长到1岁以后就可以过渡到以谷类、蔬菜水果、肉蛋、豆类为主的混合饮食了，但早晚餐还是需要喂奶。

将食物切碎后再喂

即使宝宝已经能够熟练咀嚼和吞咽食物了，但还是要留心块状食物的安全问题。能吃块状食物的宝宝很容易因吞咽大块食物而导致窒息。水果类食物可以切成1厘米厚度以内的棒状，让宝宝拿着吃。较韧的肉类食物，切碎后充分熟透再食用。滑而易咽的葡萄之类的食物应捣碎后再喂食。

每次120～180克为宜

喂乳停止后主要依靠辅食来提供相应的营养成分。所以不仅要有规律的一日三餐，而且要加量。每次吃一碗（婴儿用碗）最为理想。每次吃的量因人而异，但若是距离平均值有很大差距，就应该检查下宝宝的饮食是不是出现了问题。有时候因为喝过多的奶或没完全换乳时食量都不会增加。

每天喂食两次加餐

随着宝宝需求营养的增加，零食也成为不可或缺的部分。这段时期每天喂食两次零食为佳，早餐与午餐之间，午餐和晚餐之间各一次。在时间间隔较长的上午，可以选用易产生饱腹感的地瓜或马铃薯，间隔较短的下午可选用水果或奶制品。最好避免喂食高热量、含糖高、油腻的食物。但摄入过多的零食会影响正常饮食，需留意。

小贴士

宝宝1岁以后就可以将辅食变成主食。白天吃3顿，外加早晚各一次奶。对于已经断了母乳的宝宝，也要坚持喂食适量的配方奶。

结束期辅食中饭的煮法

饭的煮法

原料：10克大米，80毫升水。

做法：

1.将水和大米放入小锅里，加盖，调大火。

2.水开后去盖放掉蒸汽后再加盖，调至小火。

3.等米泡开，水剩至少许后再煮5分钟左右。然后灭火加盖焖10分钟左右即可。

成人米饭改成辅食

原料：60克米饭，适量蘑菇等辅料，80毫升水。

做法：

1.将食材处理干净后煮熟。

2.将煮熟的食材和米饭放置锅里，加水后再煮一会儿，等煮至水开饭熟为止。

让宝宝自己动手吃饭

对于宝宝强烈的“自己动手”的愿望，父母是阻止还是鼓励，是决定宝宝未来吃饭能力的关键。父母不妨索性给宝宝一把小匙或一双筷子，任他在碗里、盘子里乱戳乱捣，一口口地往嘴里送。结果当然是掉到桌上、身上、地上的比吃到嘴里的食物要多得多，然而不能否认的是，最初宝宝毕竟有一两口送到了自己嘴里。有过如此训练的宝宝，一般1.5岁以后就能独立吃饭了。

允许宝宝用手抓着吃

刚开始先让宝宝抓面包片、磨牙饼干；再把水果块、煮熟的蔬菜等放在他面前，让他抓着吃。一次少给他一点儿，防止他把所有的东西一下子全塞到嘴里。

小贴士

奇奇刚满1岁，每次吃饭时都是奶奶抱着她坐在腿上喂，最近奇奇总是伸手抓奶奶的筷子，还想挣脱奶奶去抓茶几上的菜。每顿饭都折腾很长时间，奶奶自己也吃不好，于是爷爷提议让奇奇自己爬在茶几上用手抓着吃。

奶奶给奇奇拿了一个不锈钢的小碗和一个短柄小匙，在奇奇的碗里夹了些短面条和菜叶，放在茶几上，茶几正好比奇奇矮一个头，她可以站着吃。奇奇用手大把往嘴里送面条，掉到茶几上还会伸手去捏，吃得津津有味，上衣前襟上沾满了面条和菜片。吃完后就抓着碗打桌子，让奶奶再给她夹面。

用手抓饭是宝宝发育过程中必经的过程，父母或成人不要干涉，尽量让宝宝自己都动手。

把小匙交给宝宝

给宝宝戴上大围嘴儿，在宝宝坐的椅子下面铺上塑料布或旧报纸，给宝宝一把小匙，教他盛起食物往嘴里送，在宝宝成功将食物送到嘴里时要给予鼓励。父母要容忍宝宝吃得一塌糊涂。当宝宝吃累了，用小匙在盘子里乱扒拉时，把盘子拿开。

能自己吃饭后就不要再喂着吃

宝宝能独立地自己吃了，有时他反而想要妈妈喂。这时，如果你觉得他反正会自己吃了，再喂一喂没有关系，那就很可能前功尽弃。

小贴士

宝宝碗里、盘子里的饭菜不要过多，温度适中，防止烫伤宝宝，或太凉吃下去胃不舒服。一次给宝宝一种菜，最好不要把几种菜混到一起，使宝宝吃不出味道，倒了胃口。宝宝的整个吃饭过程不能嫌麻烦。

养成细嚼慢咽的好习惯

宝宝在吃饭时应该细嚼慢咽，因为饭菜在口里多嚼一嚼，能使食物跟唾液充分拌匀，唾液中的消化酶能帮助食物进行初步的消化，而且可使胃肠充分分泌各种消化液，这样有助于食物的充分消化和吸收，可减轻胃肠道负担。此外，充分咀嚼食物还有利于宝宝颌骨的发育，可增加牙齿和牙周的抵抗力，并能增加宝宝的食欲。

但现实生活中，很多宝宝吃饭时都是狼吞虎咽。导致这样的原因有很多，其中包括家人的影响、宝宝的急性子、宝宝的吃饭时间有限等。

向宝宝解释细嚼慢咽的好处

对于大于3岁的宝宝，完全可以向他解释吃饭细嚼慢咽的好处及狼吞虎咽对身体的危害，讲时可举些例子，如某个宝宝吃饭太快，肚子疼了，打针很疼；某个宝宝吃饭太快长大后胃不好了，吃不下饭等。例子要简单浅显，可适当夸张一些。

规定宝宝不许提前离开餐桌

好多宝宝急着吃完饭去玩，这时父母可定一条用餐规矩，规定每个人在半小时内不许离开餐桌，这样宝宝即便吃完也脱不了身，也就不急着吞咽食物了。

创造一片轻松的用餐氛围

用餐期间父母尽量放松心情，创造一片温馨和谐的气氛，让宝宝由衷地喜欢餐桌上的气氛，宝宝会愿意多在餐桌上逗留，不会为逃离餐桌而“狼吞虎咽”。

美味食谱

水晶南瓜包

食材

澄面150克，糯米粉10克，胡萝卜泥100克，豆沙馅少许，砂糖10克，开水150克，叶绿素适量。

做法

1.将澄面加入糯米粉，将胡萝卜泥、白糖和匀放入盘中，上笼屉蒸50分钟，冷却待用。
2.再将澄面和糯米粉用开水和匀。
3.将胡萝卜面揪成剂（每个15～20克）包入豆沙馅，包成圆形，中间按扁，在边上刻出印，上面安个把儿。
4.将制好的半成品上屉蒸5分钟，出锅即可喂食。

文思豆腐

食材

嫩豆腐100克，火腿25克，鸡蛋清30克，香菇25克，鸡胸脯肉50克，油菜20克，竹笋25克，淀粉1小匙，盐1/2小匙。

做法

1.将嫩豆腐切成细丝，鸡脯肉、竹笋、火腿、香菇、油菜叶均切成丝，投入沸水锅中焯至断生，取出，备用。
2.将干净的锅放置火上，倒入开水，加入盐调味，待锅中的水烧开之后，放入以上各丝，小火慢煨，勾芡，淋入调好的鸡蛋清就可以了。

双米花生粥

食材

粳米50克，糯米30克，花生30克。

做法

1.先将粳米、糯米及花生分别洗净。
2.将花生放入锅里，加水煮至八成熟，将粳米和糯米一起放入锅里，煨至粥汤浓稠即可喂食。

山药萝卜粥

食材

粳米100克，山药20克，胡萝卜1/2个，水10杯，盐1小匙，香菜末1小匙。

做法

1.粳米洗净沥干，浸泡1小时，山药和胡萝卜均去皮洗净切成小块。
2.锅中加水煮开，放入粳米、山药、胡萝卜稍微搅拌，至再次滚沸时，改中小火熬煮30分钟。
3.加入盐拌匀，撒上香菜末即可。

小米鸡蛋粥

食材

小米100克，鸡蛋1个。

做法

1.将小米清洗干净，浸泡30分钟，然后在锅里加足清水，烧开后加入小米。
2.待煮沸后改成小火熬煮，直至煮成烂粥。
3.再在烂粥里打散鸡蛋，搅匀，稍熬一会儿放入红糖即可喂食。

鲜滑鱼片粥

食材

软米饭1碗，金枪鱼50克，香菜2小匙，香油1大匙。

做法

1.将金枪鱼切成0.7厘米大小的块。
2.锅里淋点香油，把金枪鱼放入锅里炒一会儿，等金枪鱼熟后再把软米饭和适量水放进去用大火煮开。
3.调小火继续煮，待粥再滚起，端离火位，出锅用碗盛起即可喂食。

火腿狮子头

食材

五花肉30克，木耳2朵，菜心3棵。

做法

1.将肉剁成泥，加入生粉搅至起胶，做成肉圆，放开水中火煮熟。
2.待水沸腾时，加入清洗干净的木耳、菜心等煮至汤浓白即可喂食。

青菜肉饼

食材

肉末2大匙，青菜末2大匙，砂糖、酱油、植物油少许。

做法

1.将肉末放锅内，加入2小匙水，用小火煮熟时加入少许酱油、砂糖调匀。
2.锅内放植物油，油热后将肉末倒入，炒片刻后将青菜末倒入一起翻炒，炒熟即可喂食。

香芹燕麦粥

食材

燕麦150克，芹菜50克，盐1/2小匙，香油1小匙。

做法

1.燕麦洗干净，芹菜择洗干净，切成小丁。
2.坐锅点火，锅中倒入适量的清水，放入燕麦，用大火煮开后，再用小火煮，直至软烂。
3.加入盐进行调味，撒上芹菜丁后，再淋上香油即可。

凉拌猪皮冻

食材

猪皮100克，花椒、八角、桂皮、姜末、酱油、香油、葱末各适量。

做法

1.猪皮洗净切碎入锅，将花椒、八角、桂皮用纱布包好下锅。
2.倒进葱末、姜末加水大火烧开，小火煮烂，捞出包纱布，让煮烂的肉皮冷却，吃时切好，加酱油、香油拌匀即可。

美味火腿粥

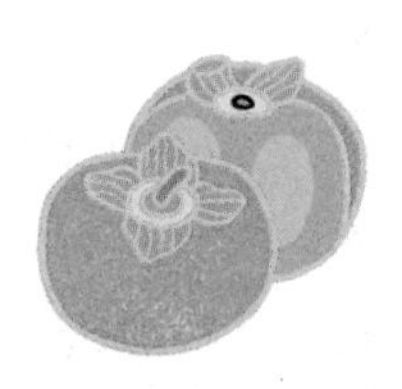

食材

火腿150克，大米100克，葱花、姜末、盐、植物油各少许。

做法

1.将火腿刮洗干净，切成细丁，大米淘洗干净。
2.将锅置火上，放入适量清水，水沸后加入大米，煮至半熟时，加入火腿、姜末、植物油，续煮至粥成，用盐调好味，再撒上葱花即可。

香甜水果粥

食材

苹果2个，梨1个，已泡好的大米50克。

做法

1.将已泡好的大米洗干净后熬成粥。
2.将苹果、梨洗干净去掉皮且切成小丁备用。
3.然后将苹果丁、梨丁一起加入粥内，煮开后，稍稍冷却即可食用。

青菜肉饼

食材

肉末、青菜末各4大匙，白糖、酱油、植物油少许。

做法

1.将肉末放锅内，加入2小匙水，用小火煮熟时加入少许酱油、白糖调匀。
2.锅内放植物油，油热后将肉末倒入，炒片刻后将青菜末倒入一起翻炒，炒熟即可。

南瓜马铃薯糊

食材

马铃薯、南瓜各20克。

做法

1.马铃薯洗净后削皮，切成小块煮熟，并趁热捣成泥糊状。
2.把南瓜去皮洗净、蒸熟，再研成泥状。
3.然后放入盛有马铃薯泥的锅内，再加入水均匀混合后用火煮片刻即可。

苹果饼

食材

面粉250克，牛奶或水2杯，鸡蛋2个，油2小匙，白糖1小匙，盐少许，酵母25克，苹果3～4个。

做法

1.用温热牛奶将酵母化开，加油、鸡蛋、白糖、盐调匀，加入面粉。
2.将面发酵，苹果去皮去核，切薄片，掺到发面中，把面盛到加热油的平锅煎烤。

虾仁豆腐豌豆泥粥

食材

熟虾仁3个、嫩豆腐1/ 2块、鲜豌豆、厚粥、高汤、植物油各适量，盐少许。

做法

1.将熟虾仁洗净剁碎备用，嫩豆腐用清水清洗并剁碎，鲜豌豆加水煮熟放入研磨器中压成泥备用。
2.将厚粥、熟虾仁、嫩豆腐丁、鲜豌豆泥及高汤一起放入锅内，用小火烧开煮烂。
3.加入熬熟的植物油和少量的盐混匀即可。

山药萝卜粥

食材

大米100克，山药20克，胡萝卜1/2个，水10杯，盐、香菜末各1小匙。

做法

1.大米洗净沥干，浸泡1小时，山药和胡萝卜去皮洗净，切成小块。
2.锅中加10杯水煮开，放入大米、山药、胡萝卜稍微搅拌，至再次翻滚煮沸时，改中小火熬煮30分钟。
3.加入盐拌匀，撒上香菜末即可。

鸡肉什锦粥

食材

鸡肉20克，生菜10克，胡萝卜泥1大匙，已泡好的大米20克，鱼汤1/2杯。

做法

1.鸡肉和生菜均洗净、切碎。
2.将泡好的大米与鱼汤一起放入锅中，然后用小火煮开后放入鸡肉、生菜和胡萝泥。
3.继续煮至熟烂即可。

生活上的贴心照料

宝宝开始走路了

行走是宝宝大运动能力发展的一个重要过程，所以应该加强对这一阶段宝宝行走能力的训练。

引导宝宝“开步”的方法

此阶段宝宝的运动智能上了一个新的台阶，比如很多宝宝已经学会走路了，或是有的宝宝正在学走路。为了宝宝更好地学走路，父母可以这样做：

◆从爬到站的训练

独自站立是学习走路的前奏，爬行给了宝宝一种全新的令人兴奋的感觉，他可以比较自由地去他想去的地方，但因为看到周围的成年人是用两条腿走路的，因此他也想学着走路。开始时，他尝试用双手抓住什么，如茶几、床或者是你的腿来支撑他的身体，保持平衡的站立，也可能在学站时，宝宝会不放开你的手或者哭着让你帮忙，因为他自己不敢坐下去。先别急着抱他或者扶他坐下，此时他需要你来告诉他如何弯曲膝盖，这是学习站立继而学习走路的一个重要的环节。

当宝宝对竖直站立熟悉之后，他会试验性地迈出一小步，当然开始时还需要学会“借力”，他会了解，如果双手抓住什么东西来保持平衡，走起来要容易，这时父母要给予帮助。

◆让宝宝扶物走

让宝宝扶站于小床的一侧，妈妈手拿玩具站在床的另一侧，妈妈边摇手中的玩具，边说：“宝宝，走过来拿玩具了。”宝宝就会扶着栏杆走向妈妈。

◆让宝宝推车走

让宝宝扶着宝宝车的扶手站好，妈妈也用手扶着扶手，说：“宝宝，我们推车走了。”妈妈宝宝一起推车向前。妈妈一定要和宝宝一起扶着扶手，帮助宝宝控制宝宝车的速度和方向，因为宝宝个子矮，看不清前面的情况，容易出现危险。开始时，宝宝不会控制车速，猛地一推，车快人慢，很容易摔跤，所以需要妈妈的帮助。

◆爸爸妈妈用学步带助走

让宝宝站好，将学步带套在宝宝的胸前，妈妈从宝宝背后拎着带子，帮宝宝掌握平衡。然后妈妈带宝宝起走向前。

小贴士

可与宝宝玩各种球类游戏，通过在扔球、接球、滚球、踢球等游戏中，锻炼宝宝的运动能力，也可以和宝宝玩婴儿车，或小推车，教他(她)学会推车前进、后退、转弯等，使宝宝行走得更加熟练、稳定。

◆爸爸妈妈带领宝宝走

妈妈领着宝宝的双手，同向站好，妈妈说："宝宝，我们去那边看看。"当宝宝自己平衡和协调能力增强的时候，妈妈可以逐渐将双手领着宝宝，改为单手领着宝宝。

◆让宝宝独走

妈妈爸爸相距1米面对面蹲好，宝宝站在妈妈身边，爸爸拍手呼唤："宝宝，来，找爸爸。"宝宝蹒跚扑到爸爸怀里。妈妈拍手呼唤："宝宝来，找妈妈。"宝宝迈步扑进妈妈怀中。

宝宝走路晚的几个可能因素

此阶段宝宝的运动智能上了一个新的台阶，比如很多宝宝已经学会走路了，或是有的宝宝正在学走路。为了宝宝更好地学走路，父母可以这样做：

◆疾病

宝宝如果得了流感或者耳部感染，影响其平衡性因而推迟了学会走路的时间。

◆穿着过多或者过厚

衣服穿得过多、过厚必然会影响宝宝的灵活性。如果害怕宝宝着凉，可以在温暖的室内进行练习，不要给宝宝穿太多。

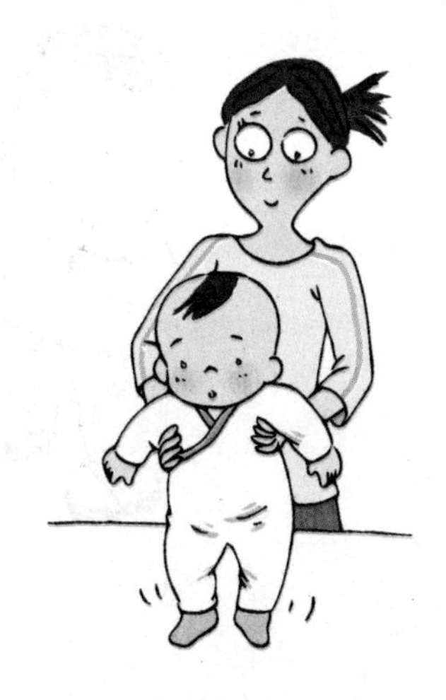

◆缺乏锻炼

1	有些怕麻烦的父母长期将宝宝放在学步车里，或者有些父母一直将宝宝抱在怀里，导致宝宝很少有机会锻炼独立行走的能力
2	很少进行爬行训练。如果前期宝宝缺少地面爬行训练，那么会比同龄的宝宝走路晚
3	花费太多时间在手部动作和游戏上，缺少学习走路的机会

◆体重过高

过高的体重让宝宝行动起来特别不便，缺乏行动的能力。不能因为心疼宝宝，一味地喂宝宝吃好的，营养过剩也会是个麻烦。

◆环境因素

假如周围环境中没有能够刺激宝宝让宝宝扶着走路的物件，也会让宝宝逐渐失去学走路的兴趣。

◆反叛心理

逼迫宝宝学习走路，往往适得其反。

◆遗传因素

假如宝宝的父母当初走路晚，也会造成宝宝走路晚。

◆安全感

宝宝如果在开始学习攀扶站立的时候曾有过不好的经历，可能会产生畏惧心理而不肯学习走路。

◆体质原因

假如宝宝自身营养不良、肌肉的发育也较为缓慢，体质一般，都可能影响宝宝学走路。

1周岁前宝宝不宜看电视

从理论上讲，在宝宝不满一周岁的时候，爸爸妈妈最好不要让宝宝看电视。

宝宝之所以对电视产生兴趣，是因为眼睛机能的逐渐发达，4～5个月后，宝宝就能看清东西。但是，并非对精彩的节目感兴趣，而是对动态的画面、闪烁的光线感到新鲜。到了6～7个月左右，宝宝对人的面孔及广告片特别感兴趣，当然不只是眼睛可以看到，宝宝的耳朵也能听到和感受到音乐。

宝宝看了20分钟的电视后，就会厌恶，所以应避免让宝宝因看电视而感到疲倦。距离过近，对眼睛有不良影响，至少须离电视2米远。

语言的发展是由母子间的接触加以刺激，如果妈妈每天守着电视，会减少母子间的联系，使宝宝在语言方面发育较慢。所以妈妈既要减少宝宝看电视的量也要适当控制自己看电视的时间。

职业妈妈如何提高亲子质量

照顾宝宝与工作是职业妈妈的一大矛盾。你既想多与宝宝亲近、交流，可因为工作，又只能花有限的时间。如何在有限的时间里，为宝宝准备一个高质量的交流呢?

1.在头脑中闪现宝宝的“可爱”，比如：胖乎乎的小脸，脆生生的声音（尤其是叫“妈妈”的时候），玩耍的模样，滑稽的怪相，还有好多可爱的“第一次”。

2.想象一个足以让自己心情愉快、放松的情境，或者一些美好、舒服的词汇，如暖暖的阳光，开心的野餐，温馨的灯光，甜甜的笑容……

3.想象你与宝宝在一起的欢乐时光，游戏、读书、洗澡、玩水、学步……相信这些“想象”足以给宝宝一个好状态的妈妈！工作以后的你，可能已经累了，而如果能有这样的一段心理接棒区，将能使你从工作的后遗症中解放出来，给自己一个即将见到宝宝的幸福期待，也将激活你发自内心的母性的爱与灵感。

要预防宝宝发生意外事故

1岁左右的宝宝有一个特点，不论见到什么，都爱放进嘴里，所以珠子、扣子、别针、小钉子类物品，爸爸妈妈要收好，不要给宝宝玩，以免他们咽进肚里或塞进鼻孔、耳朵里。家里的汽油、煤油、碘酒、酒精、洗涤液等液体和成人吃的药，都要放在宝宝拿不着、够不到的安全地方，以免被宝宝误服后发生危险。如果宝宝从高处摔下来，要观察他的神志，若出现呕吐或昏迷等情况，应想到可能是头部受伤，要立即送往医院治疗。

宝宝会走路以后，眼界开阔，对于一切事物都感到新鲜、好奇，对什么都充满兴趣，都想试探一下。因此，爸爸妈妈必须随时注意宝宝，防止意外事故发生。

宝宝某一种能力落后怎么办

宝宝并不是到了某一个月，就必须具备某一种运动能力。宝宝的运动能力会因个体的差异而有所不同，可能会晚，也可能会早些，爸爸妈妈不要担心。

单纯一项运动能力稍微落后，并不能认为宝宝发育落后，而要看宝宝总体发育的情况。

预防宝宝睡偏了头

宝宝出生后，头颅都是正常对称的，但由于宝宝时期骨质密度低，骨骼发育又快，所以在发育过程中极易受外界条件的影响，如果总把宝宝的头侧向一边，受压一侧的枕骨就会变得扁平，出现头颅不对称的现象。

要防止宝宝睡偏了头。首先要注意宝宝睡眠时的头部位置，保持枕部两侧受力均匀。另外，宝宝睡觉时容易习惯于面向妈妈，在喂奶时也会把头转向妈妈一侧。为了不影响宝宝颅骨发育，妈妈应该经常和宝宝调换位置。若宝宝超过1岁半，骨骼发育的自我调整会很困难，偏头不易纠正，影响宝宝的外观美。

学步宝宝摔倒了爬起来继续走

学会行走，对于宝宝来说，好比经历了第二次分娩，宝宝从无助的状态诞生出来，演化为有自主能力的个体。宝宝内心有一股巨大的驱动力，驱动着他们勇往直前，不断地练习这项新学会的技能。

宝宝行走跟我们成年人行走相比，有着天壤之别。我们行走，一般来说心中都有一个想要达到的目的地；而学步儿行走，则是为了行走而行走，所以你会看到他们在一个空间内不厌其烦地走来走去，爬上爬下。他不是为了走到一个什么地方，而是为了练习并完善自己行走的功能。

学会行走，不仅仅是一个生理上的分水岭，也标志着他们心理发展方面的重要里程碑。学会行走的宝宝，自我意识开始萌生，他们乐于独立探索世界，开始挣脱成年人的束缚，从蹒跚学步开始，跌跌撞撞地，然而又是义无反顾地走向独立。

宝宝是否需要过度的关怀与呵护

当然，对爸爸妈妈最大的考验，是当宝宝摔倒的时候。爸爸妈妈的第一冲动就是：飞奔上前，扶起宝宝，抱住他、保护他。

然而且慢！让我们看一看宝宝是否需要我们这样无微不至的关怀与呵护？

摔倒了，对宝宝来说，是一场宝贵的体验，给他一次机会，让他认识到空间和自己之间的关系，认识到自己能力的局限，使得他意识到，走路的时候还需要多观察四周、观察路面、调整自己走路的姿势。有了这场经验，他的思维和技巧都得到一次磨炼，也会有所改进。经验丰富了，他对运动技巧的掌握才会纯熟。行走也需要不断练习，并且容许宝宝出现意外事故。

当宝宝摔倒之后，如果他没有觉得很疼，没有大哭，我们就鼓励他：自己爬起来吧，接着走。如果宝宝疼了，开始哭泣，爸爸妈妈应该上前简单地安抚他，“哦，宝宝摔疼了是吧？没关系，下次注意。”千万不要将摔跤怪罪于地面，摔跤与否，跟地面没有关系，更不能让地面对宝宝的行为负责任。这个责任，需要宝宝自己承担。

如果爸爸妈妈带头将责任推卸给他人，甚至是没有生命的道路，那么宝宝也跟着学会推诿责任，很难做到对自己的行为负责。

其实，很多时候，宝宝摔倒后，并没有感觉怎样的委屈，甚至还觉得挺好玩。只有爸爸妈妈在流露出惊慌和心疼的心情之后，宝宝才迎合爸爸妈妈的心理期待，而开始放声大哭。

对爸爸妈妈的一场考验

一方面是心理上的考验：原先宝宝在爸爸妈妈怀里，爸爸妈妈替宝宝完成所有的任务，宝宝几乎很少有机会受伤；现在，宝宝哪儿都敢去，也面临着更大的风险，尤其刚刚开始学步的宝宝，对自己身体的把握还在发展阶段，很容易摔倒，磕着碰着。

另一方面是体力上的考验：原来那个毫不费力就能抱来抱去的小宝宝，现在不甘于安安静静地躺在爸爸妈妈的怀里了，而是要自己到处走，爸爸妈妈要花费更大的体力去跟随他、保护他。

克服头脑中的懒惰和私心

宝宝总牵在自己手里多省事啊！而放手让宝宝自由探索世界，就需要我们开动脑筋，时刻提高警惕，有创造性地保护宝宝不受伤害；同时也需要我们更加勤快，照顾好宝宝的生活，比如及时更换宝宝玩脏了的衣服，给宝宝穿适合初学步时的软硬适宜的鞋。如果宝宝还不能离开纸尿裤，最好给宝宝穿适合学步的成长裤，更换穿脱方便。

如何帮助学步期的宝宝

1	当宝宝摔倒时，鼓励他自己起来、继续前进，胜过责备他人或过度的呵护
2	为宝宝学步营造安全的氛围，比如在地面上铺软垫子，给宝宝戴护膝等
3	选择合身“小内裤”式的纸尿裤，让宝宝无拘无束更自由的探索世界
4	该松手时就松手，才是真正有利于宝宝学步和身心发展的养育方式

建议不要给宝宝穿带“响笛”的鞋子，宝宝需要集中精力在自己身体运动协调性上，带响声的鞋子会干扰他们的注意力，影响宝宝自己练习走路。

要多了解自己的宝宝

要了解宝宝的气质特征，针对宝宝的特点采取相应的养育方式。宝宝气质分为3种类型：容易型、困难型、迟缓型。宝宝气质类型的不同影响着父母对他们采取不同的态度和行为。

对于容易型的儿童：母亲可以制订一个周密的时间表进行培养，但要注意逐渐训练他们自己玩耍。

对于困难型的儿童：母亲需要特别有耐心、爱心，因为这种类型的宝宝生活无规律，母子之间要经历较长时间的“磨合期”才能相互适应。

母亲要放弃一些不必要的主观要求，不要强求宝宝立即成为生活有规律的人。

因为气质是天生的，很难予以纠正，所以，对年龄较小的宝宝，大人应该多迁就宝宝。但当宝宝换乳后就要逐步训练他们生活的规律性。面对宝宝发怒时，大人要想办法转移其注意力，而不能对其态度粗暴。

总之，困难型儿童需要父母付出更多的时间、精力和爱心。

对于迟缓型儿童来说，父母则要多给这些儿童一些鼓励、帮助，不能认为这些宝宝“没出息”。要想办法让他们逐步适应新环境，在宝宝受到挫折时，应紧紧搂着宝宝，不断地说：“别怕，别怕，宝宝真勇敢！”相信在父母的关注和鼓励下，宝宝一定会逐渐地和正常的宝宝一样。

对宝宝能力的训练

消除怕黑的心理恐惧感

宝宝怕黑是很正常的，父母不用担心，只要正确的引导，找出宝宝怕黑的原因，逐渐就会好转。

宝宝怕黑的原因

◆童话带来的影响

❶会将故事与现实混淆：随着宝宝想象力的发展，他们已经开始害怕童话里所讲的妖魔鬼怪了。由于宝宝尚小，他们无法分辨现实与虚构，往往把电视、画册或者故事里的妖魔鬼怪跟现实生活混淆起来，对那些恐怖的场面缺乏分析能力，以为它们是现实中真实的存在，所以产生了本不该有的恐惧心理，严重的甚至会产生幻觉。

❷对童话中的角色产生恐惧：有证据表明，经常对宝宝说“你还不听话的话，爸爸就过来揍你”“我现在就把医生找来给你打针”，宝宝就会对大灰狼产生恐惧；如果妈妈对宝宝总是特别冷漠或者严厉的话，就会让宝宝对老妖婆产生恐惧。宝宝本身并不知道害怕的原因，也根本辨识不出，但由于总是感受到心惊胆战和无能为力，所以常常是闷闷不乐。这样的宝宝，除了害怕妖魔鬼怪以外，也开始害怕黑暗。

◆父母带来的影响

责骂恐吓会使宝宝神经紧张：宝宝怀有恐惧心理的一个重要成因就是父母造成的，那就是对宝宝严而不当，教育不得法。有一些惩罚手段，比如严厉的恐吓、责骂，甚至是打耳光，对于宝宝，尤其是那些本身已经经常感受不安、敏感、情绪不稳定的宝宝来说，是绝对不能使用的。这些法子会让宝宝的神经系统长期地处在一个过度紧张的状态。长期下来，就会导

致宝宝神经衰弱，给恐惧心理的产生提供了温床。

迷信也会影响宝宝：还有一个较小的因素是因为父母的影响。那就是有极少的一部分父母相信鬼神之说，这也不可避免地给自己的宝宝带来影响。

小贴士

莫名其妙地害怕，没有缘由的恐惧，而且害怕的程度明显比正常的宝宝要深，可能伴随着瞳孔放大、毛发竖立、出汗、心悸等症状。

◆自身心理所导致的

在宝宝的世界里，总是有着黑暗、阴影和独处等因素，尤其是他自己一个人的时候会感到特没安全感，容易感到恐惧。当宝宝说有鬼的时候，往往是害怕于黑暗中看不清楚的模糊不明的阴影，也可能只是不愿意自己一个人独处，感觉到孤独。

消除宝宝恐惧黑暗的妙招

◆交流

鼓励宝宝大胆地说出自己害怕什么。有些父母认为跟宝宝谈到他害怕的东西会使宝宝变本加厉。其实，这是错误的认知，只有让宝宝大胆地说出所害怕的东西是什么，并且可以跟家人倾诉，这本身就是克服怕黑心理的第一步。

◆加以支持和鼓励

父母肯定很开心看到自己的宝宝能够在某些方面学会了自立，宝宝自己本身也会因为自己的自立而开心不已。但是，如果宝宝出现了害怕感觉的时候，他同样需要父母的支持和鼓励，对他来说，是非常重要的帮助。

◆认同宝宝的恐惧

当要跟自己的宝宝就其害怕的东西好好谈的时候，父母会发现怎么去说，说什么非常棘手。一般来说，父母可以讲一个跟宝宝的恐惧有关的笑话来开场，或者表现出压根就不把这事当回事的姿态，让宝宝体会到，这些东西没什么可怕的，房间内也没任何怪物，这样在潜意识里给宝宝放松。

◆教会宝宝解决问题的技能

虽然克服恐惧是父母要帮助宝宝解决的第一要务，但同时这也是一个机会，可以让宝宝在实践中学会如何解决自己面临的问题，这会让他终身受益。父母可以教宝宝去探寻自己的恐惧，面对自己的恐惧，最后再找到一个能帮助他感到安全的解决办法。探寻指的就是，宝宝会去咨询其他人或者自己在房间里寻找是否存在那些让他害怕的东西。面对是要宝宝从亮处走到暗处，再从暗处走到亮处，再没有任何心理负担。比如可以玩一个捉迷藏的游戏，让宝宝先用毯子把自己的脑袋罩起来，然后再探出来。

◆同意宝宝对于“恐惧”的痴迷

让人大跌眼镜的是，绝大多数宝宝都具有一种自身的原动力想要去克服他们的恐惧。他们会一遍又一遍地谈论他们害怕的事物，也会不断地问一些问题，又或许会让父母反复地讲同一个恐怖故事，甚至可能会把他们害怕的东西带到自己的游戏中去。而这种痴迷恰巧就是他们本能地抵御恐惧和克服恐惧的一个方式。

这样一个持续关注他所害怕事物的过程可能会持续上几个星期，甚至几个月。但如果几个月过去了，宝宝的恐惧心态没有任何缓解，甚至更加严重了，就必须寻求专业人士的帮助了。

宝宝开始有自我意识了

现在的宝宝由于心里的想法增多，但语言有限，常常不能准确地表达自己的想法，因此常常会发怒耍脾气。

宝宝发展自我意识的鲜明特征

1	开始懂得用名字来称呼自己，比如会说“宝宝要吃饭”“宝宝会做”等
2	宝宝开始能分辨出镜子中的自己或其他人。比如宝宝会指着镜子说：“这是宝宝，这是妈妈。”
3	等宝宝长到3岁大时，自我意识形态会出现质的飞跃，这时宝宝已经完全意识到自己是和别人不一样的个体存在，开始主动地寻求自我体验、自我评价和自我控制

宝宝缺乏自我意识的特征

1	情绪波动频繁，不能有效地控制自己的情绪
2	没法意识到自己说话行为的目的，较容易被外界的言语给干扰到
3	无法正确评价自己行为，缺少明确的自我评价意识
4	无法正确地评价别人的行为，容易与别人产生矛盾和冲突
5	常常因为单个事件的成功就对自己形成过高的评价
6	常常因为单个事件的失败就对自己行程较低的评价，并且很难更正
7	模仿别人的评价来评价自己
8	无法有效使用人称代词比如“我”来表达情感，进行交流

9	不能通过主动的自我控制来矫正自己的不良习惯
10	无法从多个方面来评价自己的行为和能力
11	没有明显的自豪感和自尊心
12	对待自己的错误行为和别人的批评无动于衷
13	躲避竞争，明显表现出自卑心理

宝宝应具备良好自我意识的特征

1	可以正确认识到自己的情感和兴趣倾向
2	可以正确表达自己行为的目的
3	喜好评价自己行为同时也希望得到他人的认可
4	喜欢评价别人的行为，喜好沟通交流
5	可以讲出评价自己能力的简单理由
6	可以讲出评价别人能力的简单理由
7	可以听从他人对于自己不良行为的评价并加以改正
8	可以坚持他人认为自己良好的行为
9	和他人合作的过程中可以正确认识到自己的成功和不足之处
10	和他人合作过程中可以正确评价别人的成功与不足之处
11	可以评价自己的不良行为并自觉改正，体现出一定的自控能力
12	碰到苦难时，并不低估自己能力，勇于尝试
13	可以从多方面评价自己的表现
14	可以较好地控制自己不良行为的发生
15	对自我不良的行为能感到羞愧
16	展现出较强的自尊心

宝宝自我意识的培养

◆1岁时开始感受自己四肢的能力

刚出生的宝宝是没有自我意识的。随着不断长大，宝宝的四肢以及身体力量的进一步增长，尤其是宝宝双手双脚力量以及灵活性的增长。宝宝开始尝试着通过自己的双手拿取东西或者用自己的双脚去踩踏东西，这时宝宝已经开始初步意识到了自己的力量和存在感，同样的，感受自我的同时，开始萌生了自我意识。

所以，父母要多多让宝宝用双手玩弄东西，用双脚踩踏东西，最好不要去帮助宝宝，让他自己独立地去感受这些东西。这样，宝宝就能很直观地从多方面感受到自己行为带来的结果，从而有效地发展自我意识的初始阶段——自我感知，为将来进一步的自我评价的产生和发展打下良好的基础。

第七章

宝宝1.5～2岁

身体发育标准

1.5～2岁宝宝成长标准

养育重点

1	宝宝已经有了一定的咀嚼能力，应尽快断乳
2	给宝宝的主食粗粮、细粮搭配，避免缺乏维生素B_1
3	饮食不要过于杂乱，否则会影响宝宝的食欲
4	预防宝宝急性结膜炎
5	提防宝宝啃咬物品中毒
6	引导宝宝与人友善交往，避免产生嫉妒心理
7	培养宝宝独立生活的能力
8	为宝宝布置适度刺激的环境

体格发育监测标准

1.5～2岁时		
	男宝宝	女宝宝
身长	80.9～94.9厘米，平均为87.9厘米	79.6～93.6厘米，平均为86.6厘米
体重	9.7～14.8千克，平均为12.2千克	9.2～14.1千克，平均为11.7千克
头围	45.6～50.8厘米，平均为48.2厘米	44.8～49.6厘米，平均为47.2厘米
胸围	45.4～53.4厘米，平均为49.4厘米	45.4～53.4厘米，平均为49.4厘米

宝宝智能发育记录

◆大动作发育：能扶着上下楼梯

蹒跚地走几步→两脚跳离地面→玩扔球、捡球、找东西的游戏→独立蹲下捡东西、独立站起，并独立稳定地行走→侧着走和倒着走→牵着手上下楼梯→自己能扶着栏杆上下楼梯。

◆精细动作：喜欢穿插动作

会一页页地翻书→玩多种动手游戏，如搭积木、叠小套桶等→搭积木3～4块→把铅笔插入笔筒内，甚至是插入仅可插一支笔的笔座也可以完成得很好→玩插片游戏，把小的东西装入小口径的容器。

◆语言能力发育：说出简单的词汇

2岁时会背几句5个字的儿歌；能够使用简单词汇说出不完整的句子，如表达需求时说“喝水”“给我”等，会重复句子的最后一两个字，有的宝宝甚至可以说出清楚的常用句子。

◆社交能力发育：主动与人说话

主动与别人说话，更有意识地与其他小伙伴一起玩，会主动把自己的东西给小伙伴，也会把布娃娃等当做自己的小伙伴；此时宝宝虽然不能你来我往地合作玩，但他们已经建立最初的伙伴概念，能与别的小朋友一起玩耍。

◆宝宝独立能力培养

❶给予充分的活动自由：宝宝的独立自主性是在独立活动中产生和发展的，要培养独立自主的宝宝，爸爸妈妈就要为宝宝提供独立思考和独立解决问题的机会。

❷建立亲密的亲子关系：作为爸爸妈妈，要让宝宝充分感受到你们的爱，与他建立良好的亲子关系，从而使宝宝对你和周围事物都具有信任感。之所以宝宝独立自主性的培养，需要以宝宝的信任感和安全感为基础，是因为只有当宝宝相信，在他遇到困难时一定会得到帮助，宝宝才可能放心大胆地去探索外界和尝试活动。因此，在宝宝活动时，爸爸妈妈应该陪伴在他身边，给他鼓励。

❸循序渐进，不随便批评：独立自主性的培养是一个长期的过程，需要循序渐进地进行，爸爸妈妈切不可急于求成，对宝宝的发展作出过高的、不合理的要求，也不能因为宝宝一时没有达到你的要求，就横加斥责，应先冷静地分析一下宝宝没有达到要求的原因，以科学的准则来衡量，然后再做出相应的调整策略。

科学喂养方法

这个时期宝宝需要的主要营养

这个阶段的宝宝已经陆续长出20颗左右的乳牙，有了一定的咀嚼能力。在这一阶段，如果还没断母乳的宝宝应该尽快断乳，否则将不利于建立宝宝未来适应生长发育的饮食习惯，而且不利于宝宝的身心发展。

在给宝宝配餐的时候要注意多加蔬菜、水果。家长在烹饪的时候，也可把蔬菜加工成细碎软烂的菜末炒熟调味。适量摄入动植物蛋白，可用肉末、鱼丸、鸡蛋羹、豆腐等易消化的食物喂给宝宝。配方奶富含钙质，因此，宝宝此时每天应摄入250～500毫升。还应注意，给宝宝的主食粗粮、细粮搭配，这样可以避免缺乏维生素B_1。

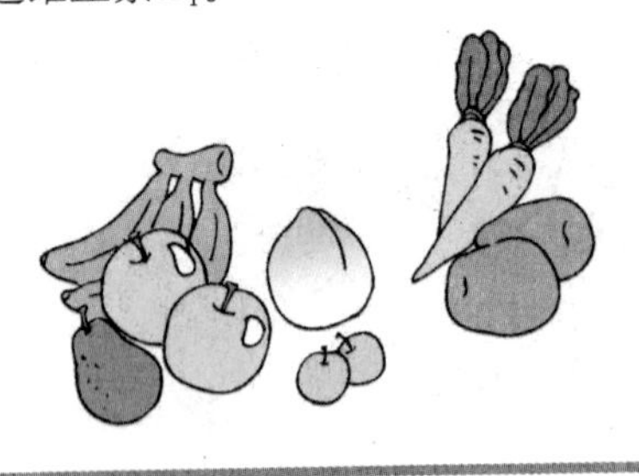

本时期喂养要点

要注意观察宝宝的饮食规律和食欲状况。对于1.5～2岁的宝宝来说，可以吃的食物多了起来，胃的排空和饥饿感是在饭后4～6小时产生的。饮食不要过于杂乱，否则会影响宝宝的食欲，妨碍其消化系统和神经系统的活动。

这个时期的宝宝处在食欲、胃液分泌、胃肠道和肝脏等所有功能的形成、发育阶段，所以，为了宝宝的营养，除三餐外，应在上午10点和下午3点左右各加一次点心，以满足宝宝的营养需要。当然也不能饮食过量，否则会影响宝宝的食欲，或者引起肥胖。

此阶段宝宝的合理膳食

首先，不要在此阶段给宝宝进食一般的家庭膳食，在食物的选择及烹调上仍应注意宝宝的特点，给其容易消化且营养丰富的食物，最好每餐仍能给宝宝单独烧一个菜，并经常变换花样品种，注意细、碎、软、烂，尤其是鱼、肉等食物，仍应切碎煮烂。

饭菜以低盐食物为主，不吃腌制的食物；食物中最好不放味精、色素、糖精等添加剂。不吃带刺激性的食物，如咖啡、辣椒、胡椒等；少吃油炸食物。另外，应保证宝宝每天在早晚各进食1杯牛奶。此阶段的宝宝可能爱吃带馅的食物，如包子、饺子、馄饨等，可适当给宝宝多做着吃。

保证食物的营养

❶越新鲜的蔬菜，维生素含量越高。购买蔬菜应尽量选用新鲜绿叶蔬菜。蔬菜容易受农药污染，可在水中浸泡一下，蔬菜应先洗后切，现炒现吃。

❷淘米时不要用力搓，浸泡时间不宜过长，淘1～2次即可。不要在水下冲洗，也不宜浸泡，不宜用热水淘，不然会使大量维生素流失。

❸烹制米饭时，以蒸饭、焖饭为主，不要做捞饭。做米、粥、面食放水要适宜，不要丢掉米汤、面汤、水饺汤。熬粥不宜加碱，这样才能保留米中的营养成分，防止维生素被破坏。

❹肉类最好切成碎末、细丝或小薄片，急火快炒。大块肉、鱼应放入冷水内用微火煮和炖，烧熟煮透。

❺骨头应拍碎，加少许醋，以利于钙的溶解。

❻食物不宜采用高温油炸的方法，油炸食品不仅不易消化吸收，而且维生素几乎全被破坏。

宝宝要多喝水

宝宝要从小养成喝白开水的好习惯，白开水对宝宝身体健康很重要，饮料和雪糕之类的东西永远也代替不了。

父母喝水时别忘了宝宝

父母喝水的时候，别忘了宝宝也需要水分，给宝宝也准备一杯，和他一起喝，这样宝宝会觉得喝水是一种比较重要的事情，但要长期坚持下去，才可能养成习惯。

漂亮的杯子可诱导宝宝多喝水

带宝宝去商店让他自己选个喜欢的杯子，对他说：杯子是你的好朋友。喂宝宝喝水时说：你的好朋友来找你了，它让你喝喝水。让宝宝觉得喝水是件很好玩的事情。

经常提醒宝宝喝白开水

多鼓励宝宝喝白开水，尤其带宝宝到户外活动时，应为他准备充足的白开水，以备随时饮用。每次宝宝喝完水，不妨多多表扬和鼓励他。

让宝宝懂得水是生命之源

让宝宝知道，人和花儿一样需要水的滋润，花儿因为没有水会凋谢，人则会因为缺水而得各种各样的病，如流鼻血、嗓子发炎、大便干燥等。

通过游戏让宝宝快乐喝水

宝宝可以和父母比赛喝水，看谁先喝完。和父母比的时候，让宝宝先喝完，然后一起为他喝彩。和同龄人比赛的时候，父母就在一旁给他加油。

尽量避免在家中存放饮料和冷饮

有的父母自己渴了就喝饮料、吃冷饮，喜欢在家中存放大量的饮料和冷饮，久而久之，宝宝便会对饮料和冷饮上瘾，甚至误认为饮料能够代替水。

小贴士

宝宝不宜长期饮用纯净水，有了饮水机和纯净水，喝水似乎变得方便多了，但它是一种没有营养、功能退化的水，喝多了对宝宝身体不利。还要注意的是，桶装密封的纯净水，一旦启封与空气接触，24小时后，就开始滋生细菌。所以，把一桶纯净水喝上几周的做法是不可取的。

给宝宝喝酸奶有讲究

鉴别品种

目前市场上有很多种由牛奶或奶粉、糖、乳酸或柠檬酸、苹果酸、香料和防腐剂等加工配制而成的“乳酸奶”，其不具备酸牛奶的保健作用，购买时要仔细识别。一定要注意生产厂家和出厂时间，尽可能到大的超市去购买。

饭后2小时饮用

乳酸菌很容易被强酸性物质杀死，适宜乳酸菌生长的pH值为5.4以上。空腹胃液pH值在2以下，如果此时饮用酸奶，乳酸菌易被杀死，保健作用减弱；饭后胃液被稀释，pH值上升到3~5，此时饮用效果会更好，有助于宝宝的消化吸收。

饮后要及时漱口

随着乳酸饮料的食用增多，宝宝龋齿现象也在逐渐增加，这是乳酸菌中的某些细菌导致的。如果宝宝在睡前饮用酸奶，并且没有清洗牙刷；在夜间，厌氧菌就会损伤牙齿，所以，宝宝在饮用酸奶后要及时漱口，以免影响牙齿的健康。

不要加热

酸奶中的活性乳酸菌，如经加热或开水稀释，便会大量死亡，不仅特有的风味会消失，还会让营养物质也损失殆尽。所以，饮用时不必加热，常温即可。

不适合宝宝吃的食物

此时宝宝开始学习成人的饮食，但多数的家长会采取“成人吃什么，宝宝就跟着吃什么”，尤其是终日在外面工作的职业女性，大多都会选用以便利为主的市售食物，如饼干、糖果、丸子、酸奶、薯条、汉堡等食物。但哪些食物是不适合宝宝食用的呢?

口味较重的调味料

如沙茶酱、番茄酱、辣椒酱、芥末、味素，或者过多的糖等口味较重的调味料，容易加重宝宝的肾脏负担，干扰身体对其他营养素的吸收。

生冷海鲜

如生鱼片、生蚝等海鲜，即使新鲜，但未经烹煮过程，容易发生感染及引发过敏的现象。

质地坚硬的食物

如花生、坚果类及爆米花等食物，容易使宝宝呛到，尽量不要喂给宝宝。此外，像纤维素多的食材，如菜梗或是筋较多的肉类，都应该尽量避免给宝宝食用。

经过油炸的食物

食用大量的油炸食物会对宝宝的智力、身体发育产生很大的影响。过多地食用油炸食物会使宝宝摄取过多的热量，加上宝宝的运动量比较少，很容易导致宝宝肥胖。肥胖是宝宝体内脂肪过多所导致的，会对神经细胞产生不利影响，损害宝宝正在发育的神经通道，对宝宝的智力发育造成伤害。

另外，油炸食物会破坏食物中的维生素等营养物质，降低食物的营养价值。过量食用这些食物还会影响宝宝的智能发育。

美味食谱

珍珠汤

食材

面粉40克，鸡蛋1个，虾仁10克，菠菜20克，高汤1小碗，盐、香油少许。

做法

1.取鸡蛋清与面粉和成稍微硬的面团，匀，擀成薄皮，切成比黄豆粒小的丁，搓成小球。
2.虾仁用水泡软，切成小丁，菠菜用开水烫一下，切末。
3.将高汤放入锅内，放入虾仁丁，加入盐，烧开后再放面丁，煮熟，淋入入鸡蛋黄，加菠菜末，淋入香油即可。

小米鸡蛋粥

食材

小米100克，鸡蛋1个。

做法

1.将小米清洗干净，浸泡30分钟，然后在锅里加足清水，烧开后加入小米。
2.待煮沸后，用小火慢慢熬煮，直至煮成烂粥。
3.最后打一个鸡蛋，放进烂粥里，搅拌均匀后稍熬一会儿，盛出晾凉即可给宝宝食用。

鲜滑鱼片粥

食材

软米饭1碗，金枪鱼50克，香菜2小匙，香油少许。

做法

1.将金枪鱼洗涤整理干净，切成0.7厘米大小的块。
2.锅里淋点香油，把金枪鱼放入锅里炒一会儿。
3.等金枪鱼熟后，把软米饭和适量水放进去用大火煮开。
4.调小火继续煮，等待粥再沸腾起来，端离火位，出锅用碗盛起晾凉后即可给宝宝食用。

胡萝卜玉米碴粥

食材

玉米碴50克，胡萝卜20克。

做法

1.首先将玉米碴放入锅中加水煮烂。
2.然后再将胡萝卜洗净切碎放入玉米碴中，继续用小火煮，边煮边搅，煮熟，待适温即可给宝宝食用。

豌豆稀饭

食材

豌豆2大匙，软米饭1/2碗，鱼汤1/2杯。

做法

1.豌豆洗净，放入滚水中涮烫至熟透，捞出沥干后挑除硬皮。
2.将软米饭、去皮豌豆与鱼汤放入锅中，用小火煮至汤汁收干一半即可。

香甜水果粥

食材

苹果2个，梨1个，已泡好的大米50克。

做法

1.将已泡好的大米洗干净后熬成粥。
2.将苹果、梨洗干净去掉皮且切成小丁备用。
3.然后将苹果丁、梨丁一起加入粥内，煮开后，稍稍冷却即可食用。

红嘴绿鹦哥面

食材

番茄1个，菠菜叶5片，豆腐1/2块，排骨汤、细面条各适量。

做法

1.将番茄用开水烫一下，去掉皮，切成碎块。
2.菠菜叶洗净，开水焯一下除去草酸，再切碎，豆腐切碎。
3.放少许油，倒入排骨汤烧沸，将番茄和菠菜叶倒入锅内，略煮一会儿，再加入细面条，待面条煮软即可出锅。

绿豆薏仁粥

食材

已泡好的大米50克，绿豆20克，薏仁20克。

做法

1.薏仁及绿豆洗净后用清水浸泡隔夜。
2.锅内放入清水，将绿豆和薏仁以及已泡好的大米放入锅内，用大火煮至绿豆开花。
3.再用小火煮至黏稠即可喂食。

肉末饭

食材

软米饭1小碗，鸡肉或其他肉末1大匙，胡萝卜1/2根，植物油少许。

做法

1.在锅内放入植物油，油热后把肉末放入锅内炒，边炒边用铲子搅拌使其均匀混合。
2.肉末炒好后放在米饭上面一起焖，然后切一片花形的熟胡萝卜片放在上面作为装饰。

南瓜马铃薯糊

食材

马铃薯、南瓜各20克。

做法

1.马铃薯洗净后削皮，切成小块煮熟，并趁热捣成泥糊状。
2.把南瓜去皮洗净、蒸熟，再研成泥状。
3.然后放入盛有马铃薯泥的锅内，再加入水均匀混合后用火煮，煮片刻即可。

山药芝麻粥

食材

大米60克，山药150克，黑芝麻1/2小匙，鲜牛奶100毫升，玫瑰糖1小匙，冰糖10克。

做法

1.把大米淘洗干净，浸泡1小时，捞出沥干将山药切成细粒，黑芝麻炒香，一起倒入搅拌器，加水和鲜牛奶搅碎，去掉渣留汁。
2.将锅放置到火上，放入水和冰糖烧沸，待冰糖溶化后倒入浆汁，慢慢搅拌，加入玫瑰糖，继续搅拌至熟即可。

山药萝卜粥

食材

大米100克，山药20克，胡萝卜1/2个，水10杯，盐、香菜末各1小匙。

做法

1.大米洗净沥干，浸泡1小时，山药和胡萝卜去皮洗净，切成小块。
2.锅中加10杯水煮开，放入大米、山药、胡萝卜稍微搅拌，至再次翻滚煮沸时，改中小火熬煮30分钟。
3.加入盐拌匀，撒上香菜末即可。

青菜肉饼

食材

肉末、青菜末各4大匙，白糖、酱油、植物油少许。

做法

1.将肉末放锅内，加入2小匙水，用小火煮熟时加入少许酱油、白糖调匀。
2.锅内放植物油，油热后将肉末倒入，炒片刻后将青菜末倒入一起翻炒，炒熟即可。

鱼排

食材

生鱼片2片，植物油适量，盐、香菜末少许。

做法

1.将生鱼片切成约10厘米×7厘米大小的块状，用植物油、盐腌制5分钟。
2.将煨好的生鱼片放入不粘锅里，用小火干煎至两面金黄时，捞出撒上香菜末即可。

太阳豆腐

食材

豆腐1/6块，鸡蛋1个，盐、香油各少许。

做法

1.将豆腐在开水中焯后去除水分，放入研磨器中研碎。
2.将鸡蛋的蛋清、蛋黄分开，将蛋清与碎豆腐混合后加入少量水，向一个方向反复搅拌，加少许盐拌匀。
3.将整个蛋黄放在中间，上锅蒸7～8分钟，再滴上几滴香油即可。

红薯豆腐

食材

红薯30克，豆腐10克，白糖2克，白芝麻糊3克，酱油1匙。

做法

1.将红薯去皮，煮熟变软后趁热捣碎。
2.将豆腐在微波炉中加热30秒后捣碎，加入白芝麻糊、白糖、酱油调味，将红薯泥加入拌匀即可。

白萝卜炖大排

食材

猪排45克，白萝卜50克，葱、姜各少许。

做法

1.将猪排切成小块，入开水锅中焯一下，捞出用凉水冲洗干净，重新入开水锅中，放入葱、姜，用中火煮炖1小时，捞出去骨，白萝卜去皮，切条，用开水焯一下，去生味。
2.锅内煮的排骨汤继续烧开，加入排骨和萝卜条，炖15分钟，煮至肉烂且白萝卜软即可。

三色鱼丸

食材

鳕鱼肉100克，胡萝卜15克，青椒10克，花生油少许，鸡蛋1个，肉汤适量，水发木耳5克，盐、淀粉少许，葱、姜末适量。

做法

1.鱼肉洗净，去刺，切成泥，加蛋清、盐、淀粉、少量肉汤，顺时针搅拌成馅。
2.将鱼肉馅做成丸子，放入将要开的热水中，大火烧熟后捞出。
3.将胡萝卜、青椒、水发木耳洗净，切成丁。
4.炒锅烧油至热，加入葱、姜末煸香，再加入青椒、木耳、胡萝卜略炒，加汤。
5.待胡萝卜熟时，用湿淀粉勾芡，放入鱼丸，搅拌即可。

生活上的贴心照料

给宝宝提供丰富的视觉刺激

“视觉启智”是较易做到的一种启蒙方法。视觉是宝宝萌发最迟的一项感觉，又是一旦萌发后，发展最迅猛的一项。

1~2岁：视觉的立体期

宝宝学会走路以后，开始对远近、前后、左右等空间、方位有了更多认识，对事物也有了更多的好奇心。这时父母可以给宝宝准备一些立体玩具，像一些会动的玩具，用来引导宝宝视觉从平面向立体转化，激发宝宝的想象力和观察力。

2~3岁：视觉的空间期

此时的宝宝通过观察，能够判断出大小、上下、内外、前后、远近等空间概念。这个时候，父母可以利用游戏很好地发展宝宝空间视觉能力，比如位置、识别物体大小、各种标志等，同时，让宝宝使用油画棒、毛笔、橡皮泥等进行绘画训练，这是将视觉刺激和智力开发相结合的一种好方式。

◆玩具的位置经常更换

玩具应悬挂在宝宝胸部上方70厘米之处，还应经常换换位置，以免宝宝睡偏了头或造成斜视，而且每换一次位置宝宝都有一种新鲜感，还可以使宝宝从不同的角度认识同一个物体。悬挂的物品也应经常更换，使宝宝能够感受到不同的色彩和形状。

◆布置一个丰富多彩的生活环境

在睡床的周围及整个房间里都布置色彩鲜艳的玩具，使他有机会看到一些鲜艳的颜色，如红、蓝、绿、黄等。

还可在宝宝睡床的上方悬挂一些彩色玩具，如吹气塑料玩具、彩色气球或用彩纸折叠成的小玩具等。

小贴士

爸爸妈妈还可以和宝宝一起玩一些球类，这样既刺激了宝宝的视觉，又锻炼了宝宝的协调能力。

◆给宝宝一些彩色读物

选择画面形象、生动、色彩鲜艳的彩色图书给宝宝，这些图书色彩丰富，印刷质量好，多阅读这样的启蒙读物，能对宝宝进行视觉、触觉刺激，开发宝宝的观察力和想象力，对宝宝智力发展和学习习惯的培养有着不可估量的作用。

◆给宝宝彩笔和纸

画画还可以发挥宝宝的想象力，锻炼宝宝小手的灵活性和协调性，是培养宝宝观察事物、了解事物特征的好方法。

画画还可以开发大脑右半球的功能，对开发智力也大有益处。所以，父母应该在宝宝1岁时就交给他画笔和纸，让他尽情涂鸦。这样，就能达到对宝宝的视觉刺激，培养宝宝的想象力和创造力。

◆带宝宝走进大自然

大自然的颜色是最丰富的，五颜六色的动物和植物吸引着宝宝的眼球，大自然里还有着宝宝好奇的一切，遇到什么好奇的事物，宝宝都要问为什么。所以，大自然给宝宝带来的色彩刺激和收益，是家庭生活和抽象学习所不能比拟的。

父母不要以为只要宝宝的眼睛看得见，就轻视宝宝的视觉发展，要先了解宝宝的发展及行为背后的含意，才能适时提供足够的刺激，提高宝宝“看”的能力。

总之，父母应利用各种机会让宝宝用眼睛去接受各种色彩的刺激，促进智力发育，让宝宝更多地了解这个色彩丰富的世界。

独睡还是陪睡

让宝宝独自睡眠不仅可培养宝宝良好的睡眠习惯，而且对宝宝的身体健康也大有好处。

独立睡眠的必要性

◆有利于健康

宝宝与父母睡在一起不利于健康发育，因为在这种睡眠的小环境中，充满了父母呼出的二氧化碳，可使宝宝整夜处于缺氧状态，而出现睡眠不安、做噩梦、惊哭惊叫，影响睡眠质量，而且父母呼出的气体交融在一起，使空气污染浑浊，增加宝宝遭受感染的机会。

◆影响睡眠质量

宝宝与父母常常会因为翻身而互相影响睡眠，尤其是宝宝睡熟后可能会横七竖八地乱翻动，势必影响父母的休息。

◆锻炼宝宝的独立性

让宝宝单独睡觉可以锻炼独立性，培养大胆、勇敢的意志品格，减少对父母的依赖。

◆有利于宝宝性别意识的培养

宝宝已开始注意男女之间的差异，而且他也表现出了对父母双方依恋倾向和崇拜倾向的差异。如果此时不分床，很有可能会助长宝宝的恋父情结或恋母情结，不利于其性心理的健康发育。

宝宝不肯独立睡眠的原因

◆过分依恋

宝宝希望随时能看到父母，听到父母和自己说话或与自己嬉戏。爸爸妈妈不离左右，宝宝心里就会踏实，在他们的潜意识里，安全就等于在父母身边，睡觉的时候更是如此，比如有些吃母乳的宝宝甚至熟睡中会下意识地摸摸妈妈的乳头，一旦找不到就突然惊醒，当依偎在父母身边甜甜入睡已成为一种较固定的睡觉模式。

◆恐惧心理

这是宝宝成长发育中普遍存在的一种体验，如害怕妖怪、噩梦等。让宝宝单独睡到黑暗卧房的时候，他可能会想起看过的电视里的恐怖画面、书里的可怕故事，再加上身处黑黑的房间，将黑暗中朦朦胧胧看到的东西假想成自己担心遇到的事物，更加深了对黑暗的恐惧，不敢自己睡。

◆空间狭小

习惯了大床的宽敞，突然置身于筑起高高栏杆的小床，空间范围小了，不能充分自由地在床上翻滚了，这也是喜欢随心所欲的宝宝不愿意单独睡的一个原因。

下面推荐一些帮助宝宝独立入睡的方法，父母可根据宝宝的具体情况参考：

1	将宝宝的小床和大床紧挨放在一个房间，或者让宝宝睡同一个床不同的被子
2	白天睡觉的时候可以让他睡小床，这样慢慢习惯下来他就不会这么拒绝睡小床和分房间睡了
3	给他放他喜欢的录音带（音乐或故事都行）或者自己给他讲故事、唱歌来陪他入睡，亲亲他的额头，使他感到父母的爱，等他睡着了再离开
4	等到分开房间之后要告诉他灯的开关在哪里，或者在屋里开盏小灯，使房间里不致太黑或者睡觉前找个宝宝喜欢的玩具陪着他来代替父母
5	平时有一段独处的时间，节假日让他一个人在爷爷奶奶或外公外婆家里住上几天，有意识地培养宝宝的独立精神
6	委婉而平静地告诉宝宝："很多像你这么大的宝宝都会害怕。""妈妈小时候也害怕过，后来不怕了。"让宝宝明白，不是只有他一个人才会害怕的。允许宝宝将他的恐惧流露出来，并给予开导，使宝宝懂得恐惧是会消失的
7	如果哪天宝宝有特殊原因，如生病、受委屈等要求与父母同睡，千万别拒绝，让他感到在他需要时爸爸妈妈随时在他身边

让宝宝自由玩游戏

让宝宝能够自由的玩耍，自由的游戏，这才能够最大限度地发展宝宝的想象力和自信心。让宝宝不受拘束自由自在的生活吧！

自由玩耍可培养宝宝创造力

妈妈经常唠叨："你这宝宝怎么这么不听话！"其实，经过试验证明，宝宝的"淘气"往往比"老实"更富含创造力。宝宝淘气的特质，会让他们的大脑皮层接受到更多的刺激，而这方面对于他们的智能培养也是起着一定的辅助作用的。所以，让宝宝老实、规规矩矩、百依百顺，可能会造成他创造力被扼杀。其实只要宝宝不太出格，给他点"不听话度"是一件好事情。

让宝宝的好奇心得到充分展露

◆选择新奇的事物

宝宝喜欢有兴趣的事物：宝宝的好奇心大，只有对事物有了兴趣，才会用心观察。如果每日的生活都平淡无奇，宝宝很容易丧失对生活的新鲜感和好奇心，注意力也会变得迟钝。

让宝宝每天感觉到新的变化：因此，爸爸妈妈应该注意选择一些新奇的、具有吸引力的事物作为观察对象来激发、培养宝宝的观察兴趣。让他们感觉到每天都有新的变化，眼看、耳听、鼻闻、嘴尝等多种方式观察事物、认识事物都能有新鲜感，使宝宝的兴奋中心能不断转移，慢慢地形成从多个角度来观察事物的习惯。

◆根据宝宝身心发展选择

当然也要依照宝宝的身心发展状况来选择，以免过分的难理解使得宝宝产生紧张和回避的心理。

例如，面对自己社区里种植的植物每季不同的生长状况，就可以问宝宝："宝宝，我们院子里长出绿叶了吗？那么多的树叶，哪棵树的树叶先长，什么树叶后落呢？"宝宝答不上，你就带他在初春、晚秋实地观察。当然，在培养宝宝的观察能力时，可以组织多种多样、形式丰富的游戏活动，引导宝宝多种感觉器官参与认识。

让宝宝自己画画

◆在居室布置抽象画

在居所内的周围布置一些不同风格、色彩各异的抽象画，在视觉上给宝宝导入信息。

◆给宝宝准备多种绘画材料

给宝宝多准备一些画画的材料，并且尽量选择不同的材质，让宝宝在画画的过程中体会到不同材料使用起来效果的不同。比如，妈妈可以给宝宝准备水彩笔、蜡笔和油画棒，让宝宝画画，宝宝从绘画的过程中，就能够很明显地感觉出差别。

◆请老师指导

有时可以给宝宝讲个故事，然后让宝宝发挥自己的想象力，或者可以给宝宝请一个专门的老师来指导。在房间里为宝宝开辟出一个展示作品的区域，把宝宝的作品放在展示台上，满足宝宝视觉发展需要，促进宝宝间的相互交流，让宝宝有成就感。

小贴士

有条件的家庭，可以为宝宝开辟一面便于擦拭的涂鸦墙。让宝宝站着在墙壁上作画，让宝宝自己设计画作。在这个过程中，你都要积极鼓励宝宝去创造，表扬他的想象，让他自己更加积极地投入于想象和创造的世界里。

让宝宝发挥想象力

在生活中寻找素材的同时，爸爸妈妈也不要忘记有些书本给宝宝的影响。这些生动的画面和精美的故事，是宝宝想象力提高的有效工具。爸爸妈妈在给宝宝讲故事时，其实可以适当的变换些新的方式。比如，面对着一幅画面，可以让宝宝先自己去看，让他从画中找出他所喜欢的故事情节，你可以听宝宝故事里的主角的历险故事。然后再给宝宝讲讲书里的故事，宝宝听了故事，肯定会有疑问，“为什么小兔子不喜欢小动物到它的新家里去做客呢？”这个时候，你还要耐心地给宝宝解答，你也要问问，宝宝编出的故事，慢慢的，宝宝就能够在书中注意到那些能够编在故事里的“次要因素”了，而不只是在机械记忆。

搭积木，宝宝益智好游戏

积木是很多的爸爸妈妈乐意给宝宝买的礼物之一，在宝宝搭积木的过程中，因为不用受到规则、父母的干涉等问题，很容易感受到一种轻松愉快，能够即兴创作的氛围，这容易培养出他们主动创造、组织和游戏的能力。

◆用积木形构建筑概念

搭建积木时，宝宝可以自己参与各种不同大小形状和空间组合的运用，而且能够很自然创造出和他们身处环境相符的建筑物，这对于向他们导入建筑结构的观念也是很有帮助的。

◆搭积木可以开发智力

而我们仔细观察宝宝所创造出的积木模型，其实这就是宝宝所观察到的真实生活的实际结构和对周围环境的认识，通过玩耍这些几何形状圆柱和球状的积木，来促进空间感官的发展，达到空间概念的形成，更有助于开发智力和身体的发育与成长。爸爸妈妈要为宝宝创造出一个真正的主动观察、学习与构建自由空间，还要学会鼓励他们的发现及观察，并提供描述性的意见。

宝宝私处护理之男宝宝篇

对于男宝宝，最必要悉心呵护的就是他的“小鸡鸡”和阴囊了。男宝宝的性器官是由阴茎和阴囊两部分组成。阴茎外面覆盖着一层包皮，将这层包皮向根部拨开，中间就会露出阴茎的顶部，就是龟头。龟头的最顶端有个小口子叫做尿道口，是小便的出口。阴囊有两个，每个阴囊里面都有一个睾丸。

男性激素和精子都是在睾丸里产生的，但在婴宝宝时期，睾丸的这些功能几乎都是停止的。它们的重要性不言自明，而正确的清洗和保护尤其重要。

清洁方法

1.宝宝排便后首先要把肛门周围擦干净。再把柔软的小毛巾用温水沾湿，擦干净肛门周围的脏东西。

2.用手把阴茎扶直，轻轻擦拭根部和里面容易藏污纳垢的地方，但不要太用力。

3.阴囊表皮的皱褶里也是很容易积聚污垢的，妈妈可以用手指轻轻地将皱褶展开后擦拭，等小鸡鸡完全晾干后再换上干净、透气的尿布。

清洗的注意事项

◆切莫挤压

宝宝的“小鸡鸡”（ 也就是阴茎），布满筋络和纤维组织，又暴露在体外，十分脆弱。在洗澡的时候，新手爸妈很容易因为紧张或者慌乱，手部无意中用力，挤压或者捏到宝宝的这些部位。因此需要特别注意。

◆水温要适当

宝宝洗澡时的水温要控制在38℃～40℃摄氏度，这不仅仅是要保护宝宝的皮肤不受热水烫伤，也能保护阴囊不受烫伤。

爸爸妈妈们会发现，当天气很热或者宝宝兜着潮热的纸尿裤时，宝宝的阴囊就会软趴趴的，像个气球皮，里面的小蛋蛋明显圆圆的鼓着，这就是因为受热，阴囊壁的平滑肌呈反射性舒张，自我保护地瘫软散热；而如果遇冷，阴囊就会缩成一团，保持必要的体温。所以，在给宝宝洗澡的时候，一定要控制好水温。同时，每次排便后也需要进行冲洗。

◆包皮和龟头清洗

宝宝周岁前都不必刻意清洗包皮，因为这时宝宝的包皮和龟头还长在一起，过早地翻动柔嫩的包皮会伤害宝宝的生殖器。一岁以后，隔几天应该清洗一次，但要在宝宝情绪稳定的时候。

清洗时，妈妈用右手的拇指和食指轻轻捏着阴茎的中段，朝宝宝腹壁方向轻柔地向后推包皮，让龟头和冠状沟完全露出来，再轻轻地用温水清洗。洗后要注意把包皮恢复原位。

◆重点清洗

清洗的重点应该是最容易藏污纳垢之处。所以，要把小鸡鸡轻轻地抬起来，轻柔地擦洗根部，再有就是阴囊下边，也是一个“隐蔽”之所，包括腹股沟的附近，也都是尿液和汗液常会积留的地方。

宝宝私处护理之女宝宝篇

女宝宝的性器官有两个部分组成，分别是外部性器官和内部性器官。外生殖器分为大阴唇、小阴唇、阴核，会阴、阴道口几个部分。小阴唇和大阴唇覆盖尿道口和阴道口，能防止细菌的侵入。

外生殖器是需要被日常护理的，内生殖器则由卵巢和子宫等组成。

护理的注意事项

◆小尿片及时换

干净、清爽、透气的环境是阴部最理想的环境。女宝宝还没有离开尿布，无论是使用尿布还是纸尿裤，都应当选择透气性好的，安全卫生的。

排尿后妈妈们一定要记得及时更换尿布。尿道的开口处直接与内部器官相通，尿液的残留成分会刺激宝宝皮肤，容易患尿布疹，干扰严重了，会过敏发炎。如遇红臀现象，可擦柔和的婴儿护臀霜。

◆小内裤早早穿

内裤的选择，应该是吸收力强的、透气的、棉质的、宽松舒适的。妈妈应早点给女宝宝穿满裆裤，尽量少让外面不干净的细菌轻易和阴部直接接触。

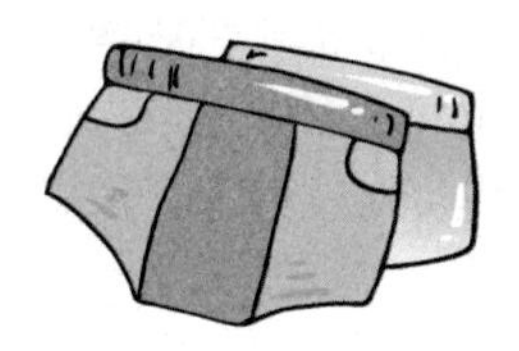

提高免疫力五大新招

新招1：做个“野”宝宝

有些宝宝“娇生惯养”，天气一冷，爸爸妈妈们怕他们着凉，就不让宝宝出门了。这么一来，宝宝的呼吸道长期得不到外界空气的刺激，得不到锻炼，反而更容易感染疾病。

适当的室外体育锻炼，才是增强宝宝体质最有效的方式。对于刚满月的小宝宝，可以在阳光柔和的时候到室外呼吸新鲜空气，晒晒太阳，时间以30分钟到1个小时为宜。一般的小区都有中心花园或固定活动场所，大一点的宝宝可以在大人的监护下，进行一些简单的器械锻炼或做做体操。新鲜的空气和自由的空间对宝宝的成长至关重要。经常运动还可以增强食欲，对提高抵抗力有辅助作用。爸爸妈妈需要注意的是，锻炼要遵循适度、持续和循序渐进的原则，不要进行长时间和大体力的运动，否则可能会因为身体劳累过度反而导致宝宝免疫力下降。

新招2：多吃粗粮

宝宝们正处在生长发育最旺盛的阶段，对营养素的需要量自然较多，但由于宝宝的消化功能尚未完全成熟，所以很容易发生营养素缺乏的状况，营养不足，抵抗力自然就比较差。

因此，加强营养素的摄入，是提高宝宝抵抗力最重要的一环。老人们总觉得给宝宝吃的东西当然是越精细越好，其实，粗粮可提供细粮所缺乏的营养成分，达到平衡膳食、营养均衡。如果光吃一些高蛋白、高热量的食物，很容易就把宝宝给养成小胖墩了。

而蛋白质缺乏会造成免疫力缺乏，因此要多吃一些鱼、蛋、奶和豆制品，但要注意男宝宝摄入豆制品要适量，以免大豆中的植物雌激素影响宝宝身体发育。1岁以上的宝宝可以适当喝些酸牛奶或优酪乳，其中的乳酸菌可以增加宝宝肠道内的益生菌，预防腹泻。

缺锌的宝宝免疫力低下，容易感冒，食欲下降，还会造成大脑发育不良。海产品、红肉和山核桃是锌元素的良好来源，与其吃补锌的药物，还不如多吃些含锌量丰富的食物。

新招3：均衡饮食

宝宝偏食，营养不均衡会造成抵抗力下降。肉、蛋、新鲜蔬菜水果品种尽可能多样，少吃过凉的食品，多饮水。同样，为宝宝在补充微量元素时也要均衡科学，不可过量。例如：补充维生素D切忌过量引起中毒。一般选择鱼肝油产品时，注意维生素D含量在120～150国际单位。同样，选择其他营养保健品时，也要注意不可过量。

新招4：天凉慢添衣服

从秋天开始让宝宝进行耐寒锻炼，是提高宝宝对寒冷反应灵敏度的最有效方法。有些爸爸妈妈，特别是爷爷奶奶们，总是怕宝宝受冻，天气稍冷就给宝宝加上厚厚的衣服，殊不知这样会给宝宝造成一种恒温环境，没有经过寒冷锻炼，反而更容易感冒。秋季添衣要掌握“春捂秋冻”的原则，根据天气预报和自身的感觉有计划地增减衣服，一般来说宝宝比大人多穿一件单衣就可以了。由于秋天天气变化无常，所以要给宝宝多准备几套薄厚不等的衣服，内衣一定要用纯棉面料，毛衣以不会直接刺激到宝宝皮肤为好。

新招5：尽量少去医院

宝宝生病了，别立刻就想着要去医院。现在的医院特别是宝宝医院每天都像集市一样拥挤不堪，再加上医院本身就是病毒集中之地，因此特别容易造成交叉感染。爸爸妈妈一旦发现宝宝身体不适，不要马上带宝宝去医院，也不要乱给宝宝吃药，可以先根据以往经验判断一下再做决定。

宝宝拉肚子了，如果只是比平时多拉一两次，水分不太多，那么有可能是肚子着凉或吃甜东西多了，消化不良。这种情况可以先控制一下饮食，比如喝点粥，观察一下，要是大便性状很快好转，就不要去医院，也不必吃抗生素。如果腹泻次数多，大便很稀，可以给宝宝吃口服补液，以免脱水。宝宝感冒了，如果没有发热，只是有点流鼻涕、咳嗽，应该是一般性感冒，多给宝宝喝点水，症状不重的话也不必吃药。

怎样保护宝宝的乳牙

养成有规律进食的习惯

乳牙是宝宝重要的咀嚼器官。有些妈妈总以为乳牙反正是要换的，所以不重视乳牙的保健。这种观点是错误的。健康的乳牙有以下几个作用：有助于胃肠消化食物，可为生长发育非常旺盛的宝宝提供必要的营养；良好的咀嚼功能，可以产生功能性的刺激，有助于宝宝颌面部正常发育；为恒牙萌出预留间隙，诱导恒牙正常萌出。实际上口腔是有一定的自我保护能力的。口腔中的唾液总是在清洗着牙齿表面，起着恢复牙齿表面坚固的作用。

每当吃完东西之后，食物残渣里的糖分会被虫牙细菌分解，形成齿垢附着在牙齿表面，并产生溶解牙齿表面的酸性物质，即所说的“脱灰”，时唾液中含有的钙和磷等物质会帮助牙齿表面恢复原来的状态，即所说的“再石灰化”。但是如果嘴中总是不干净，那么这种自净功能就会跟不上，所以少吃零食和饮料是一大原则。

纠正喂养中的不良习惯

要纠正一个不好的习惯，即用自己的嘴嚼食物喂宝宝，或者是用自己使用着的筷子给宝宝喂食。宝宝在妈妈肚子里时，口腔是非常干净的，出生之后，随着呼吸、吃奶的开始，一点一点细菌就会在嘴中落户。

嘴中常有的细菌称作常在菌，它包括大肠菌、乳酸菌、虫牙细菌、螺旋体等等，虽然这些细菌靠着食物的残渣吸取养分不断增长，却相互保持着平衡。由于宝宝的口腔环境没有大人的稳定，稍稍感染不洁的东西，或者是感冒发热身体状态不好的时候，细菌的平衡就会被破坏，容易形成虫牙的虫牙细菌会突然增加。

虽说虫牙并不像传染性疾病那样传染，但是和大人口腔的不断接触，会改变着宝宝口中的细菌的种类和数量，形成口腔疾病，包括虫牙。所以要特别把宝宝口腔清洁挂在心上。

乳牙外伤

1～2岁宝宝最容易发生乳牙外伤

在宝宝学会走路之后，独自行动能力逐渐增强，可是平衡能力较差，还不能自如地控制自己的身体；加之宝宝天生活泼好动，好奇心强的特点以及在跑跑跳跳的过程中对周围的危险又缺乏起码的判断，稍不注意就可能摔跤，殃及宝宝的小乳牙，通常是乳前牙。

如果乳牙外伤处理不及时，或者处理不当，会引起一系列问题。所以妈妈一定要注意，如果怀疑乳牙外伤，要尽快带宝宝去看医生。

乳牙外伤可能带来的后果	
1	牙龈撕裂
2	唇侧骨板缺失，使处于发育期的恒牙胚暴露在口腔环境中，影响表面釉质的钙化，从而导致釉质发育不全
3	槽突骨折
4	牙齿移位。影响恒牙胚发育，牙冠和牙根弯曲变形，甚至使牙根发育停止
5	乳前牙外伤脱落后，长期用牙龈咀嚼食物，牙龈发生增生角化，变得坚韧肥厚，导致恒牙萌出时阻力增加，萌出困难
6	受损的牙髓坏死，导致根尖炎，如果感染扩散，会影响宝宝下面的恒牙胚，使牙釉质变色或者牙釉发育不全

4种乳牙外伤处理对策

只要牙齿受到伤害，都会引起不同程度的牙髓充血和牙根尖部的组织水肿。如果受伤严重则会发生牙髓出血，根尖部的血管受挤压而断裂，日后还会导致牙髓坏死、牙冠变色、牙髓钙化等情况。所以如果宝宝的小乳牙被碰撞，妈妈要及时带宝宝就医。

由于宝宝小乳牙的牙根较短，牙槽骨骨组织疏松，乳前牙外伤后一般会导致牙齿移位、嵌入或脱位，牙齿折断脱落的较少。

◆牙冠或牙根折断

如果牙冠折断，多数情况牙髓会暴露出来。

处理对策：在局部麻醉下做活髓切断术或进行根管治疗。牙根折断要把冠部断端去掉，保留断根，可以不做处理，断根如果没有感染可能会被吸收。

◆嵌入性脱位

乳牙嵌入牙槽窝，有时仅切端外露甚至完全嵌入牙槽窝内。

处理对策：如果牙齿移位方向偏向腭侧，乳牙根尖倾向恒牙胚，此时应该将乳牙拔除，以避免可能对恒牙胚产生损伤。为了避免再次受伤，乳牙嵌入后不要强行拉出复位。接近替牙期的受损乳牙应拔除。

◆牙部分脱位和移位

宝宝的乳前牙受碰撞，向外或向内倾斜移位，部分脱出牙槽窝。

处理对策：将受伤乳牙恢复到原位后结扎固定，一般会痊愈得比较好，不过以后还是有可能发生牙髓坏死，根尖感染或牙槽脓肿。如果已经快到替牙期，牙根已吸收1/2以上，医生会考虑拔除受伤的乳牙。

◆乳牙完全脱位

处理对策：如果宝宝的乳牙完全脱落，不需要再植入。

牙刷的保护

牙刷保护得好，不仅可以使牙刷经久耐用，而且也符合口腔卫生要求。正确使用牙刷，不仅有利于牙刷，也能保护牙刷、延长牙刷寿命。分开家长和宝宝的牙刷，以防止疾病的传染。通常每季度应更换一把牙刷，如果刷毛变形或牙刷头积储污垢，应及时更换。

宝宝学刷牙前先学会漱口

漱口能够漱掉口腔中部分食物残渣，是保持口腔清洁的简便易行的方法之一。应教会宝宝将水含在口内、闭口，然后鼓动两腮，使漱口水与牙齿、龈及口腔黏膜表面充分接触，利用水力反复来回冲洗口腔内各个部位，使牙齿表面、牙缝和牙龈等处的食物碎屑得以清除。可以先做给宝宝看，让宝宝边学边漱，逐步掌握、提高。

人们习惯于用淡盐水和茶水漱口，它有助于口腔卫生。用含氟水漱口可以减少龋齿的发生。还可以用0.12%洗必泰漱口，以预防龋齿和牙周炎。对于此时的宝宝，建议用清水或淡盐水漱口，以防止氟水的误咽和长期使用洗必泰造成的牙齿染色及牙结石形成。

外出防晕车

注意好饮食

乘车前不给宝宝吃脂肪高或是油腻的食物，也不要空腹或者过量饮食。乘车时，如果宝宝需要吃小食品，只给他吃饼干或只含葡萄糖的糖果，也可备一包咸菜，晕车时吃一点可减轻不适。时刻准备好干净的手帕，塑料袋和口香糖或水。在宝宝呕吐后，及时用手帕给宝宝擦净，用口香糖或水消除口中的异味。

让宝宝有事可做

可把宝宝的注意力引到车前的景物上，不要让他望着路边，尤其是快速移动的事物，不要让宝宝在车中看书或画图。可把车窗开个缝，透进新鲜空气。车子里不要有食物味道或香烟、汽油味。

不要过度焦急

当宝宝晕车时，爸爸妈妈千万不要过度焦急，否则，宝宝会学着你的情绪，心理变得紧张，结果更易晕车，心情兴奋或是心情忧虑的确影响晕车的程度，让宝宝玩得开心可以预防晕车。

1岁宝宝教育内容主要有哪些

A

此时期的教育内容主如果育儿刺激和玩耍，使宝宝感受丰富多彩的外界环境，即各种颜色、多样形状和不同声音。在床上和卧室墙上挂些色彩鲜艳或可发出响声的玩具，时常更换，以引起宝宝看和听的兴趣。给一些常用物品，发展宝宝嘴、眼、手的探索能力。

1岁零1个月宝宝仍吃母乳正常吗

A

如果之前吃奶都没有影响到宝宝吃饭，那么现在妈妈不必担心吃奶会影响宝宝吃饭。

1岁多是分离焦虑的高峰期，宝宝这样的表现，可能是妈妈平时陪她的时间不多造成的，也可能是宝宝对妈妈依恋的表现，一般来说，过了这个分离焦虑的高峰期就会好转的。妈妈平时可以多陪陪宝宝，同时当宝宝在家的时候多给他玩玩具，让他有事可做，这种情况应该会有所改善的。

1岁宝宝训练以什么为主

A

宝宝1岁以内以感知和动作训练为主。爸爸妈妈在宝宝出生后可以给其视听刺激，在宝宝觉醒时给其看鲜艳色彩的玩具，听摇动玩具发出的响声，经常和宝宝对视和说话，促进亲子间的感情交流。

宝宝不活泼是什么原因

建议多带宝宝出去玩，等宝宝找到喜欢的事物或人就自然会活泼起来。还有可能是宝宝对环境感到比较陌生，等他熟悉了就会好的。有的宝宝和家人之间表现亲热，每天笑逐颜开，但对于陌生人却表现得安静，不爱说话，适应能力较差。

爸爸妈妈在平时陪宝宝玩耍时，尽量逗宝宝笑，让宝宝感觉到游戏有趣，也可加深他对于游戏的记忆力。在和其他人玩耍时，也许一个小小动作就能唤起愉快的回忆，宝宝不仅变得爱笑，而且能够在游戏中加深亲子感情。

爸爸妈妈还可以经常带着宝宝出门，多接触家人以外的人们，鼓励宝宝用自己的方式来和他们交流，让宝宝在一个舒心的环境中健康成长。同时也要掌握合理的方法来逗宝宝，高抛婴儿，很容易使宝宝头部震动。还有注意适度，因为过度的大笑还可能使婴儿发生瞬间窒息、缺氧、暂时性脑贫血，损伤大脑。

1岁零2个月宝宝只长几颗牙属于正常吗

宝宝的这种情况是正常的，许多宝宝出牙时会有一段时间的间隔，并不是因为缺钙，下面是14个月宝宝的体格标准：

体重：男孩为8.7～13.2千克；女孩为8.0～12.4千克。

身高：男孩为73.7～85.1厘米；女孩为71.9～83.7厘米。

头围：男孩为47.29厘米；女孩为46.00厘米。

牙齿：长出6～12颗乳牙。

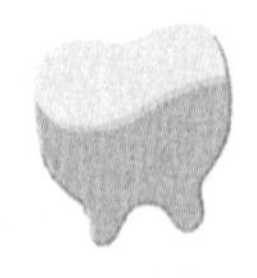

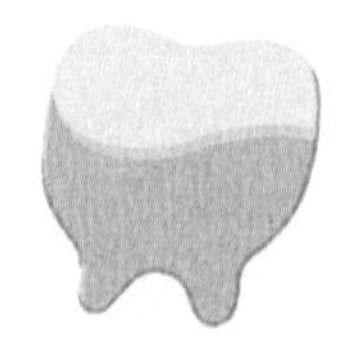

宝宝酷爱拆东西怎么办

宝宝“破坏”有原因：宣泄不良情绪。宝宝受了委屈或心中有不满的时候，他没有办法通过别的渠道宣泄，就会通过“破坏”来发泄内心的不满。对于宝宝的无意破坏行为，爸爸妈妈可以通过一些生理和心理训练来解决，既要理解，还要给予支持和引导。建议给宝宝买一些能拆装的玩具。引导宝宝把拆下的东西装配起来，恢复原样。带他一起找人修好弄坏的闹钟，让他看师傅如何拆闹钟，如何组装零部件。明确告诉宝宝，有些东西是不能拆的。

给宝宝买什么积木玩有益

6个月时即可让宝宝玩玩具，最好选木制的，首先它比塑料的要耐用，另外塑料里还会含有害成分，对宝宝不好。

1岁多宝宝不爱喝水怎么办

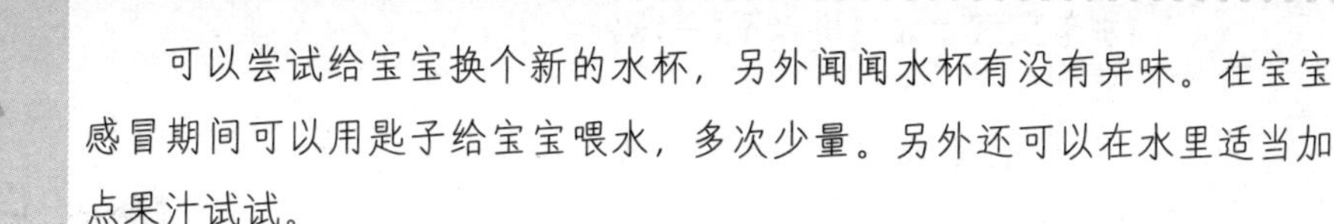

可以尝试给宝宝换个新的水杯，另外闻闻水杯有没有异味。在宝宝感冒期间可以用匙子给宝宝喂水，多次少量。另外还可以在水里适当加点果汁试试。

宝宝特别爱哭怎么办

建议可以试试以下几种方法：

1.轻轻的有节奏拍他的背，节奏要和你的心跳一致。

2.让宝宝舒服地坐在或躺在小车里，推他出去散散步。

3.让宝宝横卧在你的膝上，轻轻抚摩他的背部，或拍拍他的脚。

4.和宝宝一起洗个舒服的热水澡也很有效，可以在澡盆中滴几滴熏衣草精油。

1岁多宝宝爱揉眼睛怎么办

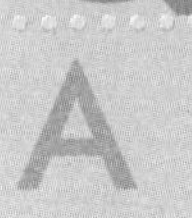

如果担心可以用托百士滴眼液，去医院的眼科购买。5~6次/日，并保持眼部卫生。并且建议你去专业的医院给宝宝的眼睛做个检查。

1岁半宝宝一只眼经常流泪正常吗

A

倒睫就是睫毛黏在了眼球上，引起眼球不适。如果爸爸妈妈担心这样会影响宝宝的视力发育，可通过手术治疗此症状；而实际上宝宝的睫毛可能会很软，倒睫时并不会严重到刺伤眼球，只要将黏在眼球上的睫毛取出就可以了，所以不必一定采取手术。

另外还有可能是宝宝患了泪囊炎，最明显的症状是流眼泪，在早晨起床后会发现宝宝的眼角或眼缘上有红色的分泌物。严重时眼角内会出现红肿或湿疹，用拇指轻轻挤压甚至会流出脓性的分泌物来。此时就应该及时去医院治疗。

1岁半宝宝上火，可以不打针吗

这就要提高宝宝自身的免疫系统，不用太着急，在平时多加注意。让宝宝多喝水，多吃点新鲜的瓜果蔬菜，还要让宝宝养成不挑食的习惯，多吃点有营养的东西。

最重要的是要让宝宝多锻炼，经常领宝宝出去晒太阳，多运动是增加抵抗力最好的药物。而且还要注意根据天气来增减衣物，不要总捂宝宝，所以这才是最好的方法。而且常洗澡也是去火的好方法之一。

1岁多宝宝爱看电视怎么办

A

电视画面内容丰富、颜色鲜艳，大多数宝宝都喜欢看。但是，看电视不利于宝宝的心智发育。可以带宝宝和其他的小朋友一起玩。如果周围同龄宝宝不多，需要爸爸妈妈多和宝宝做游戏，进行交流。

白天家里尽量少开电视。爸爸妈妈的习惯会潜移默化地影响宝宝的。再不起作用的话，就告诉宝宝电视坏了，或者没电了，引导他去注意别的事物。宝宝小还是非常好哄的。

1岁多宝宝爱发脾气怎么办

A

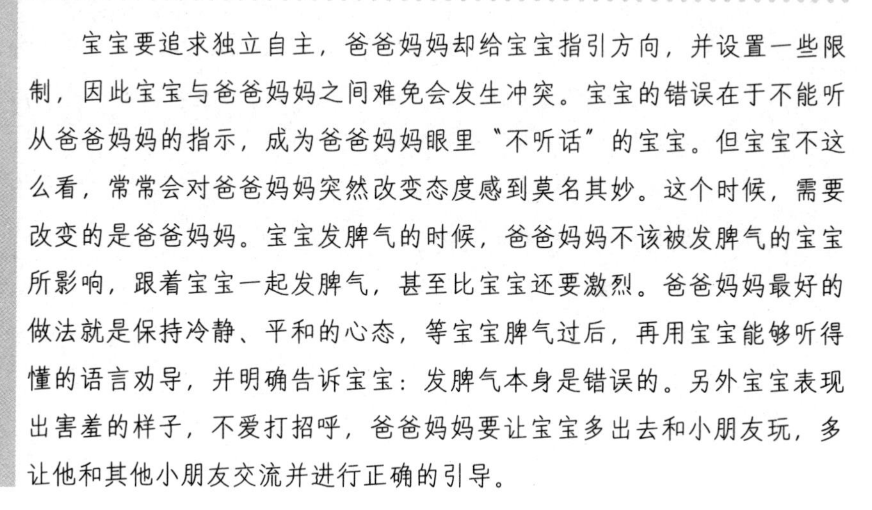

宝宝要追求独立自主，爸爸妈妈却给宝宝指引方向，并设置一些限制，因此宝宝与爸爸妈妈之间难免会发生冲突。宝宝的错误在于不能听从爸爸妈妈的指示，成为爸爸妈妈眼里“不听话”的宝宝。但宝宝不这么看，常常会对爸爸妈妈突然改变态度感到莫名其妙。这个时候，需要改变的是爸爸妈妈。宝宝发脾气的时候，爸爸妈妈不该被发脾气的宝宝所影响，跟着宝宝一起发脾气，甚至比宝宝还要激烈。爸爸妈妈最好的做法就是保持冷静、平和的心态，等宝宝脾气过后，再用宝宝能够听得懂的语言劝导，并明确告诉宝宝：发脾气本身是错误的。另外宝宝表现出害羞的样子，不爱打招呼，爸爸妈妈要让宝宝多出去和小朋友玩，多让他和其他小朋友交流并进行正确的引导。

宝宝肥胖是否对发育不利

A

重要的不是吃的多少的问题，而是食物结构的问题，宝宝的蛋白摄入量过高了一些。建议让宝宝多吃一些蔬菜和水果。还有就是让宝宝多运动。这个月龄的宝宝会走了，有的还会爬了，爸爸妈妈要带动他多走和爬，这样就会消耗多余的脂肪。

宝宝会走路后还要练习爬行吗

3岁以内的宝宝多多爬行是好事，这样可以锻炼宝宝的脊柱，增强宝宝的注意力，对以后的学习有帮助。

宝宝不喜欢爬也没关系，爸爸妈妈可以用床单只做一秋千，抓住两端四个角，不让宝宝爬在里面，轻轻的左右晃动或者是前后晃动，既加强了脊柱的锻炼又可以和宝宝做游戏，增加爸爸妈妈与宝宝之间的感情交流。

宝宝房内用电暖气取暖有害吗

宝宝房内可以使用电暖气取暖，没有辐射、没有污染、噪声，并且升温快，使用起来也较为方便。不过最好不要将取暖器的加热面直接对着宝宝，要尽量安置于宝宝碰不到的地方。

另外，最好在宝宝的房内放置一个温度计和湿度计以便于观察，保证宝宝房内不但有适当的温度，还有适当的湿度，让宝宝生活在舒服的环境中不仅对宝宝的身体健康发育发育有利，而且对宝宝的心理发育也有益处。如果感到房间过于干燥时，调整湿度最简单的方法是在宝宝房内放一盆水，利用水蒸发的原理来增加房间的湿度。

宝宝的爸爸妈妈是乙肝带菌者，会遗传吗

如果宝宝已经注射过乙肝疫苗后，要看宝宝有没有产生抗体，如果有抗体的情况下就不会被传染的。

如果没有注射建议还是最好带宝宝及时去医院注射，有抗体对宝宝来说就有保护作用了，对于乙肝疾病来说，在平时接触中是不会被传染的，因为它主要通过血液传染的情况比较多。

对宝宝能力的训练

手工制作促进宝宝发育

父母可以通过游戏、手工制作，鼓励宝宝做力所能及的事，促进手部动作的稳定性、协调性和灵活性，以促进宝宝精细动作能力的发展。

自己动手提高全脑智力

刚出生的宝宝脑袋尖尖的，如果是自然分娩的话，新生儿的头型会因产道的挤压而显得更长。不久后宝宝的脑袋就会圆起来。新生儿的皮肤也不像广告中那般光滑，它是有皱褶的，并且颜色发红。3岁前，宝宝的大脑发育最快。宝宝大脑的发育依赖于许多条件，包括父母的遗传和宝宝的健康状况、营养状况及其与周围人的关系等。

很多宝宝的爸爸妈妈每天工作很忙，下了班疲倦得很，很少有时间陪宝宝玩，经常用电视、电脑、ipad来打发宝宝，其实这对宝宝的成长是非常不利的。如果能够利用有限的亲子时间做一些手工，是不错的选择。儿童手工的形式多样，可爱有趣，既可以丰富宝宝的生活，也省了父母每次不知道该和宝宝玩什么要花的心思。最重要的是，多做手工对宝宝的大脑发育是非常重要的，多动手，即动脑，还能让宝宝提升自理能力，只要持之以恒，形成习惯，对宝宝的发育是大有裨益的。

早有调查显示，如果宝宝越早开始熟练地使用筷子吃饭或者学会使用剪刀等工具，他们也就能越快地完成更多地需求精密手眼协作工作的技能。而这些工作就包括了以下一些方面如书画、乐器、工艺、科学实验甚至医生的手术。

克服做手工时出现的问题

◆培养宝宝做手工的兴趣

每个宝宝对手工的兴趣都不同，有的宝宝可能很喜欢画画，有的宝宝喜欢捏泥，发现宝宝的兴趣后，父母要正确引导宝宝向那个方向发展，从而开发宝宝在这方面的潜力。每个宝宝都有优点，父母可以通过宝宝的优点、特长，鼓励宝宝在这方面取得成功，趁机培养学习兴趣和毅力。

◆陪宝宝一起完成手工作品

玩耍是每个宝宝的天性，宝宝的许多能力也是从玩耍中积累的，他们的潜能大多是在游戏中得以充分的开发。父母可以将做手工变成游戏，以童心童态和宝宝做朋友、玩手工，对宝宝性格塑造、拥有一个快乐童年很有益处。

◆坚持做完一个完整的手工作品

好多宝宝做手工缺乏恒心，想什么时候做就什么时候做，想什么时候放弃就什么时候放弃。经常手工做到一半就放弃，对自己毫无约束能力。对宝宝坚持做手工的习惯，父母应给予及时鼓励，要求并督促宝宝将每一个手工作品做完。父母若想激励宝宝持之以恒，最好的办法不是赞扬他聪明，而是鼓励他刻苦学习。

做手工时保持良好的习惯

父母要让宝宝养成做完手工后把做手工用过的东西放回原处的习惯。用过的东西放回原处，强调的是秩序。让宝宝尝试固定摆放物品的位置。剪刀放在工具箱里，笔放在笔盒里，书放在书架上等。教宝宝学会将物品归类，分别置放，常用的东西要放在容易拿取的地方。

手工制作要循序渐进

手指是“智慧的前哨”，写字、画画、弹琴、雕刻等绝大多数智商作业都是通过手指的活动来实现的。心灵手便巧，而手脚灵活了，头脑也会更聪明。手指的动作越复杂、越精巧，就越能在大脑皮层建立更多的神经联系，从而使大脑变得更聪明。从小就让宝宝养成爱动手的好习惯，让宝宝做个心灵手巧的聪明宝宝。

爸爸妈妈可以通过游戏、手工制作，鼓励宝宝做力所能及的事，促进手部动作的稳定性、协调性和灵活性，以促进宝宝精细动作能力的发展。宝宝折纸时，会折2～3折，但是还不成形状。搭积木时，能搭高5～6块。穿扣眼时，用玻璃丝能穿过扣眼，有时还能将尼龙线拉过去。这时爸爸妈妈应根据宝宝的能力特点，进行合理的培养。

推荐做的手工制作

◆折纸–青蛙

步骤1

准备一张正方形彩色纸，沿虚线向箭头方向折。

步骤2

沿虚线向箭头方向折。

步骤3

沿虚线弯箭头向背面折，再沿直箭头的虚线内向外翻折。

步骤4

沿虚线向箭头方向折。

步骤5

完成。

◆捏橡皮泥—老虎

步骤1

橙红色彩泥一块。

步骤2

将橙红色彩泥捏出老虎的外轮廓。

步骤3

取白色、黑色玫红色彩泥。黑色和白色都捏成圆形，玫红色捏成三角形。

步骤4

将捏好的彩泥粘在老虎的轮廓上。

步骤6

将捏好的彩泥粘在老虎的正确位置，分别是胡须、嘴、王。

步骤5

取黑色彩泥，捏成12根长条其中6根稍微短的。

步骤7

最后粘上白色彩泥做的耳朵，老虎就完成了。

◆简笔画—鸡冠花

步骤1

先画出鸡冠花的叶柄。

步骤5

然后再画出鸡冠花的主体部分。

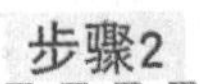

步骤2

再画出左侧的树叶。

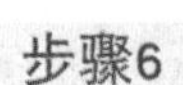

步骤3

再画出另外一侧的树叶。

步骤6

最后画好花冠的花纹，鸡冠花就画好了。

步骤4

画出花托。

亲子游戏玩一玩

手指“偶”

1.妈妈可以把两个不一样的手指偶戴在自己的两个指头上。

2.妈妈首先舞动自己手指上的手指偶，进行情景对话：“见面先要问声好，点个头弯个腰，再握握手。”进行一些礼貌而又简单的对话。

3.由于宝宝在刚开始的时候还不是很熟，妈妈可以和宝宝每人都戴一个手指偶，然后两个人之间再进行一些礼貌问候。

4.最后，等宝宝对此熟悉之后，就让宝宝把手指偶戴在他自己的手指上，让宝宝自己进行礼貌性的情景对话。

追赶泡泡

1.冬季，泡泡在空气中能够保持的时间比往常都要更长一些。父母可以把家里不用的小肥皂块放到水里面浸泡，直至它充分融化，然后拿出一根吸管沾上肥皂水就可以吹出泡泡。这种方法比买的吹泡泡玩具更有难度，因此若是成功了的话，宝宝会很高兴。

2.父母在带着宝宝一起散步的时候，可以和宝宝一起玩“你吹泡泡，我来打”的游戏。父母可以先吹泡泡，等到吹出来的时候，引导宝宝让他追着泡泡，争取把泡泡击破；玩一会儿之后，可以互换角色，让宝宝来吹泡泡，然后父母击破泡泡。

猜猜猜

这个月龄的宝宝没有很强的控制力，经常会流口水和鼻涕，这是每个宝宝在成长过程中的必经阶段。因此，妈妈为宝宝买的衣服应该要有口袋，每天都在宝宝的口袋里放一块干净的手绢，教宝宝打开手绢擦鼻涕和口水，擦完后把手绢再放到口袋里面，并告诉宝宝手绢只是用来擦鼻涕和口水，而不要把干净的手绢当作抹布一样到处擦；在包别的东西时不要用手绢；还有一点也很重要，就是不要随便用他人的小手绢。

知道“你”“我”“他”

妈妈可以拿着宝宝的衣服问：“谁的?”“宝宝的”，有时候也会以自己的名字代指“××的”，这个时候妈妈可以告诉宝宝说是“我的”；妈妈也可以指着自己的衣服问同样的问题，宝宝极有可能会用手指着妈妈或者说“妈妈的”，妈妈应该告诉宝宝说“你的”；同样，妈妈还可以指着丈夫的衣服，告诉宝宝是“爸爸的”，也是“他的”。这样，宝宝逐渐就会用“我、你、他”来称呼。

学会夹豆豆

1.首先分好豆豆，准备好秒钟。

2.宝宝认真地夹豆豆。

3.让爸爸和宝宝一起比赛，看谁可以先夹好豆豆。

闭眼尝味道

妈妈在吃饭之前告诉宝宝："今天在吃饭前我们先来做一个游戏，游戏的名字是尝味道。"妈妈把宝宝的眼睛蒙上，为宝宝戴上围裙，用筷子夹取一种菜放到宝宝的口中，过一会儿的时候，再让宝宝说出他吃的是什么，味道是什么，若是宝宝猜对了，给他多吃一些他平时候喜欢吃的食物作为奖励。

你的工作是什么

为了增长宝宝的社会知识，家长可以告诉他，医生的职责是给人看病，护士的职责是为病人打针，农民的职责就是种地，邮递员的职责就是每天送报、送信，老师的职责就是教学生知识等。除此之外，还可以把家里所有人的职业名称及工作内容都告诉宝宝。比如，妈妈的工作是什么，爸爸的工作是什么，姑姑的工作是什么等。

不让水洒出来

妈妈可以找来两个酸奶瓶，在其中的一个酸奶瓶中装多半瓶水，而另一个瓶子则不装，将这两个瓶子放到宝宝面前，让他把瓶子里的水倒入到没有水的瓶子中，尽量不要把瓶子里的水洒出来。熟练之后，就可以把瓶子里装满水，然后再让宝宝把瓶子里的水倒入空瓶内而不让水洒出来。

对识图卡进行配对

1.父母可以给宝宝买两盒识图卡，需要注意的是，这两盒识图卡一定要相同。把所有的识图卡都从盒子里倒出来，混在一块，都放在宝宝面前，让宝宝自己从这些识图卡堆里把相同的图卡找到，并进行配对。

2.对宝宝来说，识图卡可以增强记忆力，有助于宝宝认字认图本领的提高。宝宝对于卡片都很喜欢，还可以让几个宝宝一起玩，这样会使宝宝的兴趣更加浓厚。妈妈要对认得又好又快的宝宝进行赞美和夸奖，有利于增加宝宝的积极性。

知道"两个"

1.妈妈可以伸出右手的示指和中指，一面说"两个"，一边把两块饼干递给宝宝。如果宝宝吃完以后还想要，妈妈可以问宝宝要几个，看宝宝是不是会伸出中指和示指要两个。

2.如果宝宝在玩搭积木的游戏，妈妈就问宝宝"要几个"，若是宝宝只伸出示指那么就只给他一个，若是伸出中指和示指就给宝宝两个。宝宝要别的东西的时候也可以这样问宝宝要几个。

第八章

宝宝2～3岁

身体发育标准

2～3岁宝宝成长标准

养育重点

1	要提供给宝宝合理的饮食，多给宝宝吃一些成形的食物，如饼、面包、包子、水果等
2	父母自身要养成良好的饮食习惯，固定吃饭时间
3	给宝宝准备一套他喜欢的餐具
4	培养宝宝的自我保护意识
5	让宝宝多与小朋友在一起玩，避免产生认生心理
6	训练宝宝形成时间观念
7	从心理和情感上关心宝宝

体格发育监测标准

2～3岁时		
	男宝宝	女宝宝
身长	87.7～102.5厘米，平均为95.1厘米	86.8～101.6厘米，平均为94.2厘米
体重	10.9～17.0千克，平均为14.0千克	10.6～16.3千克，平均为13.4千克
头围	46.5～51.7厘米，平均为49.1厘米	45.7～50.5厘米，平均为48.1厘米
胸围	46.7～55.1厘米，平均为50.9厘米	45.8～53.8厘米，平均为49.8厘米

接种疫苗备忘录

流行性脑膜炎：A群流脑疫苗第三剂........日

宝宝智能发育记录

◆大动作发育：能够自由走动、玩耍

接住反跳起来的球及距离1米抛来的球→单足跳远→自己扶栏双脚交替下楼梯→会踢球入门→立定双足跳远33厘米以上。

◆精细动作：具体动作很好地完成

1分钟内穿上10个珠子→用餐刀切软食物→会将纸剪开小口或剪成纸条→将方形纸对折成长方形及三角形。

◆语言能力发育：复述短小的故事

利用自己的相册讲述自己的故事→用反义词配对→去新的地方回来后能作简要叙述→学猜符合两种情况下的简单谜语并自编这种谜语→背述电视和收音机成段广告和小段故事。

◆数学思维能力：宝宝喜欢上数学

要让宝宝喜欢学数学，就要从小培养其欣赏艺术。因为，聆听音乐和涂鸦绘画，会对人类形成一定的信息刺激，这些刺激会在宝宝的头脑中形成稳定的“链接”，而这些“链接”对促进大脑学习数学、思考抽象的逻辑问题产生积极的影响。所以，在宝宝3岁之前，如果爸爸妈妈能经常和他一起听音乐、涂鸦、绘画，就等于在为宝宝日后学习数学做好了充分准备。

这个年龄段是宝宝计数能力发展的关键期，爸爸妈妈在生活中要多对宝宝进行“数量与数字的积累”教育，如和宝宝一边走，一边说：“1步、2步、3步……”也可以让宝宝数生活里一切能数的东西，培养宝宝对数量的理解能力。在教宝宝学数学时，爸爸妈妈还要注意对宝宝逻辑能力的培养，比如让宝宝比较远近，来开发宝宝的思维能力。

科学喂养方法

饮食特点

2～3岁的宝宝，已经长齐了20颗乳牙，咀嚼能力大大增强，能直接吃许多大人的食物了，如面条、鱼肉、饺子、馒头等，可是3岁儿童的咀嚼能力只有成人的20%，在准备宝宝的食物方面还是需要给予特殊的照顾。此时，较硬的食物还是不能给宝宝吃，有些食物还需要为宝宝单独做，比如肉要切碎点，炖的烂点，米饭要闷软点，千万别为怕麻烦而导致宝宝营养不良。

每天需要补充蛋白质40～50克、脂肪30～50克、牛奶400毫升、主食150～180克、水果150～200克以及新鲜蔬菜200～250克。如果宝宝每次摄取食物的量达不到以上要求，而活动量又比较大，就需要在主餐之外再吃些点心，如糕点、饼干等。

饮食如何安排

宝宝2岁以后走路已经很轻松自如，行走的范围也不断扩大，智力发展正处于很关键的时期，所以这个时期一定要给宝宝补充足够的营养和热量来满足宝宝的需求。

加强宝宝的咀嚼能力

2岁以后已长出20颗左右的乳牙，有了一定的咀嚼能力，把肉类、蔬菜等食品切成小片、细丝或小丁就可以，不仅能满足宝宝对营养需求，还可以加强宝宝的咀嚼能力。饺子、包子及米饭等，还有各类面食都适宜这个时期的宝宝。

注意食品种类的多样化

豆类、鱼、肉、奶、蛋、水果、蔬菜、油各类食品都要吃。各类食品之间要搭配合理，粗细粮食品、荤素食品摄入的比例要适当，保证营养均衡，不能偏食。每天要吃主食100～150克，蛋、肉、鱼类食品大概75克，蔬菜100～150克，还需250克左右的牛奶。

不要给宝宝吃刺激性的食品

为了增进宝宝的食欲，宝宝的饮食要考虑到品种及色、香、味、形的变换，但是不能给宝宝吃刺激性的食品，比如酒类、辣椒、咖啡、咖喱等，也不应该给宝宝吃油条、油饼、炸糕等食品。

适当给宝宝吃些点心

根据宝宝食量的大小，每天安排三餐和一次点心，以确保每天摄入足够的营养和食物。可以选用水果、牛奶、营养饼干等作为点心，但为了不影响正餐要控制宝宝吃点心的数量和时间。

给宝宝制作安全好吃的零食

孩子吃零食的问题很多妈妈都左右为难，不给宝宝吃零食，又有点不近人情，也不可能不吃；给宝宝吃吧，又担心孩子娇弱的身体受到添加剂的伤害。试试自己动手给宝宝制作健康的小零食。

名称	原料	方法
自制烤薯片	红薯（紫薯），植物油	先把红薯洗干净去皮，切成块；烤盘刷满植物油，把切成片的红薯铺平放在烤盘里；烤箱预热到160℃后把红薯片放入烤盘，时间为40～45分钟
奶油玉米	玉米棒，植物黄油，冰糖	先把玉米棒洗干净，切成3厘米厚的小段；将切好的玉米段放入锅里，加适量水和冰糖，用大火烧开后，用中火煮30分钟，然后放入少许植物黄油，使玉米带有香香的奶油味

各项维生素对眼睛的帮助

提到眼睛视力的保护，大多数的人会联想到维生素A。其实，还有其他很多营养素也和眼睛发展、预防组织老化、维护视神经健康有密切关系，例如：B族维生素、维生素C、胡萝卜素、DHA等，都是不错的营养补给选择！

闪亮眼球活力—DHA

DHA是构成细胞及细胞膜的主要成分之一，DHA主要存在海洋鱼体内，而鱼体内含量最多的则是眼窝脂肪，其次是鱼油。普通消费者直接从海洋鱼类身上获取DHA是很困难的，所以食用油成为普通消费者获取DHA的主要来源，因此建议可以通过合理选择食用油来补充。

各种食用油中，以橄榄油、核桃油、亚麻油中含有必需脂肪酸a－亚麻酸ω3最多，ω3在人体内可以衍生为DHA。

拒绝眼睛干涩—维生素A

维生素A是黏膜细胞分分的必要成分，倘若黏液分泌不足，眼睛容易出现干涩、疲劳、充血等干眼症困扰，它也是眼球细胞内视紫（为一种可接受光刺激的色素蛋白）的重要成分，如果视紫无法形成，眼球对黑暗环境的适应能力就会减退，严重时还容易出现夜盲症的现象。

因此，含有维生素A及胡萝卜素的食物对眼睛是有好处的。当宝宝饮食长期缺乏维生素A或胡萝卜素时，就会出现眼睛干涩、不舒服，建议爸爸妈妈不妨在小朋友的饮食中，添加含丰富维生素A及胡萝卜素的食物，如：动物肝脏、蛋黄、牛奶与奶制品，以及黄绿色蔬果，如：花椰菜、南瓜、苋菜、菠菜、韭菜、青椒、木瓜、芒果等。

视觉细胞的活力功臣—B族维生素

B族维生素是维持眼球内部视觉神经系统健康的大功臣，是参与人体能量正常运作、神经传导的重要因子，却经常被人们所忽略。

举例来说，在中国，多数人喜欢吃精米精面，导致维生素B1的摄取机会大幅度降低，造成许多神经传导障碍；而传统烹调习惯中，又多喜以煎、煮、炒、炸的方式准备日常饮食，这很容易破坏食物中怕高温的B族维生素。

在动物肝脏、乳类、瘦肉、绿叶蔬菜、豆类、小麦胚芽、糙米、啤酒酵母中，就蕴藏着这类丰富的活力因子。若能够在这些食物中同时摄取维生素B1、维生素B2、维生素B6、叶酸、维生素B12的成效是再好不过了。

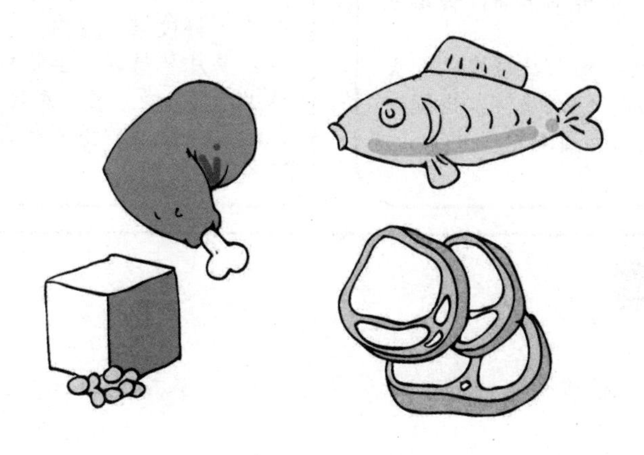

保护眼球健康—维生素C

维生素C是一种抗氧化物质，也是组成眼球水晶体的成分之一，能防止水晶体老化、避免视网膜遭受紫外线损伤，更能促进胶原蛋白形成，增加眼睛内细小血管的韧性，帮助增进眼球健康。如果体内缺乏维生素C，就容易出现白内障。

因此，建议在宝宝的饮食中可以多选取富含维生素C的深绿色及黄红色蔬果，如：青椒、黄瓜、菜花、小白菜、鲜枣、番石榴、番茄、草莓、奇异果、葡萄柚等。

维生素E具有抗氧化作用，对治疗某些眼病有一定辅助作用，如用于各种白内障、各种脉络膜视网膜病变、视神经萎缩、糖尿病视网膜病变等。膳食中豆油、花生油和香蕉中维生素E含量均较高。此外，偏食对视力发育有非常明显的影响，因此要养成合理的饮食习惯，同时保护眼睛还要少吃糖。切不可偏食。

莼菜鸡丝汤

食材

鸡胸脯肉50克，莼菜100克，鸡蛋1个，盐1/2小匙，淀粉1小匙。

做法

1.先将鸡胸脯肉洗净，取刀切成约7厘米长丝，加蛋清、盐、淀粉调浆。
2.把莼菜去杂质，用清水洗2干净。
3.把莼菜、鸡丝下沸水汆熟，捞出来备用。
4.把清汤放锅内，加入盐调味，大火烧沸，撇掉浮沫，倒入鸡丝浆出锅，盛入碗中，待适温即可食用。

蒸大虾

食材

带皮大虾100克，香油、醋各2小匙，酱油1大匙，鸡精2克，高汤3大匙，葱、姜各适量。

做法

1.大虾洗净，切去脚、须，摘除沙袋、沙线和虾脑，切成4段，葱切条，姜一半切片，一半切末。
2.将大虾段摆入盘内，加入鸡精、葱条、姜片和高汤，上笼蒸10分钟左右取出，拣去葱、姜，装盘。
3.用醋、酱油、姜末和香油对成汁，供蘸食。

糖拌梨丝

食材

梨30克，白糖5克，醋8克。

做法

1.将梨去掉皮、核，洗干净，切成丝，放入凉开水中泡一会儿，捞出来控净水。
2.将梨丝装入盘内，放入白糖、醋拌匀即可食用。

冬菇白菜

食材

冬菇12朵，青梗白菜100克，植物油5小匙，腌料适量。

做法

1.冬菇洗净，放入大碗内，用1/2杯水浸透后去蒂，加入腌料拌匀，青梗白菜修去老梗及黄叶使成菜叶，直剖为两半。
2.煮滚水3杯，加入油1小匙，盐1/2匙，放入白菜焯熟，捞起，沥干水，成放射形排在圆碟上，叶向着碟中央。
3.烧热4小匙油，用蒜片起锅，放入水1杯和冬菇及白糖1/2匙，以小火煮20分钟左右，拌匀芡汁勾芡，铲起冬菇排在菜叶的中央即可。

蒸肉豆腐

食材

豆腐1/2块，鸡胸脯肉20克，葱10克，鸡蛋1个，香油、酱油各少许，淀粉5克。

做法

1.将豆腐洗干净，放入锅中略焯一下，沥干净水分后，用匙背压碎成泥。
2.滴入一滴香油涂在盘中，将豆腐泥摊入盘中。
3.将鸡胸脯肉洗净，切碎成泥，放入碗中，加入切碎的葱末，鸡蛋、酱油及淀粉，调至均匀，再摊在豆腐上，用火蒸10分钟左右，待适温即可给宝宝食用。

柠檬鸭汤

食材

柠檬1个，鸭1/3只。

做法

1.将清洗后的鸭放入开水中煮5分钟去味，切成小块。
2.在沙锅中加入开水，放入鸭块大火开盖烧10分钟，再用小火煲2小时后加柠檬片即可。

芝麻面包

食材

糙米面包30克，黄油4克，白糖2克，芝麻3克。

做法

1.将面包烤熟。
2.涂上黄油，将芝麻和白糖混合后也涂在面包上。

葡萄丝糕

食材

面粉100克，面肥10克，葡萄干、桂花、白糖各适量，金糕丁、青红丝少许。

做法

1.将面粉放入盆内，放入面肥，用温水和成面团并发酵。
2.将碱用温开水稀释，倒入已经发酵的面团内，调成稠粥状，再加入白糖、桂花、葡萄干调均匀。
3.屉内放木框，铺上屉布，将调匀果料的软糊倒入框内，抹平，撒上金糕丁、青红丝，用大火蒸30分钟，下屉，晾温切成小菱形块即可。

羊排粉丝汤

食材

羊排骨200克，干粉丝50克，葱、姜、蒜蓉、醋、香菜、植物油各适量。

做法

1.将羊排洗净，切块，葱切末，姜切丝，香菜择洗干净，切小段。
2.锅置火上，放入植物油烧热，放入蒜蓉爆香，倒入羊排煸炒至干，加醋少许，随后加入适量清水及姜丝、葱末，用旺火煮沸后，撇去浮沫。
3.改用小火焖煮2小时，加入用开水浸泡后的粉丝，撒上香菜，再煮沸即可。

香味糯米丸子

食材

鸡肉35克，糯米25克，酱油1/2小匙，白糖5克。

做法

1.将鸡肉洗净，切碎成泥，用手（或包纱布）把水分挤掉，再加入调味料。
2.把糯米洗净，浸泡30分钟，再沥干水分，研磨成末。
3.在糯米内塞入鸡肉泥，捏成丸状，放入蒸笼蒸5分钟即可。

鸡肉芝麻棒

食材

鸡胸脯肉50克，酱油和甜料酒各1/4小匙，黑芝麻2小匙，植物油少许。

做法

1.鸡脯肉取出筋，切成棒状。
2.混匀酱油和甜料酒，加入鸡胸脯肉中，再涂满黑芝麻。
3.在平底锅上加入植物油，把调好的鸡胸脯肉放入平锅中煎熟，待晾凉后即可给宝宝食用。

菜香煎饼

食材

油菜30克，胡萝卜15克，低筋面粉20克，鸡蛋清10克，植物油2小匙，盐少许。

做法

1.油菜及胡萝卜清洗干净后切成细丝。
2.将低筋面粉加入蛋清及少量的水，搅拌均匀，再放入油菜丝及胡萝卜丝搅拌一下。
3.油倒入锅中烧热，再倒入蔬菜面糊煎至熟，加入少许盐即可。

红枣鱼汤

食材

鲜鱼50克，红枣5粒，猪瘦肉30克。

做法

1.将鱼清洗干净以后切成0.7厘米的小块，把红枣去核，瘦肉切成0.5厘米的小块。
2.用水把瘦肉焯一下。
3.在锅中加油将鱼煎至稍熟，放入焯过的瘦肉翻炒。
4.再加清水烧开，然后加入红枣煲2小时即可。

牡蛎豆腐饺

食材

新鲜牡蛎肉100克，嫩豆腐2小块，猪肉、鲜蘑、盐、葱末、水淀粉、蛋清、香油、鸡汤适量。

做法

1.将牡蛎肉、猪肉切成碎末，加入蛋清、水淀粉、盐、葱末、香油、鸡汤等搅拌成稠糊状，用手挤捏成小肉丸。
2.将豆腐切成1厘米厚度，大小相等的三角形小片，在每片上放一个小肉丸后，再在上面盖上同样大小的三角形豆腐小片。
3.将两片豆腐加水淀粉轻压成饺状，上锅蒸15分钟，蘑菇切碎后加入鸡汤和盐翻炒，放入豆腐饺盘中即可。

海参冬菇汤

食材

海参1条，冬菇4朵，香油、盐、鸡精、姜各少许。

做法

1.海参浸发好，洗净，切块，冬菇洗净，用清水浸泡好，姜切片。
2.将锅置火上，放入浸过冬菇的水、海参、姜片、冬菇煮至烂熟，加入盐、鸡精、香油调味即成。

白糖豆浆

食材

黄豆100克，白糖50克。

做法

1.将黄豆择洗干净，浸泡4～7小时，捞出后放入豆浆机中榨成汁。
2.将制好的豆浆倒入碗中，加入白糖，稍煮一会儿，待适温即可食用。

鲜菇炒豌豆

食材

鲜蘑菇100克，鲜豌豆150，酱油15克，植物油10克，盐2克。

做法

1.把豌豆剥好，鲜蘑菇洗净，切成小丁。
2.油入锅烧热，把鲜蘑菇丁、豌豆、酱油、盐一同放入，用大火快炒，炒熟即成。

生活上的贴心照料

宝宝龋齿是妈妈的烦恼

口腔的状况不仅影响宝宝的发育、发音、咀嚼及美观，进而影响宝宝的社交生活。所以，从小宝宝的牙齿就变得尤其重要。

如何判定龋齿

龋齿，也就是日常所说的“虫牙”，一般在宝宝身上较常见。这是一种牙齿的硬组织脱钙后软化损害的慢性病。孩子从开始长出乳牙就有发生龋齿的可能。细菌感染和不健康的饮食习惯都可能引起龋齿。比如孩子喝完睡前奶后不用清水漱口，这样，细菌就会和唾液中的粘蛋白、食物残渣等混杂粘在牙齿表面，这就是牙菌斑。牙菌斑一直黏附在牙齿表面，分泌出大量酸，造成牙釉质脱钙、溶解，从而形成龋齿洞。

如何有效预防龋齿

1	注意保持口腔清洁卫生，培养宝宝良好的卫生习惯
2	纠正宝宝喜欢吸吮奶头的坏习惯，防止牙齿排列不整齐，面颌部畸形
3	睡觉时，口腔处于静止状态，非常有利于细菌活动。所以要在睡前刷牙清理细菌。千万不能再给宝宝在睡前吃糖果、点心、牛奶等甜食后不洗漱
4	选用含氟牙膏给宝宝刷牙。因为含氟的牙膏具有抗龋齿成分。有条件的父母还可以带宝宝去口腔医院用含氟药物对牙齿的窝沟进行封闭
5	保证每3～6个月进行一次口腔健康检查。一旦发现龋齿就及时进行治疗，补上龋洞，杜绝感染，防止因龋齿再引发其他疾病

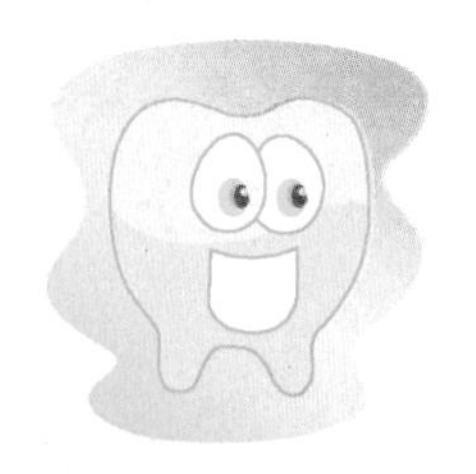
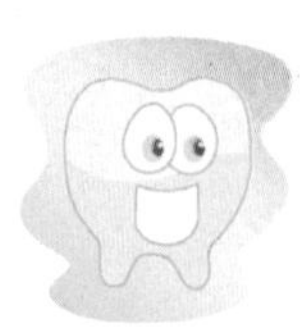

宝宝顺利入园了

进入幼儿园是宝宝迈向社会的第一步，开始总会遇到困难和挫折，但这一步一旦成功了，那么他的自信心也就树立起来了。

幼儿园的选择

给宝宝选择一个什么样的幼儿园，是很多爸爸妈妈的困惑。但是无论爸爸妈妈考虑多少原因，总的出发点还是宝宝。

公办幼儿园的优势	
1	管理和教学形式较规范，有国家拨款支持，教学质量有所保障
2	师资队伍经过正规训练，有扎实的基础
3	费用相对私立幼儿园较低一些
公办幼儿园的劣势	
1	每年向外招收的名额较少
2	环境相对私立幼儿园差一点

民办幼儿园的优势	
1	课程设置系统化，有助于宝宝开发智力，注重培养特长
2	环境稍好一些
3	市场竞争大，所以教学质量和方式进步空间较大
民办幼儿园的劣势	
1	学费较贵一些
2	现有的私立幼儿园存在差异性，有待进一步考察和规范

让宝宝提前了解幼儿园

爸爸妈妈可以巧妙地让宝宝产生对幼儿园有期待感，告诉宝宝，幼儿园是一个很好玩的地方，很多宝宝都会在那里，因为宝宝表现好，很棒，所以才可以去幼儿园。

◆训练宝宝与家人的分离

平时在家里的时候，爸爸妈妈要给宝宝独处的时间和空间，例如在客厅的一角，爸爸妈妈可以巧妙地利用橱柜或桌椅为宝宝设计出一个独立的空间，让宝宝在属于自己的小小角落里做游戏、看书等，培养宝宝的独立能力，帮助宝宝减轻对爸爸妈妈的依赖感。还可以告诉宝宝，妈妈要离开10分钟，宝宝先在家里玩，但是妈妈要说到做到，让宝宝对妈妈产生信赖，知道妈妈离开一会儿就会回来。慢慢地与宝宝一起练习，10分钟、20分钟……直到宝宝可以一整天见不到妈妈也不会哭闹为止。

◆给宝宝积极的心理暗示

当宝宝对爸爸妈妈产生依恋和依赖不想去幼儿园的时候，很多爸爸妈妈往往动摇、心软。要知道，尽管宝宝非常小，但是对爸爸妈妈的情感、心态却是十分敏感的，当宝宝察觉到爸爸妈妈的动摇心态时，会强化宝宝不愿上幼儿园的想法。所以爸爸妈妈应把握好心态，保持愉悦的情绪状态，送宝宝进幼儿园，并对宝宝的点滴进步予以及时鼓励，例如："今天宝宝只是到幼儿园门口时才哭了一次，很坚强"等。

◆让宝宝对幼儿园无限憧憬

要想不使宝宝产生“入园焦虑”，爸爸妈妈可以巧妙地让宝宝产生对幼儿园有期待感。爸爸妈妈还要培养宝宝一定的生活自理能力，例如穿衣服、吃饭、上厕所、午睡等，告诉宝宝，只有学会了这些本领才能很快地融入集体，增强宝宝入园后的自信。爸爸妈妈一定要注意平时自己的言行，不要让自己无意间的话对宝宝产生不好的影响。

提前准备入托体检表

入园前的体检不只是对其他小朋友负责也是对自己的孩子负责，常规性的健康体检能起到预防疾病的作用。

◆入园前必须体检吗

国家规定，即将进入幼儿园生活的幼儿，在入园前必须进行全面的健康检查，来衡量该幼儿是否能过集体生活，并预防将某些传染病带入到幼儿园中；而且，入园前的健康检查还能为幼儿园更好地了解和掌握每位幼儿生长发育的特点以及健康状况提供重要的资料。

◆在哪里体检

入园体检有的地方会安排在医院，有的地方有专门的儿童保健站都可以。体检完毕后很多宝宝都会马上投入玩耍，对于那些敏感害怕的宝宝，一定要给予及时的疏导安慰，免得以后更加不敢面对类似问题。

◆体检不合格会影响入园吗

一般来讲检查结果基本不会影响入园，当然心智不健全，无法互动以及传染类疾病除外。具体而言，对在体检中发现的贫血、微量元素不均衡等健康问题，应在入园后给予及时矫治，或嘱咐老师要格外关照；对未按规定程序进行预防接种的宝宝，应及时采取补救措施；传染病的宝宝，暂不接收入园，等病愈经医生开证明后方允许入园；对有急性传染病接触史的小儿暂缓入园，隔离期满后方能入园。

◆体检注意事项

注意事项	
1	体检前一天宝宝要休息好，让宝宝保持最舒适和饱满的精神状态，饮食也要清淡
2	如果正在患病期间，则不能进行体检，可以等完全康复后再体检
3	体检当日早晨需要宝宝空腹，抽血完毕后给宝宝补充些温水和食物
4	对于情感比较脆弱的宝宝，别忘了随身带一件他最喜欢的玩具，以缓解他的心理压力
5	给宝宝穿宽松舒适且方便穿脱的衣服，保证温度适中，切勿穿过紧的内衣

何时上幼儿园最合适

◆入园时间

每年8～9月份，都有许多爸爸妈妈问同样的问题："宝宝到底什么时候上幼儿园最合适？"实际上宝宝进入幼儿园的时间不应该有严格的规定，原则上只要宝宝有自理能力和心理成熟度，能适应幼儿园生活，就可以进入幼儿园了。那么，宝宝入园时应该达到什么样的自理能力和心理成熟度呢？有关专家和幼儿教师认为，入园的宝宝具备以下的能力是必要的。

◆尽早入园好

对于在此阶段宝宝的看护问题上，存在最大争议的就是，该不该送宝宝去幼儿园，或应该怎样去幼儿园。

宝宝是否上幼儿园，这里涉及两个问题，一个是亲子关系，另一个是幼儿园的质量。就亲子关系来说，早期送宝宝上幼儿园，只是给宝宝提供了更多的亲情模式，宝宝不仅要和爸爸妈妈，同时还要和老师、小朋友建立起良好的亲情关系，对宝宝建立信任感、认同感、适应能力都会有极大的好处。

如果爸爸妈妈担心宝宝上幼儿园会影响亲子关系，或亲子关系影响上幼儿园，只能说爸爸妈妈在亲子关系问题上的看法有误区。要知道，即使是全托，每周还有3个晚上两个白天可以与宝宝高质量亲密接触。"亲子"关系不仅不会受到入园的影响，而且还能促进亲子关系的正常发展。

宝宝入园前的准备

每年的9月秋高气爽，是宝宝入园的好季节，妈妈大多计划在这个时候把宝宝送到幼儿园，这是宝宝从家庭走向社会的第一步，这一步走得好与不好，不仅是对宝宝的考验，同时也是对爸爸妈妈的考验。

◆调整作息时间

入园前爸爸妈妈可为宝宝制订一个作息时间表，告诉宝宝每段时间做什么。按时进餐、睡眠、盥洗、娱乐，让宝宝在家按照这个作息制度生活一段时间，进入幼儿园后会较快地适应新生活，同时能培养宝宝从小就有一个遵守时间的好习惯。

◆训练宝宝自己排便

入园前应该重点教会宝宝说："我要小便，我要大便"这样的话，免得给老师增加负担，又避免宝宝受不洁之苦。此外，培养宝宝定时排便的行为是个很好的习惯。

◆训练自己喝水、穿衣服

训练宝宝学会自己喝水，学会自己穿衣服等。如果不能自己解决，要教会他说："我要喝水。"向老师寻求帮助的语言，如果宝宝会做这些事情，宝宝的自理生活能力较强，入园后不会感到太多的不适应，便可以顺利入园。

◆培养宝宝交友能力

入园前，应该尽量让宝宝与邻居接触，与邻居小朋友玩耍和交往。入园后，爸爸妈妈可以利用接送时间，认识同班的一个或者几个小朋友，鼓励宝宝和其他小朋友在一起，拉拉手，一起玩儿。这样宝宝在幼儿园有了朋友，就会更容易、更喜欢在幼儿园玩儿。

◆熟悉幼儿园环境

带宝宝提前熟悉幼儿园的环境，可以使宝宝对幼儿园有初步的印象，消除陌生和恐惧。提前参观幼儿园需要了解的方面有：

1	参观操场，看看花坛、饲养角等，激发宝宝参加这些活动的欲望
2	带宝宝去看小朋友的活动室、屋里的玩具、小朋友上课的场景等
3	带宝宝看看睡觉的小床、漂亮的小花被，让宝宝知道这是午睡的地方
4	带宝宝认识一下厕所的位置

◆让老师了解宝宝

性格	让老师了解宝宝的性格、脾气，以便对宝宝采取有针对性的教育
爱好	父母要与老师及时沟通，发现宝宝的兴趣所在
生活习惯	父母要把宝宝在家中的生活方式、作息时间等告诉老师，并把希望宝宝改正的不良习惯也说出来，让老师帮助孩子改正
身体状况	父母一定要告诉老师宝宝有无家族病史、传染病史，有过敏史和抽风史，有此类病史的宝宝应引起父母和老师的特别重视

◆入园的心理准备

宝宝哭闹是正常的	离开父母来到陌生的新环境，宝宝都会因为不适应、想父母而出现哭闹的现象，作为父母要有这个心理准备
宝宝不喜欢去幼儿园	不管宝宝如何哭闹，只要不是身体生病等原因，父母就要坚持把宝宝送到幼儿园，不要让宝宝认为只要自己哭闹就可以不用去幼儿园了
宝宝会出现生活上的困难	刚入园的宝宝会出现吃不好饭、便秘、尿湿裤子等现象，这些都是正常的，父母应注意调节宝宝的饮食
宝宝会出现心理焦虑	宝宝面对陌生的环境，就会变得爱发脾气、任性，这个时候父母也不要去责骂宝宝，随着时间的推移，宝宝会恢复正常的

宝宝在幼儿园怎样与同伴相处

富兰克林曾经说过：“希望被人爱的人，首先要爱别人，同时要使自己可爱。”所以，父母要从小教会宝宝怎样与人相处。不能让宝宝以自我为中心，不能太自私。要学会关爱别人、倾听别人。还要学会一定的社交技巧，才能使宝宝更好地融入集体。

◆让宝宝学会团结他人

如果宝宝各方面都很优秀，老师也喜欢他，可小朋友们却不太愿意跟他玩，为什么？大概是因为他与其他小朋友交往时有些傲气，有点霸道，这样才会让小朋友拒他于千里之外。如果想让这样的宝宝能和小朋友友好相处，父母就该教育宝宝要懂得尊重别人，团结同学。懂得站在别人的立场上考虑问题。学会与小朋友分享，这样才能受欢迎。

◆改掉打架、捣乱的坏习惯

宝宝有时打架、捣乱只是想用这种方法引起老师和小朋友对自己的重视，他们觉得只有采取一些“非正常方式”才能吸引注意。但父母和老师以及小朋友往往就事论事，对宝宝的这种行为很反感，有时还会责骂宝宝，这样就更加激起了宝宝的逆反心理，让宝宝更加“淘气”。所以当宝宝有打架、捣乱的行为时，父母老师不能盲目地责骂他们，先要了解宝宝这么做的动机。如果是为了引起注意，那么就应多给宝宝一些关注、温暖，经常表扬他的长处，鼓励他扬长避短，教给他正确的交往方式，指出打架捣乱是不对的。如果屡教不改，就要采取相应惩罚措施，强制纠正。

◆帮助沉默寡言的宝宝找回自信

如果宝宝在幼儿园沉默寡言，不知道怎样和小朋友交往，父母首先要教会宝宝自信，让宝宝知道自己是有能力受欢迎的。比如父母在接宝宝放学的时候，可以和他们说：“宝宝，你看，那是你们班的同学吧，他在看你，他一定是想和你交朋友，原来你是很受欢迎的，明天看见他记得主动和他打个招呼啊。”这样，在父母的鼓励下，宝宝就能有勇气和自信主动和别的小朋友接触。

小贴士

其实宝宝都是喜欢交朋友的，有的宝宝是因为害羞不知道怎样和别的小朋友交往。父母要告诉宝宝，要学会开朗、大方、热情，这样才能交到更多的朋友；要学会主动和别人打招呼，这样才能更受小朋友的喜爱。

◆了解宝宝性格特点

性格开朗的宝宝	有的宝宝性格开朗，有一定的交往技能，“点子”多，比较会玩，发生矛盾的时候，会解决纠纷，属于“宝宝王”类型的，这样的宝宝在幼儿园比较受欢迎，没有什么交际障碍
性格暴躁的宝宝	有的宝宝性格暴躁，经常和别的小朋友打架，上课违犯课堂纪律，破坏别的小朋友的活动，是老师比较头疼的学生，和别的小朋友也合不来，有一定的交际困难
沉默寡言的宝宝	还有一类宝宝沉默寡言，想加入小朋友的游戏却不知道怎样开口，也不去攻击别人，但小朋友往往会忽略他们的存在，这样的宝宝有一定的交际障碍，只要父母老师给予正确的引导，还是可以使宝宝变得善于交际的

◆让宝宝学会自我介绍

宝宝两岁开始，就已经出现“有话说”的表现了。这个时候的宝宝语言智能发育较为完善，而他的好奇心重，很喜欢“喋喋不休”地表达自己的想法和愿望。这个时候，如果爸爸妈妈抓住时机来培养宝宝，教会宝宝怎么进行自我介绍，学会描述关于自己的一些信息，让别人认识自己，不仅能让宝宝感觉到很开心，而且也是帮助宝宝学会交际的一项重要前提。

平时在和宝宝一起出门时，可以有意地让宝宝向人们介绍自己。当然，宝宝在最开始的时候往往没有什么“话”来表现自己，这个时候父母就可以对宝宝进行一些帮助，通过提问的方式引导他。

比如，父母可以设计一些小问话，让他自己回答。问问宝宝：“宝宝，你叫什么名字？”“宝宝，妈妈的名字是什么呢？”“宝宝家住在哪里呢？”“宝宝记不记得家里的电话号码呢？”在最初训练宝宝进行自我介绍的时候，可以把语速放慢，一点一点地问宝宝，并要注意保持吐字清晰，让宝宝慢慢地记住，准确地回答。最后，父母可以在平时让宝宝多重复这些回答，并把这些答案串在一起。这些小答案，其实就是宝宝进行自我介绍的好素材。

让宝宝学会适时表现自己

受传统文化的影响，中国人都比较内敛，对宝宝的要求也是如此，让宝宝从小养成内敛、谦虚的性格，而向外人展示自己成了一种不好的表现。可在竞争激烈的当代社会，这种适时的表现是很必要的。

扩大交际和接触面

一般来说，怯于表现的宝宝面对众多目光只是觉得不安，并非讨厌赞美和掌声，只要看看宝宝投向同伴的目光就知道了。因此，家长应有意识地扩大宝宝的接触面，让宝宝经常面对陌生的人与环境，逐渐减轻不安心理。闲暇时，带宝宝和邻居聊上几句，帮宝宝与同龄朋友一起玩耍，建立友谊；购物时甚至可以让宝宝帮忙付钱；经常到同事、亲戚家串门等随着见识的增长，当宝宝面对他人的目光时，便会多几分坦然。

用画来表达

我们来翻看一些世界闻名的专业人士的笔记，比如达 芬奇、爱因斯坦等，他们的笔记，都是图文并存，并且经常用图案、色彩、影像来表达思路。因此，爸爸妈妈也可以让宝宝图文并茂地去记录生活，把文思勾画成图画，来帮助他们培养视觉智能。

创造机会尝试表演

获得家长的肯定，如果再加上他人广泛的认可，宝宝的自信心会得到强化。带宝宝走出家门，鼓励他迎着他人的目光勇敢地展示自己，这个过程可能较长，宝宝的表现也会有反复，家长应有充分的心理准备。不妨先从宝宝较为熟悉的环境入手，亲友聚会是个不错的选择，面对熟识的人，宝宝会比较放松，比如，家长可以看准时机，轻声对宝宝说："今天是爷爷的生日，如果为爷爷唱首歌，他一定特别高兴。"

父母鼓励宝宝大胆尝试

宝宝怯于表现的原因可能是缺乏自信，担心无法获得赞赏。因此，找出宝宝的特长并由此树立信心就显得格外重要了。通过唱歌、跳舞、数数、背诵古诗、讲故事、画画、模仿等形式挖掘和培养宝宝在这方面的能力，先创造机会让宝宝在家人面前展示，再加以热情鼓励，使宝宝树立信心。

培养宝宝分享和合作的习惯

自私，本不是宝宝与生俱有的一种品性，而是与家庭教育密切相关。在现代社会，不会分享、不会合作就等于不能与人相处。

与宝宝分享他的新鲜事

父母应鼓励孩子与伙伴们交往，在交往中学会分享自己好玩的事情，让孩子能认识到世界不是以自己为中心的，每个人都有自己的生活。每天晚饭后，可以倾听孩子讲学校中发生的事情，建议孩子换位思考。随着孩子学会接纳别人的观点，感受到别人情绪的移情作用渐趋成熟，从而可以进一步促进孩子对社会认知能力的发展。

与宝宝分享他的梦想

父母可以引导宝宝大胆地公开他的梦想，给予一些鼓励，即使宝宝的梦想看起来有点好笑也不能迎头泼冷水，并希望他进一步与伙伴们一同梦想与交流梦想，在宝宝逐步走向成熟的时候承认他的成长与独立。还可以选择一些他感兴趣的好书赠给他，丰富他的梦想，使他了解同龄人的梦想。鼓励宝宝参加社会交往与社会实践，让宝宝从中学会客观地看问题，学会全面地结合不同的观点去考虑问题，锻炼宝宝与人合作的能力。

与宝宝分享他的友情

如果宝宝什么都以自我为中心，他或许没有什么真正的朋友，或是有些狭隘地希望朋友也只为他付出。父母应该常常与他讨论有关友情的话题，启发他学会分享合作。设计一些情景，问问他会怎么对待朋友，再问问他希望朋友怎样对待自己，作个比较。如果父母运用以上几种实践活动来训练宝宝的分享行为，那么宝宝将建立理性的认知、真诚的态度、助人的品格、合作的意识等。

当宝宝真正学会了分享，学会合作，他就可以提高社交能力了，从而增强了社会适应性。

家有胖宝宝的焦虑

当我们看见一个个看似可爱的小胖墩、小胖妞，应该想象这样的画面：那是一个个未来的原发性高血压病、高血脂、糖尿病病号！

体重指数BMI

计算公式为：体重指数=体重（千克）/身高（米）的平方。儿童体重指数大于22为轻度肥胖，大于25为中度肥胖，大于30为重度肥胖，大于40为极重度肥胖。

尽管目前国际通用标准以中度肥胖指数25作为“安全警戒线”，但最近的研究发现，体重指数只要超过23，出现原发性高血压病、高脂血症、脂肪肝、代谢综合征等症的危险性就会增加。

胖宝宝的类型

◆过度喂食型胖宝宝

这类胖宝宝的父母往往急着给宝宝添加各种食物，食物的数量、结构、配比上都不够科学。另外有些出生时为低体重儿，因为父母希望其长得快点，会给予比一般宝宝更多的食物，甚至增加奶粉的浓度等，使得宝宝的体重迅速增长。

控制体重的方法	
1	提倡母乳喂食，纯母乳喂食坚持4个月以上
2	4个月以内不添加辅食
3	1周岁以内以奶为主，奶量不超过800毫升/天
4	1周岁以后，也要尽量少吃含糖、含油量高的食物。水果、蔬菜、鱼、蛋、奶等均衡搭配

◆药物、补品过度摄入型胖宝宝

这类宝宝的父母为了增强宝宝的体质，往往给宝宝补充这个营养剂那个营养粉，造成某种营养素摄入过多或营养素之间的比例失调，更有些药物、补品含有激素，都会引起内分泌紊乱，造成肥胖。

控制体重的方法	
1	宝宝的营养主要应该从食物中摄取，如无特殊情况，一般不建议给宝宝服用营养素或保健品。尤其是已发生了此类肥胖时，应立即停止服用
2	微量元素和矿物质提倡缺什么补什么，服用之前要先了解宝宝身体的状况，如通过静脉血测定体内矿物质的情况，的确是某种元素缺乏才给予补充
3	服用时一定要遵从医嘱，不可过量。因为即使是维生素和矿物质，过量也会负面影响健康和体内激素平衡

◆生理遗传型胖宝宝

体形跟遗传有一定的关系，这一点是大多数专家公认的，直系亲属里有肥胖的人，则宝宝肥胖的可能性就大。

控制体重的方法	
1	从怀孕开始，妈妈就要特别注意控制体重，让宝宝出生后的体重在标准之内
2	调整全家的饮食结构。因为既然已经有潜在的肥胖基因，所以在饮食上就更要有所节制
3	增加户外活动时间，平日里趁着好天气多出去散步，节假日则可以去儿童游乐场玩滑滑梯、骑木马等，养成运动的习惯

◆吸收型胖宝宝

原因：这类宝宝的饮食摄入和作息习惯比较正常，父母也没有特别肥胖的一方，但是就是胖。原因在于其肠胃消化吸收能力比一般的宝宝强。

控制体重的方法	
1	调整食物结构。因为宝宝的吸收力特别强，所以需要适当地调整食物结构。1周岁前控制奶量，在饮食结构上以纤维质、素菜类为主，肉类以鱼虾为主
2	每天安排运动，养成运动的习惯

◆运动缺乏型胖宝宝

这类宝宝好静不好动，从婴儿期开始，活动就较同年龄的宝宝要少，消耗少，自然就容易发胖。

控制体重的方法	
1	在1周岁前，可以坚持每天做被动运动，如抚触、婴儿操、婴儿游泳
2	等宝宝活动能力和自主意识增强了，则可以通过设置情景游戏来达到主动运动的目的。所谓情景游戏就是利用一些宝宝熟悉的童话故事设计运动的环节，像老鹰捉小鸡、小火车钻山洞等，让宝宝在趣味的游戏中不知不觉就完成了必要的运动

◆病理型胖宝宝

原因：病理性肥胖包括的范围较广，但主要是指因某种疾病引起的肥胖，如柯兴氏综合征、甲状腺机能减退性肥胖、肝炎后肥胖等。

控制体重的方法：需要到医院就医，进行进一步的诊断治疗。病理性的肥胖经过治疗，也可转为生理性的肥胖，最后逐渐恢复到正常的体质状态。

养成不易发胖的生活习惯

◆过度喂食型胖宝宝

给宝宝提供丰富的营养食物，肉类和蔬菜合理搭配，每天变换不同的食物种类。在色彩上也要有意识地进行搭配，以引起宝宝进食的兴趣。谷物和水果是必不可少的，应每天进食。

◆不让宝宝边看电视边吃东西

养成专心进食的好习惯。吃饭时不要说笑、不玩玩具、不看电视，要端正地坐在桌旁，父母不要催促宝宝，让宝宝细嚼慢咽，在照顾宝宝进餐时，可轻声简单给宝宝介绍食物名称、颜色，增加宝宝进食兴趣，同时帮助宝宝增长知识。

◆遵循高蛋白、低糖、低脂肪的原则

多吃粗粮、水果和蔬菜。粗粮中含有膳食纤维，能够降低饱和脂肪酸的吸收，增加血管弹性。因此，作为父母，首先要在饮食上管好宝宝的嘴，纠正他们不健康的饮食习惯。应该掌握“一适两低”的基本原则，即适量的蛋白质、低糖和低脂肪，饮食要清淡，不可过饱。

◆让宝宝坚持运动

积极参加体育锻炼，如散步、慢跑、跳绳、游泳等活动，以促进脂肪消耗，转换为热能。

◆不要给宝宝压力

让宝宝保持稳定的情绪和舒畅的心情，生活有张有弛，劳逸结合。

不适合幼儿吃的食物

满1周岁宝宝开始学习成人的饮食，但多数的父母会采取“父母吃什么，宝宝就跟着吃什么”，尤其是终日在外工作的职业女性，大多会选用以便利性为主的市售食品， 如饼干、糖果、丸子、酸奶、薯条、汉堡等食物。但父母知道哪些食物的选择并不适合让宝宝吃吗?

◆鸡蛋

生鸡蛋在鸡蛋外壳上容易附着污物，如鸡屎、谷壳、沙门氏菌等，因此，当鸡蛋未充分洗净，容易使肠胃发育未健全的幼儿生病。熟鸡蛋每天最多吃3个，过多会造成营养过剩，引起功能失调。

◆口味较重的调味料

如沙茶酱、番茄酱、辣椒酱、芥末、味素，或者过多的糖等口味较重的调味料，容易加重幼儿的肾脏负担，干扰身体对其他营养素的吸收。

◆质地坚硬的食物

如花生、坚果类及爆米花等食物，容易使宝宝呛到，尽量不要喂食宝宝；此外， 像纤维素多的食材，如菜梗或是筋较多的肉类，都应该尽量避免。

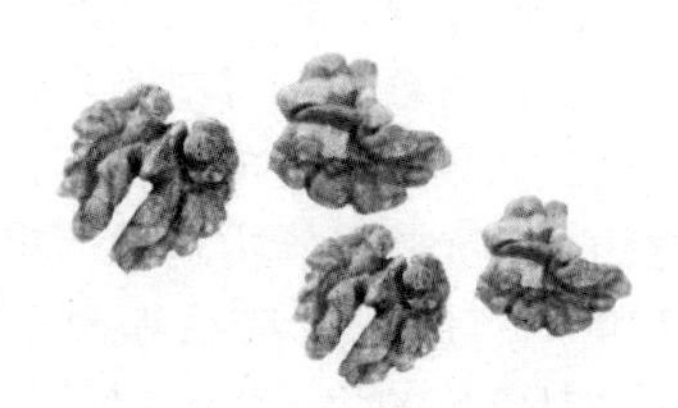

◆蜂蜜

是一种天然且无法消毒的食物，因含有梭状肉毒杆菌芽孢，当受肉毒杆菌污染时，会在肠道内繁殖并释放出肉毒杆菌毒素，造成婴儿型肉毒杆菌素中毒，再加上胃肠不易吸收，所以应让幼儿于1岁过后再食用。

◆生冷海鲜

如：生鱼片、生蚝等海鲜，即使新鲜，但未经烹煮过程，容易发生感染及引发过敏的现象。

◆经过加工的食品

食品加工过程会破坏维生素，将蔬菜和水果晒干，可破坏维生素C，不过在风干的过程中维生素C损坏较少；水果在制成蜜的过程中，维生素C经糖等泡后几乎完全损失了；蔬菜经过腌制，维生素C大部分被破坏。满足维生素C需要宝宝主要吃新鲜水果和蔬菜。

◆经过油炸的食物

大量食用“油炸食品”对宝宝的智力、身高发育会产生很大影响。过多的食用油炸食品会造成宝宝肥胖，而肥胖将会严重的影响激素代谢。尤其是用于代谢血糖的胰岛素，如果胰岛素分泌过少会抑制蛋白质合成，蛋白质是人体的构件单元，如果它的合成减少了，就会对宝宝的身高尤其是智力造成严重的影响。严重的可能造成痴呆等严重的病症。这些对宝宝的生长发育以及将来的发展都极为不利。另外，过量食用这些食物还会影响宝宝的智力发育。肥胖是宝宝体内脂肪过多，会对神经细胞产生影响，损害宝宝正在发育的神经通道，对宝宝的智力发育造成伤害。

◆果冻

果冻本身没什么营养价值，只是爽滑可口，宝宝很喜欢吃，其中也没有营养物质，只是含有大量的琼脂和明胶等凝固剂。这类物质并不会被人体吸收，但是其中含有的甜味剂和防腐剂对宝宝的肝、肾等都会造成一定的伤害，因而宝宝的器官发育还不完全，经常吃还会影响宝宝的生长发育，使宝宝成长缓慢。

◆方便面

方便面是时下流行的快餐食品之一，是由油炸面条加上食盐、味精所组成。由于它的特殊风味，所以很多宝宝都喜欢吃，父母便经常作为饮食中的主要食物。然而，方便面最大弊端就在于缺乏蛋白质、脂肪、维生素以及微量元素，而这些恰恰是宝宝各个器官和组织发育时必不可少的养分。

◆可乐饮料

可乐属于一种碳酸性饮料，其中含有一定量的咖啡因，影响中枢神经系统，喝多了会上瘾，让宝宝总想喝。碳酸饮料中还含有大量的糖，大量饮用会引起肥胖，宝宝不宜多喝。

◆葵花籽

葵花籽中含有大量的不饱和脂肪酸，宝宝吃多了会影响肝细胞的功能，引起儿童干燥症。

◆动物脂肪

动物脂肪大多属于饱和脂肪酸，对幼儿来说弊大于利。过多食用动物性脂肪不仅造成肥胖，还会对幼儿大脑的发育造成一定的障碍，幼儿过胖会导致大脑反应迟钝，内脏脂肪堆积等现象，还会影响钙的吸收。

◆巧克力

巧克力含有大量的热量，很容易引起幼儿肥胖。如果食用过多，还会使中枢神经处于异常兴奋状态，产生焦虑不安、心跳加快等现象，使幼儿的血糖升高，让幼儿没有饥饿，从而会影响幼儿的食欲。

◆酸性食物

酸性食物并非指食物的酸味，而是指各种肉类、蛋及高淀粉类食物，这些食物在胃中会变成酸性物质，影响宝宝的身体健康。这些食物往往被父母认为是高营养品，但它们在人体内的最终代谢产物为酸性成分，因此可使血液呈酸性，过多食用有可能导致宝宝形成酸性体质，使参与大脑正常发育和维持大脑生理功能的钾、钙、镁、锌等元素大量消耗掉，从而引起思维紊乱，使宝宝患上孤独症。

◆烤羊肉串

宝宝不宜常吃火烤、烟熏的食物，烟熏火烤的食物如果火轻了会熟不透，其中会含有大量的细菌，对宝宝的健康不理，再者不熟的食物宝宝很难消化吸收，对胃肠是一种伤害，还可能引起宝宝胃肠疾病；如果火重的话，会导致烤焦烤煳的显现，木炭烧烤烟熏，再加上将肉烤焦，会产生大量的致癌物质，如人们熟知的苯并芘，是一种很强的致癌物质，宝宝本身代谢能力差，如果宝宝经常食用，会导致致癌物质在体内积蓄，成年后容易病变癌症。

◆精食

很多父母经常给宝宝吃精米精面。医学专家认为，长期吃过于精细的食物，会由于减少了B族维生素的摄入而影响宝宝神经系统的发育。而且，还会因损失过多的铬元素而影响视力发育，成为近视眼的一大成因。铬是人体内一种重要激素，不足时可使胰岛素的活性减退，调节血糖的能力下降，致使食物中的糖分不能正常代谢而滞留于血液之中。最终，导致眼睛的屈光度改变形成近视眼。

◆洋快餐

洋快餐因其良好的就餐环境及诱人的风味，特别受到宝宝的青睐。因此，父母不惜慷慨解囊，但不少宝宝却因为这样而成了小胖墩，与原发性高血压病、糖尿病、脂肪肝、肥胖脑等多种“文明病”结了缘。因为，洋快餐多是高脂肪、高热量，而维生素含量却较低。加之油炸、煎、烤的烹饪方式，致使各种营养素比例严重失衡。

热量过高易导致幼儿肥胖

如通常一份洋快餐提供的热量可达4185851焦耳以上，已占3岁宝宝每日供给量标准的88%～113%，其中脂肪提供的热量又占总热量的40%～59%。大量热量进入宝宝体内，必然超过正常代谢所需，于是转化成脂肪堆积在体内，导致宝宝肥胖。

要控制看电视的时间

如果宝宝从小长时间与电视为伴，容易形成离开电视就无所适从的状态，以后任何需要付出意志力的事情，对他来说都会有一定的困难。

看电视时间及距离

电视机应放在光线较柔和的角落，电视机的屏幕几何中心应和眼睛处在同一水平线上，或比眼睛稍低些，看电视时应坐在屏幕的正前方；眼睛和屏幕的距离应是屏幕对角线的6倍以上。看电视时不能躺着，屋子里的光线既不能太暗，也不能太亮；每看30分钟后，最好利用广告时间休息一下眼睛，向远处看看，或闭着眼睛休息一会儿。

电视对宝宝的危害

◆不愿动脑学习

父母一般出于忙碌或者想让宝宝在电视上学习一些知识的原因，也会给宝宝很多看电视的机会。但是，电视节目声音和色彩的快速转换会导致宝宝注意力不集中。虽然通过电视是可以学习一些知识，但这种学习却很被动，甚至会导致宝宝对电视形成一种依赖，不愿自己去动脑筋学习。

◆不利于宝宝的心理健康

经常坐在电视机前的宝宝，主动性和活动性都很差，他们很容易形成消极、依赖、缺乏判断力的个性，而且内心世界也容易孤独，这都不利于宝宝的心理健康。宝宝的智力发育需要不断获得外界各种信息的刺激。而电视是被动的东西，宝宝能从电视上了解到一些东西，但是它对宝宝的智力刺激作用是很小的，所以对智力启蒙的效果也很小。

父母怎样做才好

父母一般在处理这种问题的方式上充满了强权作风，比如数落宝宝看电视时间太长，强行关电视，要求宝宝马上回房间学习等。其实，采用这类处理方式的父母应该想一想，关了电视，就能关了宝宝看电视的愿望了吗？让他离开电视坐到书桌前，他就是去学习了吗？宝宝看电视的愿望在压抑中更加被强化，他的内心在看与不看间充满矛盾和痛苦这不是在教育宝宝，只是一再损伤他的自觉和自信。那么，正确的做法是什么呢？

◆看的时候就安心地看

在宝宝很想看的时候要让他心安理得地去看，不要让宝宝一边看电视一边心里还打着小鼓，心事重重。宝宝得不到安心看电视的机会，看电视的欲望就不会得到满足，甚至只会愈演愈烈。

◆尽量少开电视

平时家里要尽量少开电视，父母自己看电视要做到节制，以身作则，用行动对宝宝产生说服力。很多父母经常会对宝宝说“我们是父母，工作一天很辛苦，你是小宝宝，所以不应该看电视”。这种说法实际上会让宝宝觉得他和父母间很不平等，他意识到了父母的强权。这种矛盾会让宝宝感到不舒服，这样的感觉如果经常刺激他，就会慢慢激化宝宝对看电视的渴望和对学习的厌烦。

◆选择有意义的节目

父母可以让宝宝们看一些专门的儿童节目或教育节目，帮助宝宝去选择适合自己的节目，但是每天看电视的时间最好不要超过一个半小时。父母要特别注意不能放任宝宝，不要让他乱看，想看什么就看什么，而且，不管怎样，最好不要为宝宝的哭闹而妥协。

生活照顾Q&A

3岁宝宝喜欢咬手指甲怎么办

宝宝刚出生时，嘴唇接触妈妈的乳头就会自发地作出吃奶的吸吮动作，这是一种生理性的吸吮反射。当他们在饥饿时，无论口唇碰到什么东西，都会引起吸吮反射，甚至在熟睡中也会自发地出现吸吮动作。稍大一点，饥饿时大多数宝贝（占婴儿的90%）会将自己的手指放在口中吸吮，这是一种正常现象，爸爸妈妈不必太在意。

2～3岁后，宝宝饥饿时会要求吃东西，这种吸吮手指现象逐渐消失。如果宝宝4岁了，还吃手，甚至出现咬指甲、咬被角、咬衣服袖口的现象，就可能是行为问题，需要进行矫治了。

宝宝过于依赖妈妈怎么办

这样宝宝就知道不是妈妈不要宝宝了。平时多带宝宝接触别的小朋友，让宝宝有伴，和小朋友玩的时候才会学到自我保护，不那么依赖人，学会独立，学会自强。

3岁宝宝适合玩什么游戏

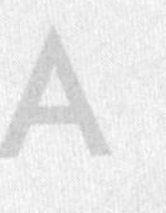

可以多带宝宝出去活动活动，拍拍皮球，晒晒太阳，都是很不错的。这么大的宝宝可以送他去幼儿园，另外也可以带宝宝去早教中心或者室内的儿童游乐场。

例如：草木大体验。

带孩子到有花草树木的地方，让他用手去触摸树叶、树干、树枝、花朵、草、石头、细沙等。带着孩子一边摸的时候，要一边缓慢而且清楚地告诉他现在摸的是什么东西，一再重复也没有关系，让孩子不仅看到了、摸到了，也了解了。

宝宝多大适合送幼儿园

按照正常年龄划分，幼儿园是3～6岁儿童的乐园，这里指的是周岁。按照班级划分，3～4岁是小班，4～5岁是中班，5～6岁是大班。在这个年龄段其实哪一年送宝宝去幼儿园都无所谓，大部分爸爸妈妈都是3岁送的，由小班送起，一是这个年岁到了生活能够自理的时候，可以自己吃饭提裤子擦鼻涕，也有了接触外界和同龄小朋友的需求，二是早一些送了，宝宝在3年里可以一直跟着班走，跟一个班的小朋友比较熟，如果中途插班，还会有适应期。

如何让宝宝接受去幼儿园的事情

首先，在宝宝上幼儿园之前就要给他灌输“幼儿园”的概念。让宝宝熟悉这个词，不再觉得陌生。其次，在其他爸爸妈妈早上送小朋友去幼儿园的时候，带他到幼儿园门口看一看，告诉他，小朋友长大了都要上幼儿园，因为爸爸妈妈要上班。第三，如果爸爸妈妈有时间，可以在下午幼儿园活动的时候，（上午一般都有规定的课程），带宝宝去附近的幼儿园，或是联系好准备要去的幼儿园，让他感受一下和老师，小朋友一起玩的快乐，爸爸妈妈刚开始待在他的身边，他会有安全感。

如何让宝宝尝试一个人睡

建议先锻炼宝宝自己入睡，然后再分床睡。等到睡觉的时间，让宝宝睡在独立的小被子里，然后安静地听妈妈讲故事入睡。

再过几天，趁宝宝很想睡的候，妈妈把宝宝放在被子，打开音乐，让宝宝自己睡，但妈妈要告诉宝宝“自己在洗脸或是洗脚，不要等妈妈，宝宝快睡，妈妈洗完就来跟你一起睡”。宝宝习惯了，慢慢就可以自己睡了。然后再分床，很快宝宝就会习惯一个人睡了。

宝宝胆小怕生人怎么办

A

表面上看这是宝宝的问题，实质上与爸爸妈妈的教育方式有密切关系。要改善宝宝内向的性格，关键还在于爸爸妈妈或家人的教养方式要适合宝宝身心的健康发展，有以下几点可供参考：

1.坚持送宝宝去幼儿园，一般2岁多就可以，这样可以让宝宝进入一个儿童世界，让他在集体生活中学会与同伴交往。

2.为宝宝选择一两个性格开朗、身体健康、年龄比他略小一点的小伙伴一起玩耍，这样既可以培养宝宝的自信心而且还可以相互帮助。

3.耐心对待宝宝，不要对他提出过高的要求。

4.给予宝宝积极的心理暗示，避免使宝宝在心理上总处于弱者或被动的地位。

Q

3岁宝宝正常的牙齿数量是多少

A

最早有4个月乳牙开始萌出的，但大部分婴儿是从6个月以后开始长牙。牙齿通常是一对一对长出。最早出现的是下方的门牙（前牙），之后是上门牙，然后是侧门牙，再后是前磨牙和犬齿，最后是后磨牙。一般到3岁时，20颗乳牙全部出齐。婴儿的第一颗牙出现早晚不同，一般是4～12个月之间出来都算正常。

对宝宝能力的训练

如何看待宝宝的骂人行为

父母可以将宝宝说脏话的行为当做一个正常的发育阶段，而且这个阶段很快就会过去。

宝宝为何出现骂人行为

宝宝经常会从其他小朋友那里学一些脏话。所以，当父母听到有脏话从宝宝口中说出来的时候，不要生气。若是父母的表情很愤怒，就会对胆子比较小的宝宝带来不利的影响，会使他感到害怕，也许使他再也不敢跟说脏话的小朋友一起玩。

但是大部分的宝宝在看到父母的震惊后，心里会感到很高兴，还会感到很得意。有的宝宝依然会在家里不断地说脏话，想让父母生气。有的宝宝尽管在父母的威胁下，不在家里骂人，但是在其他地方仍然会说脏话。宝宝这么做的原因，完全是因为他从父母那里明白，他可以让这个世界得不到安宁。

纠正宝宝骂人行为的方法

◆模仿

父母可以利用许多方法来帮助宝宝对良好的、正确的行为进行模仿和学习，让他慢慢改掉说脏话的不良行为。父母应该以身作则，宝宝学习语言的一个很好的方法就是模仿。所以，他最早接触的人，常常是他丰富语言、学习语言的主要榜样。若是父母常常说脏话，对待同事、邻居的态度恶劣，那么宝宝也不会是一个文明的人。若是宝宝常常重复一些粗话、脏话，我们可以郑重地告诉宝宝这些话不好听、不文明，任何人都不会喜欢听。在父母批评宝宝的时候，用词一定要文明不要掺杂粗话、脏话，否则会让宝宝觉得，父母可以说脏话自己也可以说。

◆冷处理

当宝宝说脏话的时候，父母可以对其进行冷处理，逐渐地他认为没意思自然就不会再说脏话。通过这些方法可以使他感觉到说脏话并不会让你注意到他，骂人也不是一件好玩的事情，他说脏话的次数慢慢地就会减少。

但需要注意的是，宝宝骂人时，父母一定不能大发雷霆，表现出十分气愤的样子。或对宝宝刚说的脏话进行重复，这样做不仅使问题得不到解决，甚至还会使宝宝的骂人行为得到强化。父母应该保持平静自然的态度，没有必要过于在意。这个时候的宝宝，并不能明白脏话的意思，更没有意识到骂人、说脏话是一件错误的事情。若是父母看到宝宝说脏话没有大惊小怪，而是偷偷注意宝宝的“举动”，他可能就不会再重复骂人了。

◆认知行为疗法

可以先对宝宝不好的行为进行了解，让他知道说脏话的行为并不好。而宝宝这个时候，没有分化出客体与主体。因此，当父母问他：“骂人，好不好？”他通常会告诉你：“不好！”这是因为在宝宝的意识里面，说脏话、骂人是其他人做的，他自己并没有包括在内。宝宝骂人，只是模仿其他人，认为很有趣而已。所以在衡量这件事情的时候，不能从道德品质的角度来考虑，而应该教导宝宝，这是一种不对的行为。尽管他这个时候自我意识发育还不够完善，但若是他也同意“骂人的行为并不好”，那么父母就可以进一步对他进行教育和说服。也许下一次的时候，他就会很大方地承认或指出错误。

◆创造好的环境

父母不仅要为宝宝做一个好的榜样，还要为宝宝创造一个好的生活环境。尽量不要让宝宝通过电视等媒介学习粗话、脏话，或者从其他小朋友那里学习不好的顺口溜、粗话、脏话等。所以父母对于宝宝的错误，应该及时纠正。并且要引导宝宝玩健康、文明的游戏。若是发现宝宝与其他小朋友说粗话、脏话，一定要及时纠正。

◆惩罚

若是宝宝稍微大一些的时候，依然有说脏话、骂人的行为，父母就可以对他进行适当的惩罚，让他对自己的行为进行反省。

让胆小的宝宝勇敢起来

对宝宝来说，恐惧是一种非常正常的现象。每个宝宝恐惧担忧的事物不一样，大多数宝宝的这种恐惧心理会随着他独立能力的增强而消退。

坦然接受宝宝的恐惧

◆认真倾听宝宝的想法

尽管宝宝的恐惧有时候看起来很没有理性，但是他们的恐惧仍然是真实而严重的。当宝宝告诉你他害怕某个东西，你一定要注视他的双眼，认真地听他倾诉他的想法。让宝宝说出他的恐惧有助于他克服恐惧。相反，回避宝宝所恐惧的东西，那些恐惧的感觉并不会真正从宝宝内心消失。

◆不要嘲笑宝宝

千万不要因为他那些看起来很可笑的想法而粗暴地嘲笑他，也不要试图一味地向宝宝解释那些东西并不可怕，说他没有任何理由感到恐惧，这样会让他对自己的感觉产生怀疑，他会因此感到更加不安。最好的做法是以理解与平静的心态面对他的恐惧，让他明白他的恐惧很正常，父母理解他的恐惧。妈妈平静的态度不会让他觉得自己的恐惧是一件愚蠢的事情，同时也能让他感觉到十分的安心。

聪明妈妈这样做

聪明的妈妈应该这样回应宝宝："我知道你害怕那只狗，来，妈妈陪你一起走过去好不好？你不想走过去吗？那好，妈妈抱你过去好了。你看，它不会咬我们，一点都不可怕，是不是？"

给宝宝一些合理而简单的解释

以一种简单的方式向宝宝作些解释，有时候可以帮助宝宝摆脱他内心的恐惧。比如，宝宝洗澡的时候看到浴缸里的水流进下水道，他就会担心自己也被吸进下水道。这时候，妈妈可以拥抱着宝宝并且告诉他："水和泡泡会流进下水道，但是橡皮鸭和宝宝不会。"如果宝宝害怕救护车的声音，那就告诉宝宝："救护车要救人，所以要发出很大的声音，好让其他的车听到给它让路。"

用事实来说服宝宝

如果宝宝亲眼见到一些事实，他就会变得安心一些。比如宝宝害怕吸尘器把他吸走，妈妈可以拿吸尘器对着宝宝的玩具吸一吸，对着自己的脚指头吸一吸，用事实让宝宝相信吸尘器只能吸走灰尘，不会吸走宝宝的玩具，也不会吸走他的脚指头，更不会把他整个儿吸走。

如果宝宝害怕理发，让理发师先剪下宝宝的一两根头发，以便让宝宝相信理发确实不会给他造成伤害。

让安慰物带给宝宝安全感

很多宝宝无论走到哪里都喜欢拖着一条褴褛的小毛毯或者一只破烂不堪的毛毛熊，这些物品可以让焦虑的宝宝处在陌生的环境或者感觉恐惧时安定下来。

如果宝宝依赖他的安慰物，那就让宝宝带上他的安慰物，因为宝宝的这条褴褛的小毛毯或破烂的毛毛熊可以帮助他摆脱内心的恐惧与焦虑。到4岁左右，宝宝对安慰物的依恋就会减轻，他会开始尝试以别的方式来缓解自己的恐惧。

帮助宝宝认识他恐惧的事物

◆提供认识事物的机会

选择一个宝宝感觉比较安全的距离，给他一个认识令他恐惧事物的机会，也是帮助宝宝克服恐惧心理的好方法之一。

◆看图书或图片

给宝宝看一些令他恐惧事物的图书或图片，这种与实际事物看起来没有多大区别的画片，可以帮助他更好地认识这些事物。

◆让宝宝亲自接触事物

宝宝害怕小猫、小狗之类的小动物，那就让他看看画有这些动物的图画书或者图片，也可以带他去宠物乐园参观，有机会看到别的小朋友亲手去摸摸他感到恐惧的这些小动物，甚至自己亲自去摸摸这些小动物，就可以帮助他熟悉那些小动物，并克服宝宝的恐惧感。

不要在宝宝面前表现得很胆小

如果妈妈因为发现卧室有一只蜘蛛而吓得大声叫嚷或者带宝宝去看牙医的时候显得很焦虑，那么妈妈的这种恐惧心理就会"传染"给宝宝。妈妈应该在宝宝面前表现得很勇敢，才能给宝宝一个模仿的榜样。当然，如果宝宝害怕去看牙医，不妨如实地告诉宝宝，这样会让宝宝明白，太他的感觉很正常，他也可以像妈妈小时候一样克服自己的恐惧心理。

什么是恐惧症

如果宝宝的恐惧心理过于严重，甚至已经影响到他正常的生活与行为，他就有可能患有恐惧症（对某事物怀有强烈的、持久的、没有理性的恐惧感），最好带他去看医生。

帮助宝宝克服自卑心理

1.自卑心理的形成，一般源于一次失败的或者一次不愉快的经历。父母应及时关注宝宝的内心世界和注意观察宝宝的变化，用积极的方式进行疏导和教育，及时驱除宝宝心里的阴影。

2.有些宝宝之所以自卑是觉得自己技不如人、低人一等。这时候，父母就应努力纠正宝宝这种消极心理。可以通过鼓励和表扬来肯定宝宝，让他对自己有正确的认识，慢慢提升他的自信心。

3.通过让宝宝获得成功来给予他鼓励，能帮助他找回自信。父母可以通过分阶段为宝宝设定可以达到的目标，让他在努力之后获得成功，从而收获成功的喜悦。不断坚持用这种收获成功的方式来强化宝宝对自己的认可，从而消除自卑心理。

亲子游戏玩一玩

飞机游戏

1.宝宝的手在爸爸肩上放着，爸爸的手将宝宝的腰抱着，如同飞机一样旋转。

2.宝宝将爸爸的手腕握住，接着如同飞机一样旋转。

3.爸爸从后面举起宝宝，宝宝用手将爸爸脖颈抓住，接着如同飞机一样飞行。

宝宝扩音器

现在宝宝说话水平已经相当好了，家长可以使用一个纸制的扩音器，使声音提高。将一张大厚纸卷起来，给宝宝演示怎样利用锥体的小口使音量改变。用纸制扩音器反复低声或大声与宝宝说话，或用它使笑声和歌声更大。

互相拍照片

家长将双手在体前交叉，两小拇指相勾，示指和拇指相点，放在眼睛上，就像照相机一样，给宝宝假装照相。一边照一边说："小宝宝，看看我，坐坐好，笑一笑，妈妈给你拍张照。"接着还可以让宝宝给自己拍几张照片，并且也需要将歌词改为："好妈妈，看看我，坐坐好，笑一笑，宝宝给你拍张照。"宝宝熟练以后，可以试着给家庭的其他成员拍照，要求宝宝根据拍照的对象变换自己的歌词。

"小鸡"出壳

首先，家长在报纸的中心剪出一个洞，但不可以剪下来。然后，让宝宝在箱子里面坐着，在宝宝头上盖上报纸。

这时，家长要喊："小鸡小鸡快出来"。同时，掀开报纸，让宝宝将头露出，代表小鸡的头露了出来，接着拉出宝宝的手，表明小鸡的手露了出来。最后，从箱子里将宝宝拉出来，这样，小鸡也就出来了。

敲打听声响

1.家长敲打着三种不同的罐子，让宝宝仔细去倾听这三种罐子所发出的不同响声，接着让宝宝将眼睛闭上，家长敲打罐子，让宝宝猜一猜是哪一个罐子的声音。

2.让宝宝用棒子敲打任何东西，包括桌子、椅子、窗、门等，了解音色的不同。

3.请宝宝站在中间，接着让家长从远处敲打其中一个罐子，让宝宝眼睛闭上并将声音的方向指出来。

4.用大纸箱及各种瓶瓶罐罐当成乐器，配上音乐，请宝宝来一场即兴的演奏。

小番茄跳舞

1.将雪碧打开注满玻璃水杯。

2.将一些小番茄放置于杯子里面。观察小番茄是否先沉入水底，然后马上浑身带着气泡一边旋转，一边在杯子中上下舞动。

看动作连词组

妈妈做“亲”的动作，宝宝说：“亲，亲宝宝。”妈妈接着说：“亲，亲小手。”宝宝可以说：“亲，亲小狗”……爸爸也可以参与进来，最好可以连出更多的词组。

转转小陀螺

让宝宝站好，可以伸直手臂，不可以依附任何东西，也可以将手放在腿两边，原地进行旋转。宝宝在转的时候家长可以这样说：“转转转，宝宝像个小陀螺……好，停下来，看看宝宝可不可以站稳而不倒下来。”让宝宝静静地站立一会儿，一直到头不晕为止。用这种方法，连续做5次，而且每天都应该坚持下来。

喜怒哀乐

父母可以在纸上画几张较大的，没有鼻子、眼睛和嘴的女孩（或男孩）的脸形图。让宝宝在脸形图上添上嘴、鼻子和眼睛，分别画出哭的、笑的、愤怒的、惊奇的、生气的以及满不在乎的表情。让宝宝根据这些脸谱来对各种表情进行模仿。接着可以问宝宝：“什么是喜欢、高兴、吃惊、害怕、厌恶、悲伤、好奇、气愤？”“高兴时心里有什么感受？”“悲伤的时候心里有什么样的感受？”

观察影子

1.和宝宝一起背对太阳在空地上站着，比一比两个人的影子。

2.用手做出不同的手势，当然也可以随便做出一个姿势，看看影子会出现哪些变化。

3.让宝宝的影子和你的影子相接触的时候，其实你们没有出现接触，让宝宝对影子的特性有所了解。

颜色总是变化无穷

准备5个白色盘子和蓝、黄、红三种颜色的颜料，在1个盘子里加一定量（如10滴）的红色颜料，再加黄色颜料。从1滴开始，逐渐增加，每次加一定量的时候就去调匀，接着用笔蘸调好的颜色涂抹在纸上，看看颜色会出现哪些变化，变化都有着哪些规律，了解过渡色的变化。按上述方法可在橙色中逐渐加入蓝色，黄色中逐渐加入蓝色，红色中逐渐加入蓝色等，将调配出变化无穷的色彩来。

变化的小手

1.宝宝和爸爸妈妈都将手在各自身体的后面藏起来。

2.宝宝和爸爸妈妈一起说“小手小手变变变，小手小手藏起来！”

3.鼓励宝宝做出不相同的动作，如变成一只小狗、一个三角形、小兔的耳朵、数字8等。宝宝还可以和爸爸妈妈相互学习各自的动作。

第九章
让宝宝健康不生病

给宝宝安全的居家环境

厨房安全自检

厨房			
1	宝宝的餐具是易碎物品吗	是	否
2	刀具收拾好了吗	是	否
3	厨房瓷砖有没有铺防滑地垫	是	否
4	橱柜上有没有准备安全插销	是	否

客厅安全自检

9厨房			
1	客厅地板上有无让宝宝窒息的小物件，如纽扣、硬币等	是	否
2	各种电线及灯绳等有无整理	是	否
3	桌子和墙角有无加防撞护条	是	否
4	电源插座有无准备安全插销	是	否
5	有无把落地窗关好	是	否
6	窗户有没有锁好	是	否
7	客厅的植物有无有毒的	是	否
8	电视柜里有无危害宝宝的药品或物品	是	否

常见疾病的家庭护理

发热

一见宝宝发热，多数妈妈会急得像热锅上的蚂蚁，只求迅速退热，吃的、塞的、贴的、挂的，只要能用的招数通通上。事实上，发热并没有想象中的可怕，处理起来也不必那么“从重从严”。

发热对健康有利的一面

通常认为：发热对宝宝的健康是一种伤害，一点儿好处都没有。

事实上：发热是一种症状而不是疾病。它是机体对抗侵入的细菌病毒的正常反应，有利于消除病原体，恢复健康。所以，发热对健康也有有利的一面。细心的妈妈会发现，宝宝经过一场发热后，好像长大了，思维能力、语言能力均明显提高了。这是因为发热加快了脑细胞的代谢和新生。

发热并非都是严重疾病

通常认为：发热肯定表示宝宝的病很严重，弄不好还有生命危险。

事实上：宝宝之所以容易发热，主要是因为他们的体温调节中枢系统发育还不成熟，再加上身体的抵抗力比较差，受到感染的概率比较高，所以常会有发热的情形出现。造成宝宝发热的原因非常多，并非总是严重的不得了。

外在因素：宝宝体温受外在环境影响，如天热时衣服穿太多、水喝太少、房间空气不流通。

内在因素：感冒、急性呼吸道感染、扁桃体炎、咽喉炎、结核或其他疾病。

其他因素：如预防注射，包括麻疹、百白破等疫苗反应。

发热总需要持续一段时间

通常认为：只要给予了处理，宝宝的体温就应该很快降下来，否则就是病情加重了。

事实上：因加以治疗并辅以适当的休息，那么发热的频率和体温通常就会明显趋于正常。但是退热终究需要一个过程，所以一般的发热症状也会持续3天左右，而且可能会出现体温时高时低的情况，不过只要病情在好转就没关系，不必太过焦虑，只要记得做好护理、监护即可。

体温不同，处理方法也不同

通常认为：只要给予了处理，宝宝的体温就应该很快降下来，否则就是病情加重了。

事实上：因加以治疗并辅以适当的休息，那么发热的频率和体温通常

◆体温37℃～38℃时

发热本身有帮助杀菌及提升抵抗力的作用，所以不太高的发热是不必急着退热的。盲目退热往往引发很多不良反应，由于退热快、出汗多，易导致虚脱，循环系统出现问题。

◆体温38℃～38.5℃时

将宝宝衣物解开，用温水(37℃左右)毛巾搓揉全身或泡澡，如此可使宝宝皮肤的血管扩张，将体热散出；另外，水汽由体表蒸发时，也会吸收体热。每次泡澡10～15分钟，4～6小时一次。多给宝宝喝水，有助发汗，此外水有调节温度的功能，可使体温下降及补充体内流失的水分。

◆体温38.5℃以上时

一般当宝宝在体温达38.5℃以上时才开始考虑使用退热药，而且每次服药中间一定要间隔4～6小时。常用退热药包含水剂、锭剂、栓剂和针剂：

栓剂

用来塞肛门，由直肠吸收，效果快速，当小孩拒绝吃药时也能退热，但使用次数要少，因密集使用易退热过度，使体温降得太快，或是反复刺激肛门，造成腹泻。

锭剂

由于给宝宝喂药比较困难，很少使用这类剂型的退热药，大部分已经被各种退热糖浆代替。

针剂

打退热针是最不安全的，有的宝宝甚至会过敏休克。然而目前并没有针对退热针所做的过敏试验，因此除非无法使用口服退热药（如严重呕吐或禁食中）且无法使用肛门塞剂（如严重腹泻），用尽方法仍无法退热，最后一步才会考虑打退热针。

水剂

较温和而安全，最普遍使用的是含扑热息痛的糖浆，如小儿美林糖浆、小儿百服宁滴剂等。

不同的退热药最好不要随意互相并用，因为剂量不好控制，还是单独使用比较安全。

小贴士

退热药也不可自行增加使用次数或增加剂量。

◆体温39℃以上时

可在使用退热药的基础上加用冷水枕，利用较低的温度做局部散热。现在市面上的软冷水枕甚为方便，温度也不会太低，年龄较大的宝宝及儿童可用。但不建议用于6个月以下的宝宝，因为婴儿不易转动身体，会造成局部过冷而冻伤或导致体温过低。

◆体温超过40℃时

用温酒精擦浴可降低全身的体温，要注意一定要用“温水”加上70%的酒精，以1：1的比例稀释，稀释后的水温为37℃～40℃，再擦拭四肢及背部；若直接用酒精擦拭，会让宝宝觉得很冷，很不舒服，甚至抽搐。擦拭后可用浴巾盖一下身体，等5～10分钟，酒精蒸发得差不多的时候，体内的血液循环到了身体表面，又使皮肤变热时，再重复第二次，如此重复3次左右，体内外的温度可迅速下降。由于退热速度较快，此方法适合1岁以上的宝宝，且体温超过40℃以上不易退时使用。

◆寒战时

如果宝宝四肢冰凉又猛打寒战(畏寒)，则表示需要温热，所以要外加毛毯覆盖。

◆出汗时

如果四肢及手脚温热且全身出汗，则表示需要散热，可以少穿点衣物。

发热时的家庭护理

◆环境要舒适

宝宝发热时新陈代谢增快，消耗多、进食少，身体虚弱，应卧床休息；保持室内安静，避免各种刺激；衣被要适当减少；室内温度要适当，室温过高不利人体散热，会使宝宝烦躁，过低则易使宝宝受寒，一般室内以20℃左右为宜；防止空气对流直吹宝宝。

◆做好口腔护理

高热时，唾液分泌减少，使口腔黏膜干燥，口腔自我清洁能力减退，易使食物残渣滞留，便于细菌繁殖而引起口腔炎、齿龈炎等，所以对发热宝宝还应做好口腔护理，可用消毒棉蘸3%硼酸水轻轻擦洗口腔或用淡盐水含漱，早晚各1次。

◆保证营养和水分

注意多喝水，饮食给流质或半流质食物，如面汤、粥、蛋羹，以清淡为宜。适当吃些新鲜水果及果汁，水果中以梨、西瓜、等为好。避免吃油腻、辛辣及生冷食物。如果宝宝食欲减退，不能保证营养和液体摄入量，应及时到医院进行输液。

◆保证营养和水分

注意多喝水，饮食给流质或半流质食物，如面汤、粥、蛋羹，以清淡为宜。适当吃些新鲜水果及果汁，水果中

◆注意病情变化

按上述各种建议进行处理和护理的时候，要观察宝宝活动力、精神状态，以及体温变化。如果经过处理后，宝宝仍然持续发热，比如发热时间超过1周甚至更长时间，或者是原因不明的发热，则一定要引起高度重视，应马上就医。

高热惊厥紧急救治方案

注意：5%～15%高热惊厥的宝宝会后遗智力低下、癫痫、行为异常等神经功能障碍，所以紧急治疗十分重要！

◆名词解释:高热惊厥

高热惊厥是指宝宝在呼吸道感染或其他感染性疾病早期，体温高于39℃时发生的惊厥。其中上呼吸道感染引起的高热惊厥最为常见，体温越高越容易发作。

发生高热惊厥时，宝宝的情况十分恐怖，会出现两眼上翻或斜视、凝视，四肢强直并阵阵抽动，面部肌肉也会不时抽动，伴神志不清、大小便失禁等。

一般来说，大多数高热惊厥患儿预后是好的，6岁以后不再发作，不会留下神经系统后遗症。但有一部分患儿（5%～15%）可后遗智力低下、癫痫、行为异常等神经功能障碍。

◆高热惊厥紧急处理

宝宝惊厥突然发作，确实让父母手忙脚乱。由于惊厥是急症，应该立刻进行紧急治疗。

控制惊厥

要保持镇静，千万不要哭叫或摇晃宝宝。让宝宝静卧于床，用拇指按压其“人中穴”，多可缓解症状。人中穴位于上唇正中与鼻中连线的中点。

侧卧

将宝宝侧卧，以防止呕吐时，呕吐物误吸入气管，引起窒息。但要尽量少搬动患儿，并保持周围环境的安静，减少不必要的刺激。

小贴士

已出牙的宝宝在惊厥时，因牙关紧闭，有可能咬伤舌头，可用缠有纱布的筷子或匙柄做成牙垫，卡在宝宝上下牙之间。若不能及时准备好牙垫，可用手帕折叠后临时替代。切勿用自己的手去掰开宝宝的嘴，以免手指被咬伤。

送医院

迅速将宝宝送往附近的医院。赶往医院的途中，应将宝宝颈部轻度后仰，以保持呼吸通畅，同时还要宽解宝宝衣服，这样既利于散热，又便于呼吸。

配合治疗

到达医院后，医生肯定会给宝宝肌内或静脉注射镇静和退热药物。使用镇静药物后，宝宝即可进入睡眠状态，但退热药物需一定时间才能起效。为使体温尽快下降，必须辅以酒精擦浴或温水湿敷等物理降温的方法。一定要配合医生，宽解宝宝衣服，并用酒精擦拭宝宝的前额、颈、腋窝及腹股沟等部位，达到快速降温的效果。

小贴士

在擦拭酒精时，有的宝宝会出现寒战反应，这是正常现象，妈妈切莫因此而终止擦拭。当宝宝体温降至38.5℃以下时，才可停止物理降温。

不要急于出院

若惊厥及时得以终止，也要等医生做了全面检查，待宝宝清醒后，才能离开医院。对于惊厥不止或反复发作的宝宝，应留在医院继续接受诊治。

如何护理高热惊厥的宝宝

处理方式——急需送医院治疗，一般需要住院。

护理方式——高热惊厥发病年龄多在6个月到3岁，又以早产儿，有家族遗传史为高发人群。

量体温：如果宝宝曾有高热惊厥史，妈妈一定要更加注意，控制宝宝的体温，若发现宝宝的体温超过38℃时，就应立即服用退热药，同时头部冷敷，也可适当服一些镇静药以防止惊厥。

家中突发惊厥的紧急处理：若发现宝宝已经有全身肌肉不自主抽动、神态丧失等高热痉挛表现，应进行紧急处理：用牙刷、筷子等包好纱布插入上下牙之间，防止牙齿咬伤舌头，可重按人中穴、合谷穴；同时应保持宝宝的呼吸道畅通，将宝宝的头偏向一侧，以防呕吐物吸入肺内。在准备送医院的同时，先用物理方法降低体温，然后急送医院，住院治疗。

送医院：在家庭做完基础护理后，要急送医院，因为从近年来的一些研究证实，高热惊厥会引起宝宝日后不同程度的智力和行为障碍，所以千万不要掉以轻心。

饮食：惊厥的患儿，禁食含有脂肪等厚味的食品，应以素食流质为主。但在惊厥发作期间，万不可强行灌水或流质食物，这样容易造成宝宝呼吸不畅，甚至窒息引发生命危机。若患儿病情好转后，可适当添加富有营养的食品，如鸡蛋、牛奶等；还可以吃一些西瓜汁、番茄汁；痰多时服白萝卜汁或荸荠汁也是不错的选择。

尽量避免高热惊厥的发生——虽然紧急处理后，高热惊厥的宝宝较少留有后遗症，但最好能避免发生。预防的关键在于要密切关注监测宝宝的体温。

正常宝宝体温在36℃～37℃，若测量腋温大于37.5℃，肛温大于38.2℃，应确认是发热了。若在家中无体温表或一时找不到体温表，可根据下列征象判断宝宝正在发热：

1	给宝宝喂奶时感到他口唇烫热
2	宝宝脸红耳赤，前额发烫，躯干皮肤温度增高，但肢体手脚发凉
3	宝宝不如平时活泼，身体倦懒，精神较差，食欲下降
4	宝宝先出现寒战、怕冷或起"鸡皮疙瘩"，然后出现口渴面赤、身体发烫
5	安静时呼吸频率每分钟大于35次；脉搏加快，每分钟大于110次

肺炎

早春二月，春寒料峭，乍暖还寒，正是小儿肺炎的多发季节，但有时它又与小儿感冒的症状相似，容易混淆。

什么是小儿肺炎

肺炎是小儿最常见的一种呼吸道疾病，3岁以内的宝宝在冬、春季节患肺炎较多，由细菌和病毒引起的肺炎最为多见。小儿肺炎不论是由什么病原体引起的，统称为支气管肺炎，又称小叶性肺炎。

小儿肺炎的症状

宝宝得了肺炎主要表现为发热、咳嗽、喘，肺炎的发病可急可缓，一般多在上呼吸道感染数天后发病。最先见到的症状是发热或咳嗽，体温一般38℃～39℃，腺病毒肺炎可持续高热1～2周。身体弱的婴儿可不热，甚至体温低于正常。会有咳嗽、呛奶或乳汁从鼻中溢出，普遍都有食欲不好、精神差或烦躁睡眠不安等症状。重症患儿可出现鼻翼扇动、口周发青等呼吸困难的症状，甚至出现呼吸衰竭、心力衰竭。

如何区分小儿肺炎与感冒

小儿肺炎起病急、病情重、进展快，是威胁宝宝健康乃至生命的疾病。但有时它又与小儿感冒的症状相似，容易混淆。因此，父母有必要掌握这两种小儿常见病的鉴别知识，以便及时发现小儿肺炎，及早医治。鉴别它们并不太难，可从以下几点入手：

◆测体温

小儿肺炎大多发热，而且多在38℃以上，并持续2～3天以上不退，如用退热药只能暂时退一会儿。小儿感冒也发热，但以38℃以下为多，持续时间较短，用退热药效果也较明显。

◆看咳嗽呼吸是否困难

小儿肺炎大多有咳嗽或喘，且程度较重，常引起呼吸困难。呼吸困难表现为憋气，两侧鼻翼一张一张的，口唇发绀，提示病情严重，切不可拖延。感冒和支气管炎引起的咳嗽或喘一般较轻，不会引起呼吸困难。

◆看精神状态

宝宝感冒时，一般精神状态较好，能玩。宝宝患肺炎时，精神状态不佳，常烦躁、哭闹不安，或昏睡、抽风等。

◆看饮食

宝宝感冒，饮食尚正常，或吃东西、吃奶减少。但患肺炎时，饮食显著下降，不吃东西，不吃奶，常因憋气而哭闹不安。

◆看睡眠

宝宝感冒时，睡眠尚正常。但患肺炎后，多睡易醒，爱哭闹；夜里有呼吸困难加重的趋势。

◆听宝宝的胸部

由于宝宝的胸壁薄，有时不用听诊器，用耳朵听也能听到水泡音，所以父母可以在宝宝安静或睡着时在宝宝的脊柱两侧胸壁仔细倾听：肺炎患儿在吸气末期会听到“咕噜”“咕噜”般的声音，称之为细小水泡音，这是肺部发炎的重要体征。小儿感冒一般不会有此种声音。

经过上述方法，如果出现其中大部分情况，即应怀疑宝宝得了肺炎，应及早到医院就医。

肺炎居家护理

冬季是幼儿肺炎的高发季，幼儿患了肺炎，如果医生认为不必住院，那么在基本的药物护理之外，家庭护理细节就变得至关重要。

◆观察

虽然不用住院，但肺炎的急发性不可忽视。

观察体温	基本上保证每两小时测一次体温，有持续上升现象应引起重视
观察啼哭状况	如果哭闹不止，烦躁不安，然后昏睡不醒，要即刻送医院就诊
观察呼吸	如果呼吸急促、困难，口唇四周发绀，面色苍白或发绀，说明已缺氧，应立刻就诊

◆住

患儿需要充分的休息，保证睡眠。创造安静整洁的居所是最重要的。

开窗通风

有阳光的日子里打开所有窗户，利用紫外线对宝宝活动睡眠的场所进行消毒。一般通风40分钟以上，把门窗关好，再让宝宝进入，避免冷风直吹；并隔4小时左右重复通风。

保持湿度

有条件的用加湿器，没有的可以在室内放上几个盛水的器皿，湿润的空气会让患儿因体热引起的呼吸道干涩得到缓解。

不要打扰宝宝

换衣喂药等要有计划地集中进行，尽量减少惊扰宝宝。

保持安静

宝宝病了，可能会有亲戚朋友来看望，要注意不要打扰患儿，控制噪声，即使是家人也不要频繁出入患儿房间，通常一个人陪护即可。

空气洁净

如果宝宝哭闹不止、烦躁不安，然后昏睡不醒，要即刻送医院就诊。

舒适睡眠

通常患儿会出现呼吸浊重，所以睡觉时可用枕头适当垫高患儿上身，能缓解呼吸困难。

忌裸睡

一定要穿透气舒适的内衣睡觉，切不可为让宝宝散热而裸睡，被子不能很好地贴身，容易受凉，加重病情。

◆清洁

患儿抵抗力下降，对卫生要求就比平时更高。

更换内衣——伴随有发热状况的宝宝常会出汗，要及时更换贴身衣服，并用热毛巾轻柔擦拭患儿身体。

口腔清洁——在宝宝清醒时用冷开水漱口，还不会自己漱口的宝宝，家长可用厚实的棉签蘸水，细细清洗口腔。如果因发热引起了口唇皲裂，用珍珠粉敷能起到很好的效果。

眼部护理——注意观察宝宝是否有眼睛充血红肿现象，或者发现分泌物增多。如情况严重，可咨询医生后定时滴眼药水。没有上述情况，但宝宝总是表现不适，用小手碰触眼睛，可能是因为内热致眼睛干涩，可滴些眼药水，湿润眼睛。

保证鼻腔通畅——随时注意宝宝鼻腔是否通畅，发现有分泌物结块可用热毛巾稍微敷一下后，用棉签蘸水清理。

◆吃

正确地喂食、合理地搭配膳食。

吸食改用喂食——因为吸食会加重喘息，吃母乳的宝宝患病后不要让他自己吸食，改为将奶用器皿吸出来后用匙喂，奶粉喂养也一样，暂时放弃奶瓶，耐心地用小匙一口口喂。

忌口——忌高油辛辣食品，太甜的也要避免；鱼虾等暂时也不能吃。

小贴士

患儿会因为不适而少进食，不能因急着让宝宝进食而用味重的食物诱导，要以清淡、易消化的食物为主。

充分补水——尽量多地让宝宝喝水，凉白开水、糖盐水或稀释后的果汁等，随时准备好。如宝宝不肯进食，连水都不愿意喝，就要去医院输葡萄糖液维持肌体营养需要。

忌喝碳酸饮料——碳酸饮料有丰富的气泡，很容易造成呼吸不畅，要避免给患儿喝。

咳嗽

咳嗽是为了把痰咳出来

喉咙受到感冒病毒感染而发炎时，异物、灰尘等就会沾在支气管的黏膜上，然后黏膜分泌出来的分泌物逐渐增多又会阻塞支气管。这些分泌物就是痰，而咳嗽正是为了把痰以及喉咙内部的异物向外排出的一种身体防御性反应。

同时宝宝的喉咙黏膜又非常敏感，气温稍微降低也会引发咳嗽。如果宝宝只是单纯性咳嗽而没有其他症状暂且不需要担心。但是如果出现持续咳嗽，并且无法入睡，这时一定要尽早就医。

给宝宝创造一个舒适的环境

家里如果有经常咳嗽或者患有支气管哮喘的宝宝，我们就要尽量使室内整洁，仔细清扫灰尘。消除真菌能够藏身的地方。宝宝的床单、毛巾等也尽可能地使用棉制品，而且要经常换洗，另外还要经常晾晒被褥，并且把毛绒玩具、室内观赏植物、宠物等放在远离宝宝的地方。经常开窗通风、也可以使用加湿器使室内保持一定的湿度。最后要补充的一点是绝对不能在宝宝身边吸烟。

护理要点

◆给宝宝喝水有利于消痰

宝宝咳嗽的时候喂一些温水或者饮品能够润湿喉咙，帮助呼吸更加顺畅。家长可以在宝宝不咳嗽的时候适量喂一些温水，同时还有止咳化痰的功效。

◆宝宝不停地咳嗽时，可以竖起来抱并轻轻拍背

宝宝持续咳嗽不止时，可以竖着把他抱起来，轻轻地抚摩或拍宝宝的后背，这样多少也能让宝宝感觉到舒服和安心。

◆宝宝睡觉时要垫高上身

宝宝在睡觉时，上半身稍微垫高一点能让他觉得更舒服。

◆室温保持在一定温度，避免室内干燥

室内过于干燥很容易引发咳嗽加剧，因此在室内湿度比较低的时候，我们可以使用加湿器或者采取在室内晾衣服的办法来调节湿度，给宝宝创造一个舒适的空间。

◆准备一些容易消化的食物给宝宝

宝宝咳嗽时可能引起食欲缺乏，这时候就要给他准备一些容易吞咽、消化的食物，但注意不要喂生冷的东西，这容易刺激气管和食管，最好选择一些温热的食物。

◆一定要禁烟

香烟的烟雾不仅有害健康，而且容易刺激气管引发咳嗽，因此宝宝咳嗽的时候就更需要爸爸的大力协助

◆给宝宝使用药膏涂抹时要注意用法和用量

现在市面上出售的一些止咳、顺畅呼吸的涂抹药膏效果还不错，但是在给宝宝使用之前一定要仔细咨询听取医生的意见。

◆多开窗，让新鲜的空气流通

室内应该经常通风换气，这样才有利于新鲜空气的流通。冬天更要注意勤开窗，或者也可以使用空气清新剂。

◆勤打扫、保持室内环境整洁

宝宝咳嗽的时候如果吸入了灰尘，很容易使咳嗽加剧。妈妈们在打扫房间时一定要彻底，特别是电视机等电器、床、被褥等比较容易积灰的地方更是要细心打扫。

就诊指南

◆暂且观察

轻微持续咳嗽

◆应该就诊

有发热、流鼻涕、腹泻、呕吐等症状，但精神状态良好；有咳嗽症状，但可以正常入睡；长时间持续咳嗽，但是精神状态良好。

◆及时就诊

呼吸时胸部剧烈起伏，呼吸困难，喉咙好像被堵塞一样突然剧烈咳嗽不止一天内反复出现剧烈咳嗽，不能正常进食轻微持续咳嗽胸部剧烈起伏、呼吸极度困难。

◆紧急救治

出现发绀现象、呼吸困难。

咳嗽时可能患的疾病

◆有发热症状

可能患的疾病	可能患的表现症状疾病
感冒综合征	发热、流鼻涕并伴有咳嗽等感冒症状
麻疹	咳嗽、流鼻涕等感冒症状明显，发热3～5日左右全身出现红色皮疹
急性咽炎	出现低沉的咳嗽声
急性支气管炎	伴有痰，且咳嗽伴有飞沫
肺炎	剧烈咳嗽不断，呼吸急促

◆无发热症状

可能患的疾病	可能患的表现症状疾病
百日咳	夜间剧烈咳嗽不止，咳嗽之后吸入空气急促
支气管哮喘	每次呼吸都伴有呼呼的响声，且有痰的咳嗽
细支气管炎	有鼻涕且轻微咳嗽，呼吸急促且呼吸困难
肺炎	剧烈咳嗽不断，呼吸急促

腹泻

粪便松软和腹泻是不同的

有的宝宝平时的粪便就比较松软，而在换乳期开始吃的新食物中，如果含水分比较多，就很容易使粪便更加松软。这和我们所说的腹泻完全是两回事，无需担心。

但是如果宝宝的粪便中混有血或者黏液、闻起来有酸味或者恶臭，或者粪便呈淘米水样、有剧烈腹泻呕吐、体重不增加等现象时，很可能是患有某种疾病，应该立即就诊。

预防脱水和臀部长斑疹

宝宝腹泻时护理的重点，要放在预防发生脱水和保持臀部的清洁上。腹泻会造成体内的大量水分同粪便一起排出，这时一定要给宝宝及时补充水分。

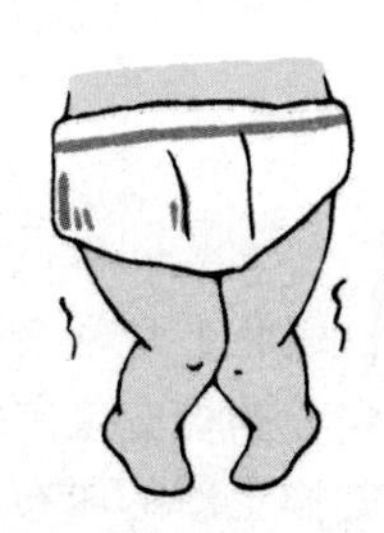

另外还要勤给宝宝换尿布，防止尿布疹的发生。经常用淋浴喷头或盆给宝宝冲洗臀部，保持臀部的清洁。

护理要点

◆补充水分最为关键

腹泻可以导致身体内的水分不断地流失，很容易引起脱水症状的发生，这时候一定要给宝宝及时补充水分，可以给宝宝喝些白开水、宝宝专用饮料等。

◆不能给宝宝喝过于寒凉的东西，最好是室温饮料

太凉的饮品容易刺激胃肠道从而加重腹泻。因此家长们应该尽量避免给宝宝喝刚从冰箱里拿出来的饮品，最好选择和室温相近的比较温和的饮品。

◆母乳、牛奶可像往常一样喂食

母乳和牛奶可以正常给宝宝喝，但是如果宝宝出现不太想进食的情况时，可以暂时先停一小段时间，然后再用多次、少量的方法喂给宝宝。

◆不能随意地判断而把牛奶冲淡

宝宝在出现腹泻的情况下，给宝宝喂牛奶的基本原则还是要按照平时的浓度，而不能仅凭妈妈的判断，随意改变牛奶的浓度。如果有其他疑问可以咨询相关医护人员。

◆勤给宝宝换尿布

宝宝持续腹泻时，屁股上常常会变红、溃烂，这时候一定要勤检查宝宝的尿布，发现脏了应立刻换上新的尿布，尽量缩短粪便与皮肤的接触时间。

◆换新尿布之前，一定要擦干宝宝的小屁股

如果宝宝的小屁股还是潮湿的时候，就换上新尿布。臀部潮湿很容易引起发炎，所以一定要用软毛巾、纱布把水分吸收干净，或者用吹风机的暖风吹干宝宝的小屁股。

◆清洗臀部最好用流水冲洗

因为用毛巾擦拭很容易擦破宝宝的屁股造成发炎，所以最好利用浴缸或者淋浴水冲洗。清洗时特别要注意仔细洗净肛门周围、大腿内侧的皮肤褶皱处。

◆尿布疹反复发作时一定要就医

腹泻时很容易引起臀部起斑疹，并且病情发展迅速，如果反复发作，一定要咨询医生，而不能根据自己的判断随便用药。辅食第一阶段要避免给宝宝吃脂肪含量比较多的肉类食品，可以选择如粥、煮烂的乌冬面、菜粥等淀粉含量较高的食物，并且要多次少量喂食。

就诊指南

◆暂且观察

粪便比平时稍微松软，一天内的排便次数比平时平均多1～2次。

◆应该就诊

粪便比平时松软、并且排便次数明显增多，精神状态不佳，食欲缺乏，腹泻持续时间超过1周，粪便中混有少量血迹，并且有一股酸味。

◆及时就诊

不能正常摄入水分，腹痛、血便等症状，粪便呈偏白色，粪便有异臭、恶臭。

◆紧急救治

剧烈腹泻、呕吐，除腹泻外，出现发绀、痉挛现象。

腹泻时可能患的疾病

◆有发热症状

可能患的疾病	可能患的表现症状疾病
感冒综合征	发热、流鼻涕并伴有咳嗽等感冒症状
流行性感冒	高热、情绪非常低落
食物中毒	腹泻严重、并伴有高热呕吐现象，粪便中混有黏液、血等

◆无发热症状

可能患的疾病	可能患的表现症状疾病
食物过敏	吃某种食物后就会有呕吐现象
单一性腹泻	除腹泻外无其他症状，情绪、食欲均正常

过敏

秋季是过敏的高发季节，哮喘、鼻炎、结膜炎、皮炎统统开始作祟，因此，从现在开始，让我们对所有可能在秋季发生的过敏性疾病做好防治准备。

评估宝宝是否为过敏体质

过敏体质宝宝的饮食保健是一辈子都要进行的，而且越早开始，防范的效果越好。所以要尽早地知道宝宝是否是过敏体质。

如果发现宝宝具有下列8种情形中的一种或多种，就要警惕宝宝是否是过敏体质，需尽快确诊，然后严格进行饮食上的保健措施。

1	有过敏疾病的家族史
2	有异位性皮肤炎，即刚出生时脸颊有红湿状，到满月还不消退，变化反复，身体渐渐有粗糙皮疹
3	每次感冒皆伴随喘息
4	慢性咳嗽，尤其半夜、清晨时症状特别明显
5	清晨起床后常会连续打喷嚏，觉得喉咙有痰
6	时常眼睛痒、鼻子痒、鼻塞
7	有较大运动量后会剧烈咳嗽
8	固定的皮肤痒疹，冬天或夏天流汗时特别痒

秋季是过敏高发季

过敏是一种机体的变态反应，是过敏体质的宝宝对正常物质（过敏原）的一种不正常的反应，常见的过敏原有花粉、粉尘、异体蛋白、化学物质、紫外线等几百种。当过敏原刺激不同器官中的不稳定细胞，就会表现出不同的过敏症状。如过敏物质与支气管黏膜、鼻黏膜、皮肤血管相结合，就会产生喷嚏流涕的过敏性鼻炎，喘憋不止的过敏性哮喘，瘙痒难耐的过敏性皮炎等。

进入秋季后，节气的变化使得周围环境出现许多肉眼看不见的细微改变，如湿度相对小、浮尘相对多、温度忽高忽低，以及花草树木新一轮的新陈代谢等，这些都可能造成过敏原增加。此外，天气凉爽后，宝宝外出的机会增加了，接触过敏源的机会自然也增加了。因此宝宝在秋季更容易发生过敏性疾病。

对抗常见过敏性疾病

◆过敏性哮喘

症状——宝宝常在接触过敏原后出现咳嗽、呼吸急促、困难、呼吸气时带有哮鸣声；如果过敏伴病毒侵害，宝宝气管黏膜会发炎、水肿，痰液分泌物增多，阻塞呼吸道的通畅，尤其是两岁以下的宝宝久咳不愈。

预防——有哮喘宝宝的家更要注意家居清洁，吸尘打扫时应把宝宝带到室外呼吸新鲜空气，清洁完半小时后再让宝宝进来。

宝宝的毛绒玩具容易吸附尘螨，摆放时用胶袋把毛绒玩具装起来，或者每周用热水清洗玩具，也可以把玩具放在冰箱里2小时以上，防止尘螨滋生。

避免养小动物，因为它们身上的毛比较容易藏细菌，宠物中以猫带菌最多，所以宝宝如果有过敏哮喘发作，还是忍痛割爱，不要养小动物了。

秋天天气变化快，不要让宝宝着凉，进入室内要适当脱点衣服。

治疗及居家护理——宝宝哮喘发作时必须要让他停止活动，安静休息。

◆过敏性鼻炎

症状——过敏性鼻炎常表现为打喷嚏和流鼻涕，容易与感冒混淆，从而延误了治疗。其实两者之间还是有差异的：

打喷嚏的次数

一般来说，感冒虽然会打喷嚏，但次数并不多，更不会有连续打十几个甚至几十个的情况，而过敏性鼻炎的症状之一就是连续打喷嚏。

鼻痒

感冒时，鼻子并不会很痒，而是长时间的鼻塞。然而，如果宝宝患上的是过敏性鼻炎，鼻腔与咽喉部位便会奇痒无比，甚至出现眼睛、脸颊部位皮肤发痒。

流清水鼻涕

从感冒伴随的症状来看，流清水鼻涕一般出现在感冒初期，而且流量并不会很多。过敏性鼻炎恰恰相反，伴随着打喷嚏的同时，大量的鼻涕会倾泻而下。

预防——室内外的尘埃、真菌、尘螨、动物皮毛、羽毛、棉花絮等都可能是引起宝宝小鼻子过敏的过敏原，还有一些秋季开花的花粉也是危险因素，要尽量让宝宝不接触这些东西。

某些食物如鱼虾、鸡蛋、牛奶、花生等，还有磺胺类药物、奎宁、某些抗生素等也可能引起部分宝宝患病，妈妈一定要细心观察宝宝对哪些东西过敏，就不要给宝宝食用了。

当宝宝爱揉鼻子、揉眼睛，有时还会有清鼻涕流出鼻孔，有时爱做抽鼻动作时，妈妈就应该想想是不是宝宝的鼻子过敏了，而不要胡乱给吃感冒药来解决问题。

加强体育锻炼，提高宝宝的免疫力，减少感冒，预防过敏性鼻炎。

从小锻炼宝宝用冷水洗脸，使皮肤受到刺激，增加局部血液循环，保持鼻腔通气。

治疗及居家护理——过敏性鼻炎发作时，把容易引起宝宝过敏的羽绒枕头、羽绒被子、毛毯统统撤掉。

如果过敏非常厉害，可以用抗过敏的药，有局部用的也有全身用的，两岁左右的宝宝可以选局部喷鼻剂，在秋季容易过敏的季节使用，等过了这段时间后慢慢停用。

如果宝宝每年9～10月都要出现过敏鼻炎，就要早一些用药预防，可以征询医生的意见选择合适的药物，即使宝宝再发生过敏鼻炎，症状也会较轻。

保持室内干燥通风，注意减少室内植物也很必要；爱抽烟的爸爸应该暂时戒烟，戒不掉最好不要在室内吸烟。

◆过敏性结膜炎

症状——成人的过敏性结膜炎会表现为眼部痒感、流泪、灼热感、分泌物增多等，可宝宝不能用语言表达，他的不适最先表现为揉眼睛的动作增多，眼睛的分泌增多，且会眼睛发红、哭闹不安。

预防——要做好消毒隔离工作，用过的毛巾、手帕要用开水煮5～10分钟，要专门为宝宝准备，随时阻止宝宝用手揉眼睛的举动。

治疗及居家护理——宝宝过敏性结膜炎治疗以点眼药为主，一般常用氯霉素、利福平、吗啉胍等，晚上宝宝睡觉时可用眼药膏，白天醒时为防止宝宝不舒服或用手抓摸药膏可只用眼药水；滴眼药水的原则是勤滴，这样才能发挥眼药的作用。

做眼部冷敷

热敷会使局部温度升高，血管扩张，促进血液循环，致使分泌物增多，症状加重，所以，不能做热敷，可用凉毛巾或冷水袋做眼部冷敷。用过的毛巾、手帕要用开水煮5～10分钟，要专人专用。

不要揉眼睛

尽管过敏性结膜炎不传染，但也应避免揉眼，以防发展为细菌、病毒性结膜炎。

多休息、多喝水

多休息和多喝水对所有的疾病的恢复和治疗都会有帮助。

◆过敏性皮炎

症状——也就是通常说的婴儿湿疹，多在出生后2～3个月发病，1岁以后逐渐好转。

湿疹多呈对称性分布，好发于前额、脸颊、下颌、耳后等处，严重时会扩展到头皮、颈、手足背、四肢关节、阴囊等处。湿疹的特点为不规则形皮疹，先表现为针头至粟粒大的红斑点和红丘疹，进一步发展为小水疱、水疱破裂后流黄色渗液，水干后形成黄色痂皮。湿疹急性期有剧烈瘙痒，尤其在晚上，宝宝常常因此烦躁哭闹而影响睡眠和进食。如果继发感染,宝宝还会出现全身症状。

预防——预防湿疹应提倡母乳喂养，有资料表明，人工喂养的宝宝湿疹发生率远远高于母乳喂养者。对于不能进行母乳喂养的宝宝，建议选用合适的配方奶。

婴儿湿疹的发生与过敏性体质有关，患湿疹的宝宝往往对乳类制品过敏，或对鱼、虾、蟹、鸡蛋清等异种蛋白过敏，应避免给过敏儿食用这些食物。食物过敏原也可通过妈妈乳汁使宝宝过敏，所以哺乳的妈妈也要注意减少摄入致敏食物。

喂养不当导致宝宝消化不良，食物含糖分过多造成肠内异常发酵，预防接种和精神因素等也是湿疹的重要诱因。所以给宝宝添加辅食后要留心消化吸收情况；不要过多食用甜食；预防接种后要密切观察宝宝有无异常反应；保持宝宝心情愉快，不要让他长时间哭闹。

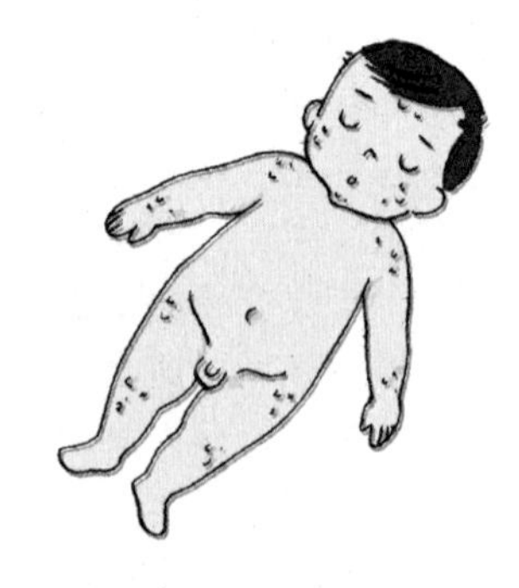

治疗及居家护理——婴儿湿疹轻者不需治疗，但要注意宝宝的皮肤护理，保持皮肤清洁，必要时可适当使用复合维生素等药物。

如果皮炎比较严重，可在医生指导下使用消炎、止痒、脱敏药物，切勿自己使用任何激素类药膏。

注意保持宝宝大便通畅，急性期应避免预防接种，稍大的宝宝忌食荤腥发物，如蛋、奶、海味食物等。

母乳喂养的宝宝如患湿疹，妈妈也应暂停吃可能引起过敏的食物。

过敏宝宝的饮食保健方法

◆0～6个月

原则——尽量母乳喂养或喝可减少过敏发生的配方奶。

母乳至少喝6个月——在母乳哺育期间，妈妈应避免摄取容易导致过敏的食物（虾蟹类、坚果类等），避免吸入过敏原，远离二手烟。

使用特殊的配方奶——无法哺喂母乳时，应给宝宝喝可减少过敏发生的配方奶。

适当服用可补充含益生菌的保健品。应在医生的指导下，给宝宝适当服用可含益生菌的保健品。益生菌可增加肠内的有益菌群，增加抵抗力，具有改变体内免疫细胞的功能。对已有过敏的宝宝可以减轻过敏病症状，对尚未过敏的宝宝，可以预防过敏病的发生。

勿迷信治疗过敏的偏方——有些偏方如花粉、蜂胶、草药等，并无医学证实可预防过敏的发生，有些甚至会诱发过敏，因此不宜采用，年龄较小的宝宝更不可尝试。

◆6～12个月

辅食期适当延后——一般宝宝在4个月大时就可以添加辅食，但过敏宝宝建议6个月大之后再添加。如果过敏症状严重，甚至可以把辅食的添加时间延至9个月以后。但如果宝宝有厌奶的情形，导致乳类摄取不足时，为了避免营养不良，可从4个月起添加较不会引起过敏的米粉。

添加辅食需循序渐进——每添加一种食物都要先从少量开始，刚开始只喂宝宝一两口，观察没有异常后再慢慢增加分量。在确定不会引起或加重过敏症状时，再换另一种新食物。若出现过敏症状，则立即停用该食物。不要一会儿给宝宝这种食物，一会儿又吃另一种食物，否则，发生过敏症状时，就难以查明究竟是哪种食物引起过敏的。应特别注意的是，包括了多种成分的混合性食物不要给宝宝食用，除非能确定宝宝对其中的每一种成分都不会过敏。

注意添加辅食的顺序——刚开始尝试时，应给宝宝吃“低过敏性”的食物，如米粉、果汁（泥）、菜汁（泥）、稀饭等。10个月大之后再开始添加蛋黄、鱼、肉、肝等动物性食物。至于容易引起过敏的食物，如蛋白、有壳海鲜（虾、蟹）、坚果类等，最好等1～1.5岁以后才食用，不过还是少吃为宜。

◆1岁之后

原则——在小心过敏的前提下兼顾营养均衡。

留心混合食物中是否有过敏成分——当想给宝宝吃过去未曾吃过的加工食品时，需先阅读成分说明，看看有没有会引起过敏的成分。

乳类、蛋白、面粉、鱼类不必再严格限制。并非所有的海鲜都会诱发过敏，有壳的海鲜才容易引起过敏。鱼类对宝宝而言是很好的营养，不应限制这类食物。虽然乳类、蛋白、面粉较易引起过敏，但这些食物遍布于各种食物中，减少摄取容易导致营养不良。因此，除非由医生判断这些食物会引起宝宝过敏，否则1岁之后不应限制这些食物。

勿吃冰冷的食物及饮料——冰冷的食物、饮料会引起神经及内分泌过度反应，导致咳嗽、打喷嚏、流鼻涕等过敏症状。

勿吃高热量或油炸的食物——这些食物会让体内的发炎物质增加，加重过敏症状。

勿吃刺激性和有人工添加剂的食物——刺激性食物（如芥末、姜、胡椒、辣椒等）会刺激气管、鼻腔，使过敏症状加重。含有人工添加剂（人工色素、防腐剂、香料等）的食物，如蜜饯、糖果、各种速食品，也应尽量少吃。

多吃富含维生素C的食物——维生素C摄入量愈低的宝宝其呼吸道发炎和敏感程度可能更严重而且显著。应让宝宝多摄取维生素C含量较多的食物，如绿色蔬菜、马铃薯、柑橘、葡萄、柚子等。

便秘

注意排便时宝宝的状态

宝宝排便的次数是有个体差异的，健康的宝宝有的可能一天内排便几次，也有的可能2～3天才排便一次。只要宝宝没有出现腹部胀大，排便时不感觉疼痛就无需担心。如果因为便秘造成宝宝没精神、食欲缺乏，可以通过按摩或者灌肠来促进排便。同时检查一下给宝宝喂的牛奶或者换乳期食物是否足量。另外，多给宝宝准备一些含食物纤维比较丰富的食物。

护理要点

◆多给宝宝喝一些橙汁，吃一些纤维比较丰富的食物

宝宝便秘的时候，需要多吃一些含纤维比较丰富的食物或者喝些橙汁类饮品。这时要避免吃胡萝卜等不利排便的食物。

◆给宝宝做“圆”形按摩

为了促进宝宝正常的胃肠蠕动，可以用手掌以肚脐为中心，用力向下按压宝宝的肚脐，顺时针方向画“圆”形，以帮助宝宝消化食物。

◆多给宝宝吃富含纤维的蔬菜

如果一个劲地给宝宝吃容易消化的食物，很容易造成宝宝便秘。食物要尽量多样化，多给宝宝吃些富含食物纤维的蔬菜、海藻类食物。

◆宝宝无法排便时可采用棉棒润肠

宝宝便秘时，可以轻轻按压肛门，如果还是无法排便，可以用棉棒蘸取宝宝油伸入肛门1厘米左右，慢慢旋转约10秒钟之后抽出棉棒。

就诊指南

◆暂且观察

精神状态良好，便秘在3日以内。

◆应该就诊

便秘时间超过1周；腹部胀大；排便时宝宝剧烈哭泣，粪便较硬；经常擦破肛门引起出血。

◆及时就诊

腹部剧烈疼痛；排出的粪便呈黑色黏稠状；有血便。

排便困难时可能患的疾病

◆精神状态良好

可能患的疾病	可能患的表现症状疾病
便秘（纤维、水分摄入不足引起）	粪便硬，排便痛苦，粪便呈圆滚状
肛裂	排便时疼痛，便中混有血

◆精神状态不好

可能患的疾病	可能患的表现症状疾病
便秘（母乳哺乳不足引起）	每次哺乳时间超过30分钟，但体重增加情况不好
肠重积症	每隔10～15分钟剧烈哭泣、呕吐，灌肠时有血便排出

便秘自查表

便秘程度	正常	便秘		
		轻度	中度	重度
间隔	每周排便3～9次	3日一次排便	4日一次排便	5日一次排便
便质	正常便质	先干后软，干少软多	先干后软，干多软少	全部干结或带血
用力	不费力	费力	有不适感，便意未尽	痛苦感或始终便不出

发疹

宝宝生病常常伴随有发疹症状

发疹可以分为皮肤疾病引起的发疹和某种疾病引起的发疹两种。宝宝生病时常会伴有发疹，这也是宝宝疾病的特征之一。

家长在发现宝宝有发疹现象时，要做好记录，包括每隔两个小时测一次体温，观察疹子的扩散速度、面积、颜色、形状，以及发疹部位等。另外，有发疹症状的疾病一般传染性比较强，而且病情发展速度快，一定要做好早期的护理和预防工作，避免传染给其他的宝宝。

预防和护理的关键是清洁

宝宝在发疹时护理的关键点之一是要做好清洁和止痒工作。宝宝的新陈代谢要比成人快，因此皮肤也很容易堆积污垢，这时候如果再加上发热、发疹，肯定很不舒服。常给宝宝洗澡，冲掉身上的汗、污垢，宝宝的心情也一定会愉快。

护理要点

◆首先检查一下宝宝是否发热

发现宝宝有发疹症状，首先要检查一下宝宝是否发热，出疹是在发热之前还是之后。如果宝宝发热，要及时去医院检查。还要特别注意是否属于传染类发疹，如果是，一定要做好保护和预防工作。

◆检查宝宝发疹的情况，以及是否还有其他症状

要仔细观察宝宝发疹的颜色、形状、扩散方式，如果身体上有抓痕或者抓破的现象，通过冷敷、涂药等方法止痒。

◆要把宝宝的指甲剪短，防止抓破疹子

宝宝感觉到痒痒的时候就会用手抓疹子，很容易抓破并造成症状恶化。这时最好的办法就是把宝宝的指甲剪得短短的，防止他用手抓。

◆注意宝宝内衣的选择

我们在给宝宝选择内衣时要尽量选择对皮肤刺激小的面料。如果疹子溃破或被抓破，会有分泌液流出来，所以一定要勤给宝宝换内衣。

◆宝宝退热后才可以洗澡

汗液和污垢都会增加瘙痒感，在宝宝退热后如果精神还不错，可以用温水给宝宝冲个澡，但注意一定要用毛巾吸干身上的水。

◆用丰富的泡沫轻柔地擦

给宝宝洗澡时一定要用浴液打出丰富的泡沫再涂抹，宝宝的肌肤很娇嫩，如果用浴巾又很容易擦破疹子，所以妈妈最好用指腹轻轻地擦。

就诊指南

◆暂且观察

初次就诊，诊断结果为发疹，暂时没有其他症状。

◆应该就诊

持续高热不退；舌头上有红色粒状物；眼部充血；无法正常摄入水分；有脱水症状；全身有出疹现象；咳嗽。

◆及时就诊

有发疹症状；体温正常咳嗽；流鼻涕；眼部有充血现象；手脚水肿症状已经持续了一段时间。

◆紧急救治

出现痉挛呕吐后开始出现意识模糊。

发疹时可能患的疾病

◆有发热症状

可能患的疾病	表现症状
突发性发疹症	高热持续3～4日，退热的同时伴有皮疹症状
麻疹	咳嗽、流鼻涕等感冒症状明显，发热3～5日全身出现红色皮疹
风疹	发热在38℃左右，同时伴有全身红色细小状疹子
水痘	红色疙瘩逐渐呈水疱状遍布全身
手足口病	手掌、足底、口腔内起水疱
疱疹性咽峡炎	突然发高热，喉底部发水疱疹
苹果病	脸颊、两腕、大腿起花边状皮疹
溶血性链球菌感染症	高热数日后红色皮疹开始扩散至全身，舌头上有红色粒状物
疱疹性口腔炎	高热，牙龈处、口腔黏膜出现水疱疹
川崎病	高热持续不退，身体出现形状各异、大小不等的皮疹

小贴士

宝宝易发疾病中经常伴有皮疹现象。很多感染性疾病除发热、咳嗽、流鼻涕等症状外的特征就是发皮疹。一旦发皮疹则必须就诊。通常麻疹、水疱疹传染力很强，不但要将宝宝与其他宝宝隔离，在就诊前还应主动与医院取得联系。疑似传染病的情况时应单独接受诊治。

◆无发热症状

可能患的疾病	表现症状
特应性皮炎	伴随瘙痒症状，反复发皮疹
荨麻疹	皮肤出现伴有瘙痒性突起皮疹，数小时后消失
药物过敏	服药后全身出现瘙痒性红色皮疹
婴儿湿疹	出生后不久脸颊部、头部出现红色粒状物
新生儿痤疮	脸部出现痤疮状皮疹
婴儿脂溢性湿疹	头部、眉毛周围出现疮痂状湿疹
汗疹	头部、额头、颈部周围出现红色粒状物
接触性皮炎	特定部位的皮肤变红，发粒状物
疱疹	头部、颈部出现小水疱、脓疱
水疣	胸部、背部出现形状很小的疣
蚊虫叮咬	红肿，伴有瘙痒和疼痛

◆臀部周围出现湿疹

可能患的疾病	表现症状
尿布疹	垫尿布部位湿疹症状严重
皮肤白色念珠菌感染症	皮肤褶皱细纹中出现粒状物

痉挛

伴有发热的痉挛无需担心

手脚伸直呈僵硬的状态称为“痉挛”。宝宝突然痉挛常常会让妈妈不知所措，这时候不要担心，一般痉挛会在3～5分钟内停止。

痉挛大部分都是因为高热引起的热性痉挛，而且热性痉挛一般不会危及生命，不会留有后遗症。但是痉挛如果持续时间超过5分钟，宝宝有意识模糊的表现，必须立即送往医院急救。

护理要点

◆解开宝宝的衣扣，让宝宝静躺

让宝宝平躺在床上，松开衣服，解开扣子，同时别忘了把尿布也包松一点。

◆给宝宝一个活动空间

宝宝出现痉挛时，不要抱得太紧、猛烈摇晃，而且强行拉伸宝宝的手脚以及大声喊叫，这些都可能造成痉挛加剧。另外，也不要把手指伸入宝宝口内，这样很容易引起宝宝窒息。

◆宝宝侧躺可以防止呕吐

如果宝宝有要呕吐的迹象，可以让他侧卧，这样呕吐物就不会堵塞呼吸道。同时要注意拿去宝宝颈部的赘物、装饰品并松开颈部衣扣。

◆痉挛停止后需要测量宝宝的体温

宝宝痉挛停止后，要立刻测一下体温，这对医生的诊断很有帮助。如果宝宝想要喝水，可以喂一些白开水。

就诊指南

◆暂且观察

剧烈哭泣引起的痉挛。

◆应该就诊

痉挛持续5～6分钟后才停止；精神状态正常但曾经有过热性痉挛发病史。

◆及时就诊

初次痉挛，反复出现痉挛。

◆紧急救治

痉挛持续时间超过5分钟并且没有停止的迹象，体温正常但是出现痉挛现象，痉挛发生时左右身体不对称，意识模糊、呆滞、手脚麻痹，头部受到剧烈打击后出现痉挛，伴有呕吐，发热超过48小时后出现痉挛。

痉挛时可能患的疾病

◆有发热症状

可能患的疾病	表现症状
热性痉挛	体温在不断升高的过程中发生的抽搐
脑膜炎急性脑炎、急性脑病	伴有呕吐、头痛，抽搐停止后神志不清等症状
中暑	在高温环境中，直接受阳光照射

◆无发热症状

可能患的疾病	表现症状
愤怒性痉挛	剧烈哭泣时发生抽搐
癫痫	正常情况下突然失去意识，发生抽搐
颅内出血	头部受到打击后抽搐，意识丧失

呕吐

婴幼儿比较容易呕吐

婴幼儿的胃不像成人的胃那样呈弯曲状，而是基本上呈直线型。并且，胃入口处的肌肉常比较松弛，因此受到一点点的刺激就容易呕吐。

宝宝在喝完牛奶或母乳后常常会发生吐奶的现象，只要量不大，宝宝的体重增长正常就无需担心。但是如果宝宝发生喷射状呕吐，并有发热、剧烈哭泣、反复呕吐的症状，则需要立即就医。呕吐后胃通常会比较虚弱，在给宝宝补充水分时要分多次少量进行。但是一旦宝宝出现不喝水、呕吐后极其疲倦，这很可能是脱水的表现，需要立即送往医院救治。

护理要点

◆少量多次给宝宝喝水，避免引起呕吐

宝宝吐过后会觉得口渴，但是一次如果喂太多水很容易引起再次呕吐，这时可以等宝宝呕吐停止后，每隔10～15分钟喂一匙量的水即可。

◆可以用吸管喂水或口含碎冰块

呕吐后给宝宝补充水分的关键是“少量多次”。可以用吸管向宝宝口里每次滴2～3滴，或者给宝宝口含碎冰块。

◆要选择宝宝专用饮料

柑橘类的果汁以及乳酸菌饮料，都可能诱发宝宝呕吐，因此宝宝在呕吐后应该喂一些白开水、宝宝专用饮料等。

◆要仔细观察宝宝的排尿次数、尿量

注意观察宝宝的排尿量、排尿次数是不是比平时少了、有无发热情况、粪便的硬度颜色如何、精神状态是否正常。如果发现有异常症状，应该及早就诊。

◆宝宝呕吐后要将口腔清理干净

宝宝呕吐后要立即清理干净口腔中和脸上的污物，防止污物再次引发呕吐。擦拭时最好用湿毛巾，这样更容易擦干净。

◆宝宝如果持续感到恶心，可以把宝宝竖起来抱

尽量给宝宝穿宽松的衣服，轻轻地拍背部可以让宝宝感觉到安心。这时候如果采取摇晃式抱法可能诱发宝宝再次呕吐，应采取竖立静止式抱法。

◆采取正确的躺卧姿势，防止呕吐物阻塞呼吸道

为了防止呕吐物堵塞呼吸道而引起窒息，应该将宝宝的脸朝向侧面。用圆而薄的靠垫垫在宝宝颈部与背部之间，可以使宝宝自然保持侧头的状态。

◆被污染的衣物要立即处理

宝宝呕吐后弄脏换下来的衣服应该立刻清洗，防止室内留下污物的味道。

就诊指南

◆暂且观察

宝宝在不呕吐时精神状态尚佳；轻度呕吐，除此之外没有其他异常症状。

◆应该就诊

伴有打喷嚏、流鼻涕、鼻塞、发热等症状；持续呕吐、腹泻；排尿、排便的次数和量均减少。

◆及时就诊

持续呕吐；精神疲倦；无力。

◆紧急救治

高热、疲倦，出现意识障碍；每隔10～30分钟出现激烈哭喊，有血便并呈草莓酱状；头部遭到猛烈打击后出现呕吐。

呕吐时可能患的疾病

◆有发热症状

可能患的疾病	表现症状
感冒综合征	打喷嚏、咳嗽，伴有感冒症状
脑膜炎	高热情绪不振，前囟门肿胀
急性脑炎、急性脑病	高热，情绪不振，并有抽搐现象
轮状病毒肠炎	呕吐后有严重腹泻，粪便偏白
食物中毒	剧烈呕吐并伴有腹泻、高热

◆无发热症状

可能患的疾病	表现症状
食物过敏	吃某种食物后会有呕吐现象
先天性肥厚性幽门狭窄	哺乳后呈喷射状呕吐
贲门失弛缓症	哺乳后所饮物大部分呕吐
先天性肠道闭锁、狭窄症	出生后即呕吐，腹部肿胀，无法排便，呕吐物中混有胆汁
肠套叠症	剧烈呕吐后哭叫且间歇性发作，灌肠后有血便排出
颅内出血	头部受到打击后没精神并且呕吐

异常情况的急救与处理

家庭基本急救措施

发热是宝宝患病的原因之一。但是发热并不等于危险。如果仅仅是高热，不要因此而慌张，而是应该根据情绪以及食欲等综合判断宝宝的身体状况。

如何确保宝宝的呼吸通畅

首先要确保宝宝呼吸通畅，这个时候宝宝没有意识的，全身的肌肉都呈松弛的状态，而且没有办法让他做任何动作，宝宝的舌头最容易堵住喉咙而阻碍他呼吸，可以用一只手抬高宝宝的下巴，另一只手把宝宝的额头往后扳，让他的头部后仰，使空气能够进入他的肺部。

如何进行人工呼吸

将脸靠近宝宝的嘴边，确认宝宝是否还有呼吸。

如果宝宝不到1岁：盖住宝宝的嘴和鼻子，注意吹气的频率，按照3秒1次，1分钟20次的频率口对口吹气。

如果宝宝1岁以上：捏着宝宝的鼻子，口对口以4秒1次，1分钟15次的频率吹气。

每次吹气的时候都要注意宝宝的胸部是否有膨胀，一直持续到宝宝能独立自然呼吸为止。

注意心跳

身体有轻微动作，突然咳嗽，有要自己呼吸的举动，对于1岁以上的宝宝还可以用示指和中指共同按在宝宝的脉搏上，对于1岁以下的宝宝可以放在他的静脉上感觉。

如何使用心脏起搏术

◆对于1岁以上的宝宝

用力按住他的胸骨下端往上两个手指宽度的地方，也就是他胸部下凹3厘米处。频率控制在1分钟100次左右。同时左手捏住宝宝的鼻子以1次人工呼吸，5次心脏起搏术的频率同时交替进行，直到宝宝恢复知觉，开始有心脏跳动为止。

◆对于1岁以下的宝宝

找准他左右乳头的中间点，这个点往下一个手指的宽度从正上方向下按，因为宝宝的新陈代谢比成人要快，所以脉搏跳动也比成人块，要以1分钟100次的频率进行抢救。压的深度为从正上方向下压2厘米。

如何止住大量流血

宝宝大量出血会陷入非常危险的状态，这时要求家长必须镇定地进行急救。

◆大出血时

如果伤口裂开并且大量流血，可以用纱布覆盖住整个伤口，从正上方用力压住伤口，同时尽量把宝宝的伤口抬到比心脏高的位置。

◆一般方法无法止血时

如果继续流血不止，把伤口提到比心脏高的位置，在距离出血处大概3厘米的地方开始绑绷带，绑完绷带后，打一个松结儿（如果没有绷带的话可以用围巾或者是丝袜代替，但是一些会伤害到宝宝皮下神经的绳子就不要用了），再在打结处插上一根一次性筷子或者是其他类似的棒状物体，然后再打一个松结儿，最后转动棒子，借助转动棒子的力来帮助宝宝止血。

擦伤

擦伤是宝宝最容易受到的伤害，首先要清洗伤口。处理的方法不同，治愈的情况也不同。

冲洗伤口

可以用自来水或者生理盐水清洗伤口上的泥沙，千万不能用力揉搓。

如果出血，先止血

止血的时候要用干净的纱布多叠几层，用力压住出血的伤口来为宝宝止血（不要过于用力）。

对伤口消毒

可以用消毒液或者是双氧水直接消毒伤口。在消毒伤口时会有沙子等脏东西随着泡沫一起浮出伤口，这个过程中可能会有些疼痛，要安慰宝宝的情绪，同时用纱布擦干净伤口，可以防止伤口感染。

涂预防化脓的药物

在伤口上为宝宝涂上防止化脓的药物，把纱布多叠几层敷在伤口上保护伤口，再缠上绷带固定纱布。如果是一般的小伤口，只要贴上创可贴就可以了。

需送医院处理的情况

◆脸上有严重擦伤

脸上的皮肤比较细嫩，而且宝宝发生擦伤时常常会头部先着地，这时眼睛周围或脸上的伤口可能会留下瘢痕，为了小心起见，简单处理后应该带宝宝去小儿外科、眼科就诊。

◆伤口会引起化脓

如果伤口一直潮湿不干，特别是宝宝在水沟或者不干净的地方擦伤，细菌会侵入皮肤，所以要特别提防伤口的化脓，要带他去外科就诊。

◆如果发生跌伤

擦伤的同时经常伴随跌伤，宝宝幼小的身体被强烈撞击后，可以采取冰敷的办法消肿，如果宝宝感觉疼痛难忍的话，就要带他去看外科或骨科。

◆宝宝一直疼

有时候的情况是，当伤口好了宝宝却还是疼痛难忍的话，很可能是伤口中留有玻璃或者是石头等。所以千万不能大意，要到医院外科就诊。

◆伤口有异物无法取出时

当家长为宝宝处理伤口时，伤口中如果留有泥沙、玻璃碎片等小东西，如果用水或者生理盐水冲洗还拿不出来的话，千万不要硬性拿出或者揉搓伤口，这样反而会十分危险，这时要迅速带宝宝去医院外科就诊。

预防常识

时常叮嘱宝宝，将预防意识灌输给宝宝。比如选择适合宝宝玩的玩具，叮嘱他玩完玩具要收拾好。要时常检查宝宝的游戏用具是不是有损伤或者有障碍物影响宝宝的玩耍。这要求家长从宝宝的角度去观察。在游戏过程中不要突然发出什么状况而吓到宝宝。

刺伤、割伤

刺伤和割伤常常伴有出血的状况，所以首先要稳定宝宝的情绪，避免因为惊慌给宝宝带来的心理上的伤害。

当伤口比较浅时

先用清水或者双氧水消毒，然后用纱布多叠几层，敷在伤口上帮助宝宝止血。消毒之后贴上创可贴就可以了。

如果出血，先止血

首先要拔刺。如果刺是露在外面的话，可以借助用具拔出来。如果刺是陷入肉中的，要用消毒过的针挑出来。做以上的处理时，一定要给宝宝一边拨弄伤口一边消毒，如果使用针挑出刺，要先压住伤口的周围，将血及脏东西挤出后再消毒。伤口处理后，用创可贴贴上伤口就可以了。

当伤口比较深时

用重叠几层的消毒纱布敷住整个伤口，并用力压住伤口（但是千万不能过于用力），同时将宝宝的伤口抬到比心脏更高的位置，这样可以把血止住。如果这些方法仍然不能把血止住的话，要立刻叫救护车或者带宝宝去医院。

需送医院处理的情况

当宝宝的头部或眼睛周围被割伤时

头部和眼睛是人体的重要部位，当发生意外时，需要第一时间带宝宝去医院就诊。

伤口很疼时

如果尖锐物或者是玻璃碎片遗留在伤口里，宝宝会觉得非常的疼痛，千万不要试图用力挤出，如果有残留物在伤口中会有破伤风的危险，所以要立即带宝宝去医院。

伤口潮湿一直不干

这种很有可能是化脓了，也需要立即送宝宝去外科就诊。

伤口很大、很深，而且大量出血

当宝宝的伤口很深，出血量很大，无法止血时，要马上送往医院救治。

被玻璃或钉子扎到时

当宝宝被玻璃或者钉子扎到时，不要试图拔除钉子，要在伤口周围裹上干净的纱布，防止钉子、图钉等异物的移动，要立即带宝宝去外科就诊。

伤口有异物无法取出时

当家长无法自行将伤口中的异物取出时，不要强行进行，要立即带宝宝去医院外科就诊。

头部或腹部刺伤、割伤的情况

宝宝撞击了头部或腰部，出现明显的外伤，不能自行处理，要马上送往医院。

◆预防常识

宝宝调皮会引起一些磕碰是经常的事情，但是如果一旦出现伤口很深、很大的情况，就要求家长注意，为什么会出现这种伤害。比如彻底将剪刀、刀片等一些锋利危险物品放在宝宝够不到的地方，及时检查家里的设施（门、窗、柱子）是否有木头断裂、起皮的地方。尤其是保证一些钢铁设施没有危及宝宝的安全。

撞到头部

当宝宝撞到头部时要及时查明他的状况和症状。比如，他是在哪里撞到的，撞到了什么地方，用力撞到的还是轻轻碰到的。

把宝宝抱到安静的地方平躺

如果宝宝的意识清醒，在受伤后立刻哭出来的话，就没有大问题。家长需要做的是首先稳定宝宝的情绪，以防他伤后受到惊吓，把他抱到安静的地方，让他平躺下来，用枕头把他的头部垫高。

伤口出血时

当宝宝伤口出血过多，要稳定宝宝的情绪，而且也要保持自己情绪的镇定，冷静地确认伤口，找些厚纱布或者是干净的毛巾用力压住伤口（但是不要过于用力）。如果宝宝一直流血，要立即叫救护车！

冰敷肿块

如果受伤后宝宝的身体出现红肿，先用湿毛巾冰敷伤处，但是如果肿块越来越大，而且肿得很明显的话，就要及时送往医院就诊。

当宝宝感觉想吐时

让宝宝平静下来后，观察他是不是有想吐的感觉，如果严重地呕吐，要立即带宝宝去医院。

可能患的疾病	表现症状及处理方法
头部凹陷	当宝宝被撞倒出现凹陷时，立刻叫救护车！
流血不止	当宝宝头部的伤口止不住血时，立刻叫救护车！
叫宝宝名字却没有反应	等待的过程中，为了防止失血过多，可以用厚厚的纱布用力压住宝宝的头部，如果宝宝昏过去，可以试着在他的耳边叫他的名字，轻轻拍打他的肩膀，如果他没有任何反应，要把他的脸侧转，防止呕吐食物堵住气管。
呕吐不止	当宝宝撞到头部后出现反复呕吐的情况，立即叫救护车，在等待救护车过程中，可以将宝宝的脸侧转，这样可以防止呕吐出来的东西堵住气管。
痉挛	当宝宝出现痉挛的情况，立即叫救护车！

◆预防常识

时刻提醒宝宝“文明走路，不跑不打闹”；还要从宝宝的身材角度考虑，为他们制作适合他们的游戏用具。在上下楼梯，容易出现事故的地方设置好围栏；另外，家长们要时刻敏锐地观察家中是否有尖锐的容易伤害宝宝的玩具、家具等。

跌伤

如果是轻微的跌伤，给宝宝冰敷伤处就可以了。如果宝宝的胸部、腹部、脖子或者背部受伤并且出血的话，要立即检查，依情况而定，决定是否去医院检查。

当手脚跌伤时

◆清洗伤口并给伤口消毒

如果有伤口，先用清水或者双氧水冲洗伤口。然后消毒并覆盖上纱布，再绑上绷带，以保护伤口，最后可以再冰敷伤口以减轻宝宝的疼痛。

◆冰敷跌伤处

如果有伤口的话，可以用冰袋敷着在伤口上；如果没有伤口，以冷水弄湿毛巾，直接冰敷患部就可以了。如果是用冷敷，皮肤较敏感的宝宝可能会发炎，所以可以使用冰毛巾或冰袋帮宝宝冰敷患部。

当撞到腹部时

首先让宝宝平躺，帮宝宝把紧裹身体的衣服脱下，然后让宝宝抱着膝盖侧躺，或是平躺并把脚抬高，躺着时尽量让宝宝舒服。如果这样能使宝宝疼痛逐渐地消失，而且过一会儿宝宝也能像平常一样行走的话，宝宝的身体应该没什么事情了。

需送医院处理的情况

◆伤口肿大

当宝宝的伤口已经冰敷，但是却不见好转，而且越来越严重的话，要立即带着宝宝去医院外科就诊。

◆两天后依然疼痛

当宝宝跌伤后两三天仍然不好，一直喊疼，或者伤口不见好转而且恶化，这可能是骨折了，所以要立即带着宝宝去医院就诊治疗。

◆从高处跌落

撞击脖子或者背部的力量很大。

◆宝宝腹部感到疼痛时

宝宝摔伤后感到腹部疼痛，出现冒冷汗、呕吐等症状。如果有强烈或者多次呕吐的症状时，要立即就医。

◆胸部受伤时

如果胸部疼痛难忍，可能是肋骨骨折；如果宝宝剧烈地咳嗽，或者出现咯血、咳痰，这时可能是伤到了肺部，要立刻叫救护车。

◆丧失意识

剧烈咳嗽，并有血丝。

扭伤及脱臼

脱臼和扭伤很难与骨折区分。如果没有办法确定具体状况，就需要去医院就诊。

对扭伤的处理

◆冰敷

首先用冰水将毛巾浸湿或用毛巾包住冰块进行冰敷。

然后用有弹性的绷带将伤处固定得紧一点（但不要过紧，只要让伤处无法移动即可），同时将冰敷于绷带上。

◆固定患处

抬高患处、稳定情绪：

冰敷过程中，将宝宝的患部抬高，尽量稳定他的情绪，让他安静地休息。

对脱臼的处理

◆确认部位

判断伤处的过程中动作一定要轻缓，不要用力弯曲宝宝的关节。

◆夹板固定

可以用夹板绷带轻轻地将患处固定，保护脱落的关节。

◆冰敷

在去医院的过程中，为了减缓宝宝的疼痛，可以继续为他冰敷患处。

需送医院处理的情况

◆手脚异样

如果宝宝的手脚抬不起来，即便抬起来也很费劲，或者双手、双脚不一样长的情况就需要及时到医院就诊。

◆手脚无法移动时

当宝宝突然疼痛，并且伴有手腕或脚痛得动不了，这极有可能是扭伤或脱臼，应及时到医院就诊。

◆预防常识

关节的一旦脱臼会造成习惯性脱臼，家长要随时提醒宝宝千万不要让小朋友拉扯他已经受伤的部位，预防再次脱臼。

骨折

骨折很难与跌伤、扭伤区别，所以需要家长非常小心。

如果出血，先止血

先用清水冲洗并且对伤口进行消毒，然后用纱布轻按住伤口2～3分钟止血。

安抚情绪

想办法让宝宝安静下来，并送往医院。这个过程中不能移动患部，如果医院较远，可以先绑上夹板，或者直接拨打120。

需送医院处理的情况

◆移动特定部位就觉得痛

只要移动特定的部位宝宝就很痛，可能发生了骨折，要前往医院就诊。

◆出现变形

出现了明显的变形，或是发生不自然的弯曲，要立即到医院就诊。

◆痛得动不了

即使外表看起来虽然没有变化，但是宝宝痛得无法站立时，或者动不了，就可能是发生了骨折，要前往医院就诊。

◆如果伤处骨头外露

形成开放性骨折，要立即叫救护车。

◆皮肤变肿

当宝宝跌倒站不起来，一直喊疼，受伤部位由肉眼就能辨认出发生变形，或者移动某个部位时，宝宝十分的痛苦，受伤的部位肿得非常厉害，而且皮肤开始逐渐变黑，这些都是骨折的症状。

◆大出血时

大出血时要以不移动宝宝的患处为原则止血，并叫救护车。

流鼻血

宝宝经常会出现流鼻血的情况，如果是单纯由于上火引起则不需要过分的担心，多给他喝水、吃水果就可以了。

紧急救护措施

首先让宝宝坐下并将身体稍稍前倾，用手将宝宝的鼻子稍用力地捏住，这样可以初步止血，如果鼻腔中的血流到口腔中，要让他马上吐出来。将棉球或纱布卷起来塞入宝宝的鼻口（不能塞得过于往里，要留一段在外面）。以冷毛巾覆盖整个鼻子的部分。

需送医院处理的情况

◆经常流鼻血

如果宝宝没有原因经常性地流鼻血，要带他去耳鼻喉科做一次全面的检查。

◆撞到头后流鼻血

如果是因为撞到头流鼻血的话，要马上送医院。

◆长时间不能止血

宝宝流鼻血时，通常在处理后5分钟左右就基本可以控制，如果超过10分钟还不能止血，就要立即带着宝宝前往医院就诊。

◆预防常识

室内的温度过高容易导致宝宝流鼻血，所以家长应该注意室内通风，尤其是冬天的时候，要经常开窗换气，并注意保持室内湿度，使室内空气新鲜，气温适当。

眼睛进入异物

要小心宝宝的眼睛，不要让他们不停地揉眼睛，眼睛进了异物要马上进行处理。

沙子进入眼睛

可以用自来水或生理盐水为宝宝冲洗眼睛。家长帮助他轻轻压住眼角，使灰尘伴随着眼泪流出。如果灰尘还不出来，可以让宝宝在装满清水的脸盆中眨眼睛。如果以上方法都不可行的话，还可以帮助宝宝翻眼皮，用清水沾湿棉花棒或纱布取出沙粒。

生石灰进入眼睛

生石灰进入眼睛，既不能用手揉眼睛，也不能直接用水冲洗。此时应该用棉签或干净手绢将生石灰粉擦出，然后再用清水反复冲洗受伤的眼睛，至少要冲洗15分钟。同时叫救护车，到医院进行检查治疗。生石灰遇水会生成碱性的熟石灰，同时产生热量，处理不当反而会灼伤眼睛。

尖锐的东西刺到眼睛

如果宝宝的眼睛是被碎玻璃片或者尖锐物品刺到时，立刻叫救护车。千万不能让宝宝揉眼睛，也千万不能试图用其他办法帮他取出异物，这时一定要用毛巾覆盖住他的双眼，尽量使他的情绪稳定下来，而且不要让他转动眼球。

热水或热油进入眼睛

撑开眼皮，用清水冲洗5分钟，不要乱用化学解毒剂，同时立即叫救护车送往医院。

需送医院处理的情况

◆眼睛出血

如果发现眼睛红肿或有出血的情况发生，要马上送往眼科医院就诊。

◆眼睛睁不开，疼痛伴有流泪

宝宝的眼睛睁不开，他感觉有东西磨得十分的疼痛而且不停地流眼泪，或者眼睛有十分疼痛伴随流泪的感觉，这些都是有异物（化学药品、热汤、热油、碎玻璃片、眼睫毛等）进入了眼睛。可以先试着用水清洗，如果还不好可送往眼科医院就诊。而且在送往医院的途中千万叮嘱宝宝不要揉眼睛，可以先用毛巾覆盖双眼，不要让眼球转动。

小贴士

由于家长很难自行判断异物是否已经取出、或对眼睛有无伤害，因此建议无论异物取出与否，都要马上带宝宝到医院做进一步检查。

鼻子或耳朵进入异物

异物进入不同位置，处理的方法也不同。如果在取出异物的时候遇到困难，一定不要强行取出，要及时到医院请医生帮忙。

耳朵进水

◆单脚跳

如果宝宝耳朵进水，可以将进水的耳朵朝下然后单脚跳，有异物的情况也一样。

◆将水吸出

用棉签、卫生纸轻轻深入耳中将水吸出来，深入的过程中一定要把握分寸，宝宝的耳道浅，非常细嫩，很容易受伤。

耳朵进入虫子

◆用手电照

让耳朵在暗处稍微朝上，用手电照射。

◆用橄榄油杀虫

可以将1～2滴橄榄油滴入宝宝的耳朵里杀虫，然后去医院检查。

鼻子进入异物

◆用力擤鼻子

异物在鼻孔附近时，让宝宝压住另一个鼻孔，闭上嘴用力擤。

◆用卫生纸搔鼻

如果擤不出，就用卫生纸搔鼻子，让宝宝打喷嚏。如果异物还不出来，就要到医院处理。

小贴士

家长千万不能擅自拿着夹子为宝宝把异物夹出，因为不小心可能会把异物塞进鼻腔里，给宝宝造成伤害。

需送医院处理的情况

1. 玻璃或者尖锐的东西刺到眼睛
2. 化学药剂进入眼睛
3. 热水或者热油进入眼睛
4. 进入异物

误食

宝宝误食东西让人非常着急，也是经常发生的意外。首先要确认吃了什么？是进入了气管还是食管。

异物进入气管或者喉咙

◆小的固体异物

如果宝宝年龄很小，让他的头朝下，背部的中间朝上，就是肩胛骨中间，用手掌拍打。

如果是年龄稍大的宝宝，可以由后方抱住他，压迫心窝附近，让他把东西吐出来。

如果宝宝吞食了少量的、危险性小的异物，先拿出宝宝嘴里剩余的东西，然后观察宝宝的状态，如果宝宝很有精神，或者把吞咽的东西都吐出来了，就不需要担心了。

◆气球或者塑料

不透气的材料堵在气管或者喉咙是非常危险的，必须马上拿出来，如果拿不出来，要立刻呼叫救护车。

◆鱼刺卡到嗓子

可用手电筒照亮口咽部，用小匙将舌背压低。仔细检查咽喉部，主要是喉咽的入口两边，因为这是鱼刺最容易卡住的地方，如果发现刺不大，扎得不深，就可用长镊子夹出。

◆清洁剂

让宝宝喝少量的牛奶或水后，再把手指伸到宝宝的舌根处，促使宝宝把清洁剂吐出来。

◆一些特殊的化学药剂

如果宝宝误食了强酸、强碱性清洁剂，灯油和汽油，不能让宝宝吐，直接叫救护车。

需送医院处理的情况

◆呼吸异常

异物进入气管，宝宝一直咳嗽，或者呼吸异样，需要及时送往医院。

◆进食异常

如果他一直不愿进食或者一直流口水，甚至出现呼吸困难的情况，这是吞食的异物进入了食管，这时要立即送到医院救治。

被叮

为了减轻小宝宝的症状，要在他抓痒伤处之前先确认是被什么叮到的，迅速处理伤口。

被蜜蜂叮

◆先把蜜蜂螫针拔出

蜜蜂的螫针不能留到体内，所以要先把它拔出（可以使用消过毒的针），然后再帮宝宝把毒液吮吸或者是挤压出来，千万不能留有毒液，防止事后肿胀。

◆清洗伤口

用清水仔细地清洗伤口，再涂上治疗蚊虫叮咬的软膏或者是切瓣大蒜敷在伤口上，或涂上肥皂水等。

◆冰敷

如果宝宝的患处肿胀起来而且一直觉得很痒的话，可以用冰毛巾敷一下来帮助消肿。

被毛毛虫叮咬

千万不能揉搓患处，可以先用胶带纸把毒毛粘出来。再用清水仔细地清洗伤口，然后帮宝宝涂上防治蚊虫叮咬的软膏。

被蚊子叮咬

◆洗伤口

先帮助宝宝把患处用清水清洗，然后再涂上被蚊虫叮咬的专用软膏。

◆用纱布或创可贴贴住患部

为了防止宝宝忍不住痒痛而去抓挠患部，可以用纱布或者创可贴贴在患部上，但是要注意宝宝是否对以上两样东西产生过敏。

需送医院处理的情况

◆被蚊子、毛毛虫叮咬

为了防止宝宝忍不住痒痛而去抓挠患部，可以用纱布或者创可贴贴在患部上，但是要注意宝宝是否对以上两样东西产生过敏。

◆被蜈蚣叮咬

如果宝宝是被蜈蚣咬到了，首先要给伤口消毒，然后立即带他去儿童医院皮肤科就诊。

◆被大黄蜂、毒蜂蜇伤

如果宝宝是被大黄蜂、毒蜂蜇伤，很可能会发生呼吸急促、痉挛、呕吐或者发热的症状，从而会陷入极度危险的状态，要马上叫救护车去医院就诊。

◆预防常识

带宝宝去户外活动时，要检查树上或者屋檐底下是不是有蜜蜂的巢穴、毛毛虫、蚁穴等，如果活动周围蚊子很多的话，可以用杀虫喷剂，但是在喷的时候，注意不要让宝宝吸到（可以让宝宝用手绢捂住嘴巴）。

被咬

要根据宝宝是被什么动物咬伤的而采取不同的处理办法。

被小朋友咬伤

先用冰袋敷在伤处，然后观察情况。出血的话，先消毒，然后再用纱布包扎。

被狗咬伤

清洗伤口并消毒，可以用肥皂水清洗，然后涂上杀菌药水。如果伤口很深，要到外科就诊，先清洗伤口，用纱布包扎后去医院就诊。

需送医院处理的情况

◆伤口很深，大量出血

如果伤口很深，大量出血时，要用干净的手帕或纱布压住伤口，并马上送往医院就诊。

◆伤到眼睛

眼睛如果有伤口在家就很难处理了，要马上送到眼科处理。

◆被蛇咬伤

当宝宝被蛇咬伤时，一律按蛇有毒处理，马上叫救护车。

◆呼吸困难

当宝宝呼吸困难时，应立即送往医院。

◆预防常识

要注意陌生的猫、狗，告诫宝宝不要用手去摸，以防被咬伤。教会宝宝如何正确地与小动物相处。